ÉTONNANTS
INFINIS

迷人的无穷

[法] 厄休拉·巴斯莱　主编
王隽　译

上海科技教育出版社

前　言

是什么将空间的无穷大和物质的无穷小联系在一起？当然是物理学！无穷大和无穷小、宇宙和粒子、对称和时空、黑洞和额外维都是物理学的研究对象。通过本书，你将获得关于无穷大和无穷小的物理知识，并发现二者之间的关系多么紧密。

这或许会违背你的认知：毕竟，广袤的太空一片荒芜，处于真空状态。正如斯科特（Ridley Scott）执导的电影《异形》（*Alien*）的宣传语所写，“在太空，没有人能听见你的尖叫”。没有物质，就没有声音。不过，虽然没有声音，却有一些可以扭曲时空的波动。它们也是无穷大。因此，如果你的尖叫足够响，或许最终能被听见。

至于无穷小，那里有原子和各种各样的微小粒子，包括强子、介子、玻色子、夸克等。探索越多，发现的新粒子就越多，比如奇夸克、粲夸克、胶子、希格斯玻色子等，简直像个动物园，而且一个比一个奇怪。现在，粒子狩猎已经开始，请拿好你的捕捉网。

但是，真空本身并不空。这是一个有趣的悖论。事实上，真空中充满了等待现身的正反粒子对。千真万确，我们可以从真空中取出物质。那么，这些粒子会不会只是被大自然的对称性联系起来的同一实体的不同侧面？把引力和量子统一起来的大统一理论是否已经近在咫尺？至于宇宙真空，它真的什么都没有吗？人们认为，星系并未彼此远离，只是时空发生了膨胀，而且50亿年来，在真空的驱动下，膨胀的速度有所加快。因此，宇宙真空并非空无一物。那么，里面究竟有什么？当然，肯定有能量。虽然它十分微弱，却足以加速宇宙的膨胀。也有可能是第五种力。

下面，让我们谈一谈引力，更准确地说是反引力。每个人都对反引力抱有幻想。在电视剧《星际迷航》（*Star Trek*）中，探险家们在星际旅行时用反引力做了各种各样的事，比如运输炸药、治疗背痛等。这是认真的吗？此外，排斥性引力导致宇宙加速膨胀。然而，从理论上说，反物质和物质一样，也处于吸引性引力的支配之下。但是，这该如何证明？在欧洲核子研究中心（CERN），物理学家用一个又一个原子，试图回答这一问题。

我们已经知道，太阳燃烧全部是核燃烧。在太阳内部，两个质子通过聚变产生中微子。8分钟后，中微子到达地球。这证明在太阳这口大锅里，粒子发生了聚变和衰变。中微子数量庞大，但是难以探测。核反应堆产生了大量中微子，粒子加速器也产生了几十亿个中微子。来自太阳的中微子带走了超新星爆发产生的大部分能量。一些中微子萌发于地球深处，与此同时，我们正“沐浴”在地球大气产生的大量中微子之中。由于大气中的中微子数量极其庞大，所以人们需要钻入地下或者在海底设置探测器，从而对它们一一进行研究。尽管如此，我们对这种小小的中性粒子仍然知之甚少。

还是在太阳内，各种核反应形成了所有的轻元素（比如碳和氧），最重的轻元素是铁。同样，大质量恒星爆炸形成超新星，并产生了铀和比铀轻的重元素以及超铀元素。这些原子核的质子数和中子数越来越多。那么，它们的尽头在哪里？原子核内的质子数和中子数有没有上限：是114、120还是126？在此，敬告各位大胆的探险家，据说在某处存在一座“稳定岛”，那里的超重元素拥有更长的寿命。

但是，要破解无穷大和无穷小的秘密，并非易事。不过，没关系，人多力量大。在国际性的大型合作项目中，人们日复一日地寻找无法触及的世界。在山顶、在地心、在海底两万里，大型仪器正在运转，研究员、工程师、技术员在这些庞大的仪器中通力合作，孜孜不倦地探索无穷世界。这需要耐心和决心，需要建造数吨重的尖端探测器，监测数百万条电路，分析大量数据。

但是，这些研究有什么用？有的人可能会说："什么用也没有！"那他们可就错了。CERN 实时更新网页数据，全球定位系统（GPS）借助广义相对论实现精准定位。就算这些统统不提，为了探索无穷世界，人们设计和使用了大大小小的仪器，在开发这些仪器的过程中取得的技术进步也得到了许多应用。因此，你会发现，在许多案例中，研究无穷大和无穷小的物理学家用自己的知识和技艺造福人类，比如研究新的能量生产方案或者在健康领域运用放射性同位素和强子疗法辅助癌症治疗等。

但是，最重要的可能还是，针对无穷大和无穷小的物理学研究让我们发现了许多问题，引起了我们的思考。套用帕斯卡（Pascal）的一句名言：这不是因为我们介于虚无和一切之间，在无穷面前是虚无，在虚无面前是一切，而是因为无穷给我们带来了极大的乐趣，颠覆了我们对世界的认知，而且每天都会让我们获得一些意想不到的发现。

雷纳德·潘（Reynald Pain）

法国国家科学研究中心核物理与粒子物理研究所所长

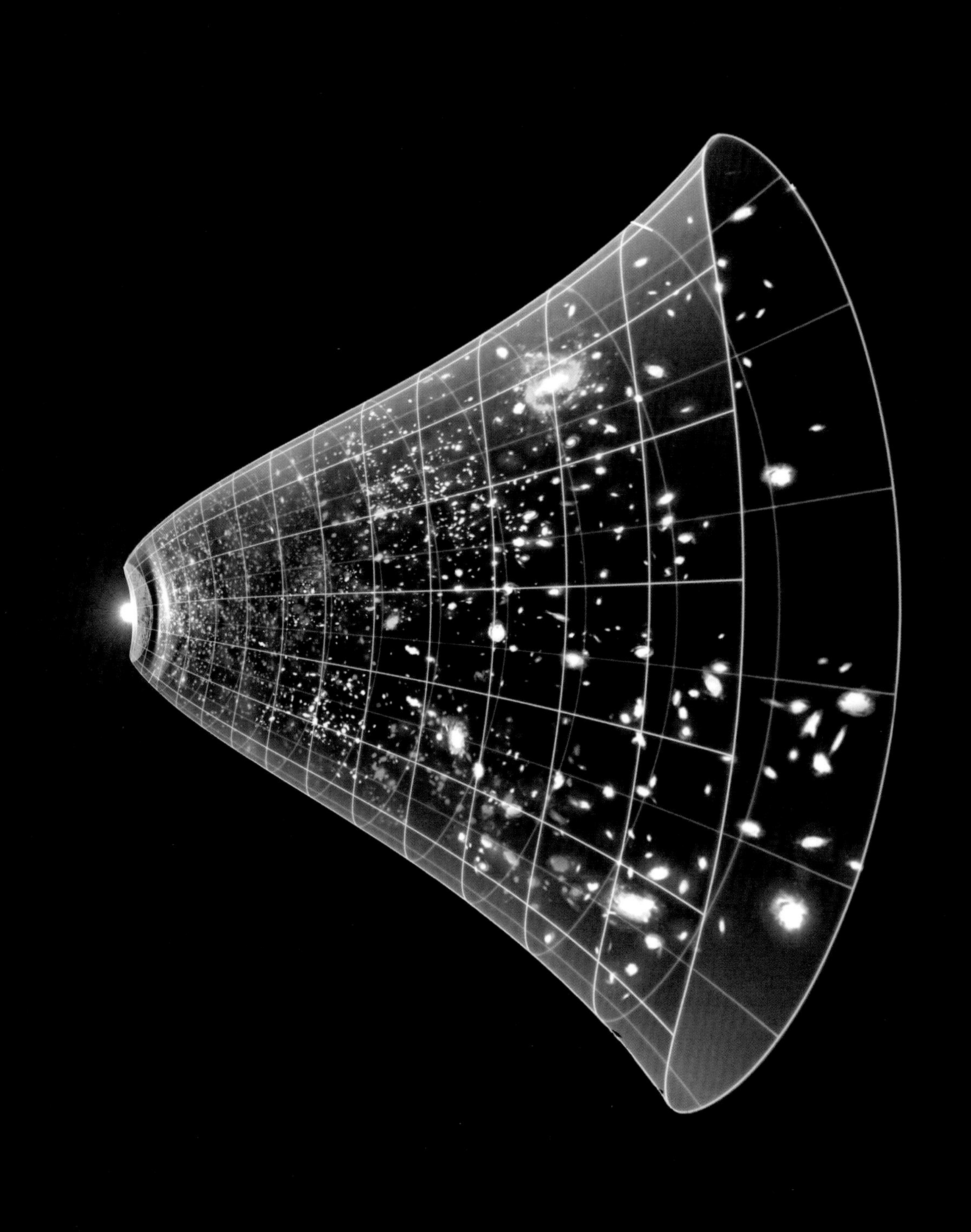

1 宇宙曾是一片真空

◀

图 1.0　大爆炸以来的宇宙膨胀示意图

一场不可能发生的大爆炸

1927 年，鲁汶大学中国学生之家的年轻神父勒梅特（Georges Lemaître）刚刚完成自己的研究。凭借这些研究，这位杰出的科学家进入最负盛名的高等学府，结识了相对论、天体物理学、宇宙学等基本问题的研究者。在研究广义相对论时，勒梅特发现，由于时空被注入了能量（物质、光等），所以它应当是动态的，要么收缩，要么膨胀。因此，他认为无论宇宙现在处于何种状态，它都应该起源于一个奇点。后来，英国物理学家霍伊尔（Fred Hoyle）嘲笑这个奇点为“大爆炸”。

按照勒梅特的设想，一个巨大且不稳定的原始原子衰变并产生了我们周围的一切物质和光。然而，我们所处的宇宙主要由氢（74%）和氦（24%）这两种最轻的元素构成，但是原始原子的核在理论上应当衰变为比这两种元素更重的稳定元素。可见，二者之间存在矛盾。

宇宙学标准模型

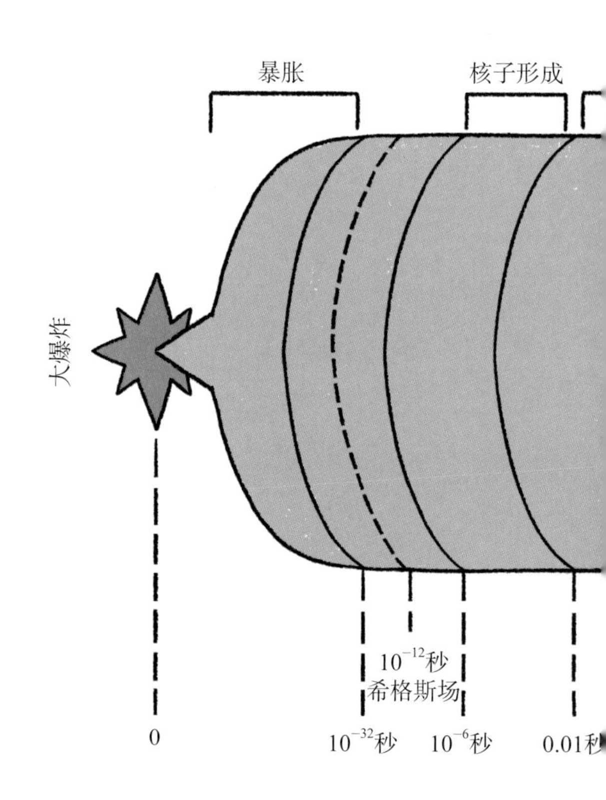

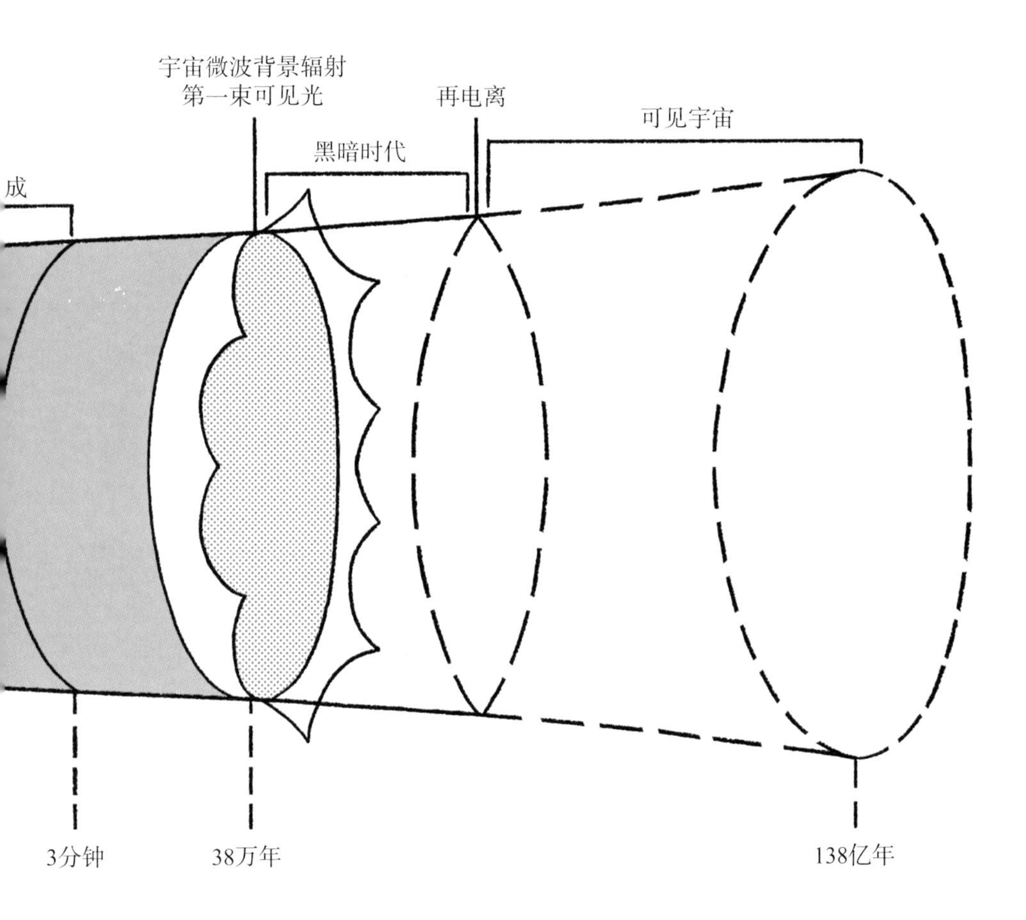

图 1.1 基于观测结果构建的宇宙诞生场景。宇宙学标准模型将宇宙的全部观测结果组合成一个连贯的整体。根据这一模型，宇宙诞生于 138 亿年前，目前处于膨胀之中。通过回溯历史，我们将逐渐接近它的“起点”，即著名的“大爆炸”。宇宙微波背景辐射是来自宇宙原初阶段的化石光，对它的探测成为宇宙学标准模型的支柱之一。该辐射释放于宇宙剧烈膨胀之后。此时，宇宙的温度降低，可以产生原始原子并使光子自由移动

宇宙诞生时的光回声

1948 年 4 月 1 日，伽莫夫（George Gamow）发表了著名论文“α、β、γ”*。这位美籍苏联物理学家非常幽默：尽管实施该研究的学生阿尔弗（Ralph Alpher）不乐意，但是伽莫夫还是恶作剧般地将物理学家贝特（Hans Bethe）纳入作者之列。这篇论文赞同宇宙诞生时温度极高、密度极大的观点，但是认为元素的形成方式不是核裂变，而是核聚变。核物理和广义相对论定律规定了元素的产生速率：原初能量的密度很大，能将基本粒子结合成核子，也就是组成原子核的粒子。由于能量的存在，宇宙机械式膨胀，原初等离子体温度下降，使核聚变的效率变低。于是，3 分钟后，核合成停止。又过了 38 万年，温度下降，电子能够与原子核结合，形成原始原子，其中绝大多数是氢和氦，还有极少量的锂。阿尔弗和赫尔曼（Robert Herman）认为宇宙自诞生起持续膨胀，并率先预测当下的宇宙余温应当比绝对零度高几度。致密、高温的原初宇宙应当留下了痕迹，那就是温度极低的宇宙微波背景辐射。

1964 年，迪克（Robert Dicke）向他的两名同事即普林斯顿大学的威尔金森（David Wilkinson）和皮布尔斯（James Peebles）嚷道，“兄弟们，有人超过我们了”。这三位物理学家试图对宇宙微波背景辐射进行探测。在原子形成的过程中，光子发生了退耦：当原初等离子体及其带电粒子的温度降低时，光子的能量减弱，它不再电离原始原子，而是自由传播。于是，宇宙变得透明并且出现了光。这一退耦现象标志着宇宙“低温”阶段的开始。该阶段由物质主导，其间产生了星系、恒星和行星。

在距离普林斯顿大学几十千米的地方，两名射电天文学家彭齐亚斯（Arno Penzias）和罗伯特·威尔逊（Robert Wilson）运用贝尔实验室的巨型喇叭天线，先后与气象气球和首批卫星进行通信。他们探测到一种恼人的噪声，即微波

---

* 该论文因三位署名作者的姓与希腊字母 α、β、γ 谐音而得此别名。——译者

波段的背景辐射。这种具有明显各向同性的“宇宙背景辐射”，正是人们寻找的对象。于是，两个团队决定发表两篇姊妹论文，一篇关于探测，另一篇关于对探测结果的理论阐释。宇宙微波背景辐射的发现证实了轻元素的形成和宇宙诞生之初微波回声的存在，并让彭齐亚斯和威尔逊获得了1978年的诺贝尔奖。至于理论部分，皮布尔斯于2019年获得了诺贝尔奖，而迪克和威尔金森此时已经去世。

1989年，马瑟（John Mather）和斯穆特（George Smoot）经过数年的筹备，终于参与到宇宙背景探测者（COBE）卫星的发射之中。这次空间探测任务主要证实了宇宙微波背景辐射的各向同性，并让两位设计者获得了2006年的诺贝尔奖。在前38万年里，宇宙的密度极大，光子和其他粒子温度相同。随着宇宙的膨胀和温度的下降，各组成部分由于所受的基本相互作用强度不同，逐渐打破了平衡，形成越来越复杂的结构。此时，不再电离原子的光子带着最后一次与电子发生散射的特征印迹，在时空中自由移动。它们发出的辐射是一种黑体辐射，目前的温度为2.73开。这一温度具有极强的各向同性，也就是说各个方向的温度相同，浮动仅为0.0001开。

视界问题与平坦性问题

观测结果虽然证实了大爆炸模型，但也提出了新的疑问：为什么宇宙微波背景辐射能够在整片天空均匀分布？为什么所有光子看起来处于相同的热平衡态，但是它们理论上没有因果联系，也就是说彼此不能交换信息、能量和动量？

此外，还有其他问题。通过对宇宙微波背景辐射进行细致的观测，人们发现宇宙在大尺度上是平坦的：我们的三维宇宙空间符合欧几里得几何，它不是内凹的开放几何体或者外凸的封闭几何体。事实上，空间的曲率取决于它的密度：如果密度低于所谓的临界值，那么空间呈内凹的形状；如果密度高于这

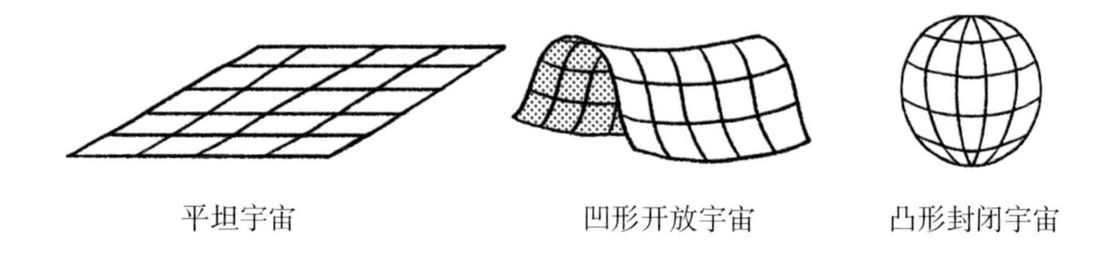

图 1.2　宇宙竟然是平的。根据支配宇宙学标准模型的方程，宇宙膨胀弯曲了时空，使其成为内凹的开放几何体或者外凸的封闭几何体。然而，宇宙的形状并非如此。对宇宙微波背景辐射的细致观测证实，宇宙时空在大尺度上是平坦的：它的空间剖面符合欧几里得几何学

个值，那么空间就呈外凸的形状。如果密度正好等于这个值，那么空间就是平坦的。当时的主流观点认为，外凸的宇宙不断膨胀，内凹的宇宙逐渐合拢，而平坦的宇宙则是静止的。既然宇宙处于膨胀状态，那么我们为何会观测到一个“平坦”的宇宙？

在获得宇宙微波背景辐射这一重大发现后，人类似乎必须准备好接受宇宙在一种几乎不可能的情况下诞生的事实。但是，几乎不可能的事情也需要解释。20 世纪 70 年代末以来，在古思（Alan Guth）、林德（Andreï Linde）和斯塔罗宾斯基（Alexeï Starobinsky）等理论家的共同努力下，暴胀理论建立并回答了视界问题和平坦性问题。不过，批评者们认为该理论并未触及问题的实质。

在大爆炸后的 10^{-36} 秒和 10^{-32} 秒之间，引力与电核力分离，标志着大统一的终结。暴胀很可能发生在该相变之后。宇宙之所以呈指数式膨胀，是因为存在一种新的标量场，即暴胀场，相关粒子被称为“暴胀子”。暴胀场布满整个原初宇宙，在能级最低时施加斥力，使宇宙发生指数式膨胀。大约在 10^{-34} 秒后，相变完成，暴胀场回到势能最低点：此时，宇宙至少膨胀了 10^{26} 倍而且温度大幅降低。随后，暴胀子发生衰变，释放能量，它的衰变产物组成了宇宙中的各种粒子。

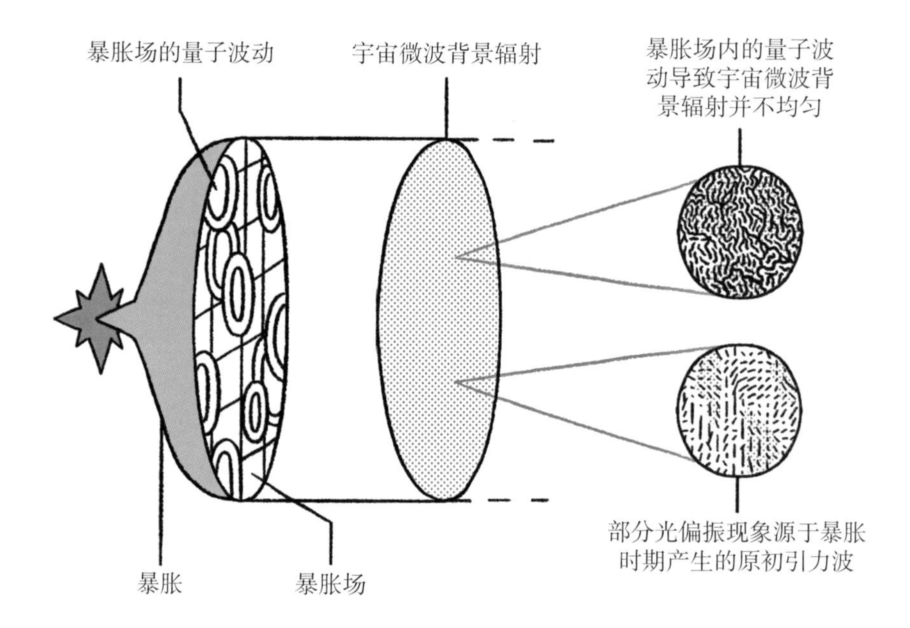

图 1.3　宇宙微波背景辐射中的暴胀痕迹。暴胀场内的量子波动产生了两个明显的结果。一些量子波动使辐射和物质的密度下降或者上升，导致宇宙微波背景辐射呈现明显的不均匀性。另一些量子波动则受到引力场的影响，产生的引力波会影响光在宇宙微波背景辐射中的偏振现象。多个空间或地面观测项目试图绘制这种偏振现象的分布图

暴胀阶段结束后，宇宙的温度较高，其中的粒子处于热平衡状态。虽然一些区域没有因果联系，但是它们的平均温度相同，这是暴胀后宇宙的特征。随着宇宙的膨胀，平均温度降至目前宇宙微波背景辐射的 2.73 开。不过，由于暴胀场内存在量子波动，所以这些区域的温度会在平均温度上下略有波动。如果理论为真，那么我们有望在宇宙微波背景辐射中发现相同的情况。

物质团块

COBE 卫星率先在极大尺度上观测到宇宙微波背景辐射的强度波动。因此，该辐射并不是完全均匀的。2001 年发射的威尔金森微波各向异性探测器（WMAP）和 2009 年发射的普朗克（Planck）探测器，精确地绘制了全天域宇宙微波背景辐射的温度变化图。这种温度变化与原始物质团块的存在有关。如果只依靠大爆炸理论，就不会出现物质团块，更不会出现恒星和天体结构以及适宜人类生存的条件。

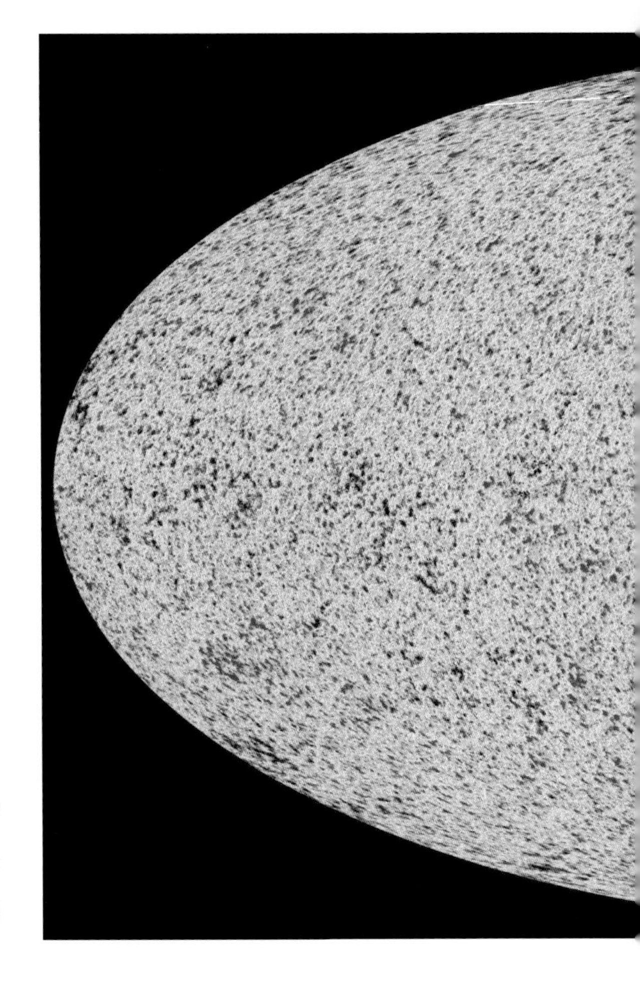

图 1.4　用普朗克探测器测量宇宙微波背景辐射。宇宙微波背景辐射的平均温度为 2.73 开，图中的蓝色区域和橙色区域代表 0.0001 开的温度波动

宇宙暴胀为这些扰动的出现提供了解释。暴胀子的波动在宇宙中留下了印记，形成了密度较高或者较低的区域。它们通过引力吸引周围的物质，而光则阻碍了密度过大的区域形成。引力和辐射压相互抵触，彼此竞争，使粒子等离子体发生振荡，并使宇宙微波背景辐射的发光强度出现轻微的各向异性。

观测到温度在宇宙微波背景辐射上具有各向异性，这不仅加强了人类对原初等离子体物理状态的认知，还使我们能够调整那些在大爆炸理论中作为自由变量的宇宙参数，比如宇宙的几何形状、暗物质和暗能量的数量、物质

和光的占比等。将这些数值与我们近期在局部宇宙环境中获得的观测结果进行对比，或许能够为近 140 亿岁的宇宙构建一部从出生到现在逻辑严密的发展史。

偏振：原初引力波是否存在？

根据广义相对论，时空是一个动态实体。物质的存在使它发生了弯曲并产生了引力。因此，时空是一个引力场。暴胀阶段出现的扰动或许是引力场固有的波动，因为引力场本身也存在量子波动。暴胀结束后，暴胀子引起的量子波动转化为高密度或低密度的辐射与物质，而引力场引起的量子波动则转化为引力波。在宇宙微波背景辐射中，引力波产生了一种特殊的偏振模式，而暴胀子等标量场的量子波动无法产生该模式。研究这种偏振模式成为新建的宇宙微波背景辐射观测站的终极目标，它将实验面临的挑战提高到了极致。

事实上，引力波信号的发现不仅是宇宙学的重大进展，也是基础理论的重大进展。一方面，它最终确认了暴胀理论的合理性，因为引力波背景在其他理论框架下很难形成。另一方面，它为广义相对论的“朴素”量子化提供了证据。目前，广义相对论量子化的理论方程还未建立。因此，该信号之所以难以捕捉，可能与引力量子化这个理论物理领域最大的未解之谜有关。

迈向普朗克墙

1900 年，德国物理学家普朗克（Max Planck）试图绘制电灯泡的光谱图。为了获得一张全光谱图，他得出一个惊人的结论，那就是能量以量子的形式向外辐射，而且这个不可分割的量与电磁波的频率成正比（比例系数 $h = 6.626 \times 10^{-34}$ 焦·秒）。量子物理学就此诞生。借助其他基本物理学常数，比如光速 c、引力常数 G 和玻尔兹曼常量 k_B，我们可以得出普朗克时间（大约为 10^{-43} 秒）、普朗克长度（大约为 10^{-35} 米）和普朗克温度（10^{32} 开）。在这些尺度上，各种相互作用力的强度相同：它们是“统一的”。因此，质量为 10^{-8} 千克、带基本电荷的粒子之间的引力和电力强度是相同的。在这些尺度上，宇宙的几何形状被严重扭曲，以至于我们所知的广义相对论不再适用，需要“量子化”。不仅如此，时空的概念甚至都可能失去了意义。目前，没有任何理论能够描述这些极端尺度上发生的事。那里是人类实验无法进入的区域，被称为“普朗克墙”。

现代宇宙学，包括观测宇宙学和理论宇宙学，让我们接触到基础物理学的最前沿。宇宙学以时空为描述对象。鉴于这个简单的事实，该学科的基础是广义相对论。然而，在极早期的宇宙，宇宙学却使广义相对论超越了它的经典极限，将引力量子化问题和宇宙初始条件问题摆在我们面前。

对原初引力波的观测是下一个观测前沿。人类既可以通过宇宙微波背景辐射的偏振现象实现间接观测，未来也可以运用干涉仪进行直接观测。一方面，原初引力波是证明暴胀理论时缺失的那块“拼图”；另一方面，对它们的直接探测或许能让人类在原初宇宙中首次触及利用电磁辐射的探测器无法触及的能量标度：从核合成的能量标度提升至大统一和暴胀的能量标度。通过观测产生于宇宙诞生之初的引力波背景辐射，人类或许能够直接获得与基础物理模型有关的信息并进一步接近普朗克墙。

质量起源之谜

2010 年 3 月，世界上最大的粒子对撞机刷新了纪录。在周长为 27 千米的大型强子对撞机（LHC）内，两束质子朝着相反方向运动，速度为光速的 99.9999991%，撞击时能量高达 7 太电子伏特（1 太电子伏特 = 10^{12} 电子伏特）。根据爱因斯坦（Einstein）著名的质能方程，$E = mc^2$，该能量约为原子核内质子质量的 7500 倍，重现了宇宙诞生之初的物理环境。

2012 年 7 月，超导环场探测器（ATLAS）和紧凑型 μ 子螺线管探测器（CMS）实验宣布了希格斯玻色子的发现。由于该玻色子与理解物质及相互作用的一种关键机制有关，所以该发现在当时被誉为“世纪发现”。这个触及量子真空本质的机制以它的发明者的名字命名，被称为“布劳特–恩格勒–希格斯”（BEH）机制。2013 年，恩格勒（François Englert）和希格斯（Peter Higgs）凭借对该机制的理论预测，获得了诺贝尔奖，而在希格斯玻色子发现前一年去世的布劳特（Robert Brout）则未能获此殊荣。这次成功的探索颠覆了人类对宇宙的认知，带来了新的问题并为粒子物理学开辟了新的视角。

粒子和场

为了更好地认识该发现的重要性，必须指出的是，除引力外，小到原子结构，大到恒星的化学特性和能量产生机制，如今物理学的方方面面都被视为基本粒子相互作用的产物。人们对物质粒子和相互作用粒子进行了区分。物质粒子包括电子和组成质子的夸克等。它们是自旋为 1/2 的费米子（自旋是一种量子属性，在运算上与角动量类似）。量子间的基本相互作用有 3 种，即电

图 1.5　模拟希格斯玻色子的衰变。在这幅 ATLAS 的横剖面图中，希格斯玻色子衰变为 2 个电子和 2 个 μ 子并伴有 2 个强子喷注

磁相互作用、强相互作用、弱相互作用。它们以所谓的“矢量”玻色子为载体，这种玻色子的自旋为1。希格斯玻色子既不是物质也不是相互作用的载体，它是一种自旋为0的粒子，被物理学家称为“标量粒子”。这是一种全新的粒子。

这些基本粒子与遍布整个宇宙的量子场有关。在理论中，某一特定类型的粒子可以被视为同一量子场的振动。场的概念指出，粒子可能会在时空的某一

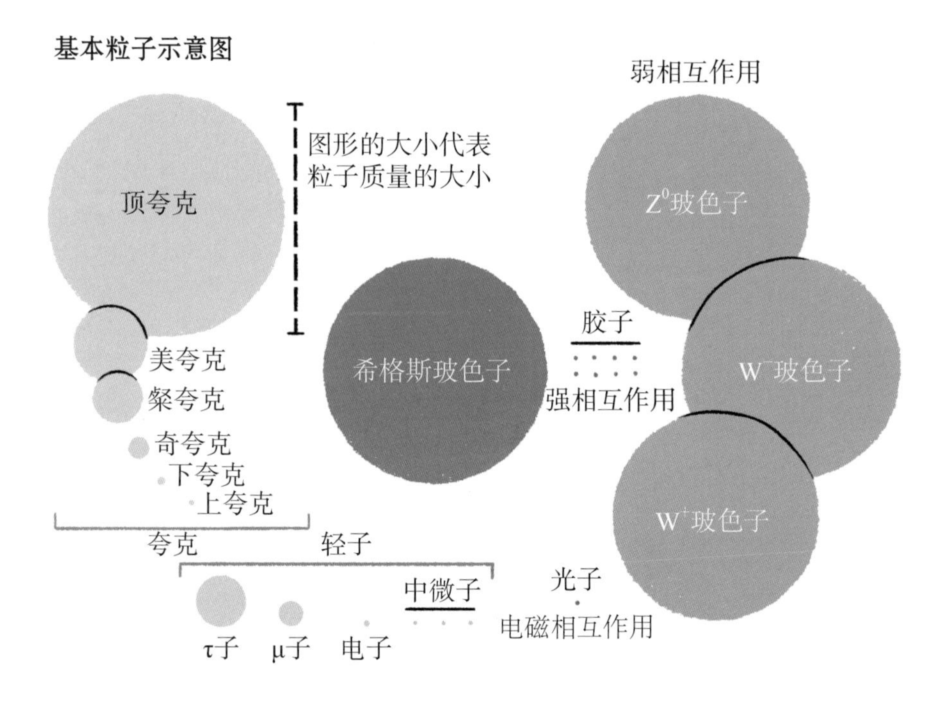

图1.6　基本粒子示意图。人类已经识别出12种物质粒子。这些费米子分为三代，每代包含4种粒子。费米子之间发生相互作用，需要交换基本力的介质粒子——矢量玻色子。在电弱领域，矢量玻色子的质量是宇宙诞生之初“布劳特-恩格勒-希格斯”对称性自发破缺机制的产物。光子没有质量，电磁相互作用的作用距离无穷大。相反，作为弱力媒介的Z玻色子和W玻色子的质量较大，这使它们的作用距离不超过1个核子。至于强相互作用，它的作用范围受到胶子动力机制的限制。电子、μ子、τ子和每一代费米子中的相关中微子一样，除质量外没有区别。这种三代复制原则在上夸克、粲夸克、顶夸克之间以及下夸克、奇夸克、美夸克之间同样存在

特定位置产生或者湮灭，并且具有很强的全同性。因此，由于宇宙中的所有电子都与“电子”场有关，所以它们一模一样。所有已知粒子都是如此，比如与希格斯玻色子有关的场是希格斯标量场。在粒子物理学中，原始标量场的发现将巩固以此类场的存在为基础的宇宙模型，使初生宇宙的体积呈指数式膨胀（暴胀场）或者构建起一些能够解释当前宇宙加速膨胀的模型（精质场）。

沸腾的真空

希格斯标量场在物理真空中的平均能量不为0，这是它的独特之处。因此，物理真空并非一无所有。即使我们假设原子、周围物体、行星和恒星均不存在，也就是说，什么物质也没有，相对论性量子力学仍然否认真空完全处于静止状态。比如，真空不停沸腾，伴随着虚拟正反物质对的产生和湮灭。这种虚拟物质对的存在时间极短。大约在大爆炸发生后的万亿分之一秒（10^{-12}秒），希格斯场获得了势能，改变了物理真空的这一性质。真空中布满了希格斯场，其中的粒子获得了质量。

希格斯场与初始物理环境

“布劳特–恩格勒–希格斯”机制和希格斯玻色子的发现展示了一种全新的宇宙诞生场景。按照推测，起初几乎只有量子波动，随后发生了大爆炸，宇宙的体积在一段时间内呈指数式膨胀。人们猜测，另一种标量场的活动加速了宇宙的膨胀。这种标量场被称为暴胀场，是希格斯场的姐妹场。此时，宇宙中没有物质，只有与暴胀场有关的能量。随着宇宙的膨胀，温度下降。按照人们的设想，相互作用起初是统一的，彼此无法区分。随后，它们逐渐获得了不同的行为模式和强度。

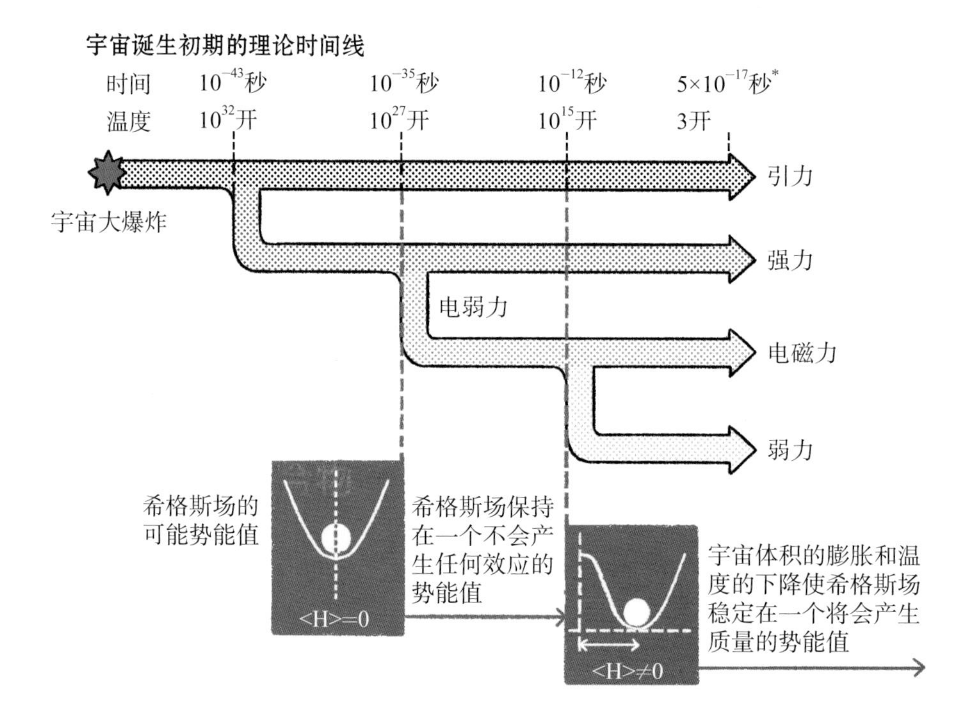

图 1.7　希格斯玻色子塑造宇宙。宇宙诞生之初，地狱般的环境使希格斯场具有一个不会产生任何效应的势能值。10^{-12} 秒后，希格斯场稳定在现在的势能值，彻底改变了宇宙的面貌。它赋予物质粒子质量并且促使电弱力分裂为作用距离较短的弱力和作用距离无穷大的电磁力。这些变化为之后大质量物质的形成提供了先决条件。这些物质将对抗宇宙的暴胀

因此，人们认为，在大爆炸后的 10^{-34} 秒和 10^{-32} 秒之间，强相互作用与电弱相互作用分离，获得了各自的身份。此时，宇宙的体积至少膨胀了 10^{26} 倍，即 100 亿亿亿倍，但是粒子仍然没有质量。大约在 10^{-12} 秒以后，宇宙的温度突然降至临界温度，希格斯场的“布劳特–恩格勒–希格斯”电弱对称性自发破缺机制形成。这绝对是宇宙史上的一个决定性时刻。自希格斯玻色子发现后，ATLAS 和 CMS 两个实验一直在研究这一时刻。

* 此处疑有误，似应为 5×10^{17} 秒，即与宇宙年龄 138 亿年同一量级。——译者

破缺的对称性

就在此时，基本相互作用的结构和我们现在所知的物质属性被永远地固定下来。随后，出现了有质量的物质和普通辐射，它们通过引力的吸引阻碍了宇宙的膨胀。最后一次制动发生在 10^{-6} 秒至 10^{2} 秒之间，质子、中子和轻原子核（氢核、氦核）在此期间先后形成。

自宇宙诞生之初发生电弱对称性自发破缺以来，电磁相互作用和弱相互作用的作用距离截然不同。电磁相互作用的作用距离无穷大，这是因为两个带电费米子交换了质量为 0 的光子。至于弱相互作用，它的作用距离非常短。这种相互作用源于大质量的 Z^0 和 $W^{\pm}$ 玻色子的交换。Z^0 玻色子的质量达到 91 吉电子伏特（1 吉电子伏特 = 10^9 电子伏特），$W^{\pm}$ 玻色子的质量则为 80 吉电子伏特。这些矢量玻色子的巨大质量将弱相互作用的作用距离限制在原子核特征尺寸的百分之一左右。

此外，基本费米子通过与希格斯场发生“汤川”耦合，获得了质量：在技术层面，与希格斯场的这一耦合使“右旋”费米子变为“左旋”费米子，反之亦然。由此产生的“既能左旋又能右旋”的费米子具有质量。左旋或者右旋是量子的一种基本属性，称为手征性。在发现希格斯玻色子后，ATLAS 和 CMS 两个实验紧接着证明了这种新的汤川相互作用的存在。没有希格斯场的作用，所有粒子将不具有质量并且原子无法形成。

基本粒子的质量还包括原子核的质量，后者主要与胶子承载的核相互作用的复杂动力机制有关。这样，所有普通物质、原子、行星、恒星的惯性质量就得到了解释。

全方位审视希格斯玻色子

至于希格斯玻色子本身的质量，没有理论对其进行规定，需要进行测量。2012 年的发现以实验方式确定了它的质量值：125 吉电子伏特。希格斯玻色子的质量固定下来，“标准模型”，也就是支配粒子物理学基本相互作用的量子场论，受到了极大的限制。于是，希格斯玻色子的产生与衰变可以与理论预测进行对比。

ATLAS 和 CMS 两个实验已经证实，希格斯玻色子与 Z^0 和 $W^\pm$ 矢量玻色子以及底夸克、顶夸克、τ 子等第三代费米子的耦合同理论预测一致。不过，目前测量的精度有限，与 Z^0 和 $W^\pm$ 玻色子耦合的测量精度约为 10%，与底夸克和顶夸克耦合的测量精度约为 20%，与 τ 子耦合的测量精度约为 35%。但是，研究才刚刚开始。未来几年，LHC 将获得新的数据；未来几十年，LHC 将为成为光度更高的高光度大型强子对撞机（HL-LHC）做好准备。实验收集的数据量将是目前数据量的 10 倍。

胜利与矛盾

这是人类在物理学史上第一次获得一个至少原则上在所有能量标度上均合乎逻辑且有效的基本相互作用理论。希格斯玻色子巩固了标准模型，被称为“拱顶石”。

这当然是科学的一次胜利，不过它让人类处于一种矛盾的境地，因为从那以后，我们知道这个理论不完整且无法令人满意。首先，说它不完整是因为它没有对宇宙中正反物质的不对称性作出解释。粒子物理学已知的所有过程产生了同样多的物质和反物质，只有一个例外，那就是夸克，不过这显然不足以解释人类观测到的不对称现象。

其次，人们发现中微子具有质量，它们混合在一起，进一步加剧了正反物质的不对称性。标准模型可以进行调整，将这一现象纳入其中，只要假设中微子和其他费米子一样，与希格斯场耦合。但是，这样做需要假设存在对已知的矢量玻色子完全不敏感的“右旋中微子”。最后，天文测量和宇宙模型指出，存在一种标准模型无法解释的神秘物质，也就是暗物质。此外，希格斯玻色子的存在还使一些重大问题更加严峻，因此该理论无法令人满意。

家族史

首先是结构问题。费米子分为三代。我们身边所有稳定的普通物质均由第一代费米子构成，包括电子和上、下夸克。它们足以构成所有的原子、化学物质、生物、恒星和星系。然而，到了 20 世纪下半叶，人们发现大自然中存在第一代费米子的两个复制品。比如，电子（e）的质量为 511 千电子伏特（1 千电子伏特 = 10^3 电子伏特），它在第二代费米子中的“表亲”μ 子，质量为 105.6 兆电子伏特（1 兆电子伏特 = 10^6 电子伏特），在第三代费米子中的“表亲”τ 子，质量为 1777 兆电子伏特，大约是电子质量的 3500 倍。每一代费米子中都有一个中微子，即电中微子（ν_e）、μ 中微子（ν_μ）和 τ 中微子（ν_τ），但是它们的质量之和最多只达到电子伏特级别，也就是说最多只有电子质量的 511 000 分之一。夸克方面，第三代费米子中的顶夸克和第一代费米子中的上夸克拥有相同的电荷和量子数，但是顶夸克的质量大约是上夸克质量的 7.7 万倍，相当于金原子的质量。因此，除质量外，第二代费米子和第三代费米子与第一代费米子完全相同。因为质量更大，所以它们能够自发地衰变为质量最轻的那一代费米子。然而，电磁相互作用、弱相互作用、强相互作用均无法区分三代费米子。物理学家认为带有相同电荷的费米子具有耦合普适性。

在真空中传播并与希格斯场耦合是区分这些“表亲”的唯一途径。虽然希格斯场的存在与三代费米子的存在密切相关，但是它无法解释它们的质量结构：人们不知道如何解释已知费米子的质谱。

宇宙的不合理之处

接下来是真空的等级、自然性和不稳定性问题。希格斯玻色子的质量对量子修正很敏感，而且倾向于向理论上最大的基础质量转变。举个例子，在大约 10^{16} 吉电子伏特的能量下，强相互作用和弱相互作用实现统一，如果存在与之相关的新粒子，那么我们无法理解希格斯玻色子的质量为何能够保持在 10^{2} 吉电子伏特的水平。

此外，标准模型固然适用于所有尺度，但是需要对参数进行精细调节：为了让该理论在普朗克尺度上依然有效，对量子修正的调节必须精确到小数点后 33 位！人们通常认为这种精度的调节是不自然的。

另一个在迈向普朗克尺度时出现的问题与真空的稳定性有关。真空的稳定性取决于希格斯玻色子的质量和最重的费米子（也就是顶夸克）的质量。二者的测量值表明，希格斯场的有效势能处于一个狭窄且不舒适的亚稳真空山谷之中。一个小小的时空气泡内发生的真空衰变或许将以光速向整个宇宙扩散。诚然，它不会立刻对人类产生影响，但是我们还是希望物理真空的稳定性能够得到百分之百的保证……

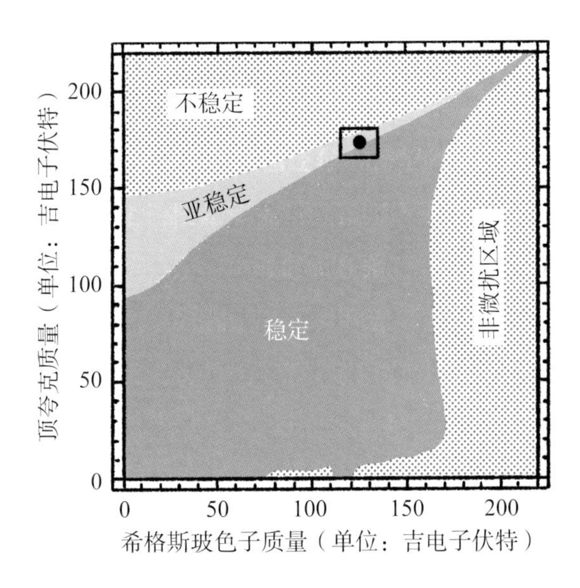

图 1.8 亚稳宇宙。有了顶夸克和希格斯玻色子的质量，人类可以借助标准模型评价宇宙的稳定程度。出人意料的是，我们的宇宙正处于所谓的亚稳定区域。在那里，它并非一成不变，而是有可能突然从一个值变成另一个值。在这种情况下，宇宙可能会完全解体

超越标准模型

标准模型不足以解释费米子的质量结构和相互作用的等级问题。因此，要么增加对称性，要么增加自由度，要么增加标量场，要么三者都增加。如果存在能量更高的新物理，它或许已经与标准模型粒子“退耦”，对能量较低的可观测现象影响极小，因而逃过了 LHC 的搜寻。

过去几十年间，超对称占据上风。它将普通费米子与新玻色子、普通玻色子与新费米子联系起来。有了超对称，标量粒子的队伍将有所壮大。根据假设，至少存在 5 种新玻色子，其中最轻的一种与已经发现的希格斯玻色子对应。这种标量玻色子的质量来自理论预测，可以很好地改善真空的稳定性。然而，目前人们尚未发现任何新玻色子或者作为普通粒子伙伴的超对称粒子。

图 1.9　LHC 运行路线航拍图。在大型正负电子对撞机（LEP）曾经使用的 27 千米隧道内，LHC 的两束质子以 13 太电子伏特的能量发生碰撞。自本世纪 20 年代末起，这台对撞机将进入“高光度”阶段。届时，希格斯玻色子的属性将得到细致的测量

测量越多，了解越多

未来，LHC 获得的数据不仅能提高测量的精度，还能使人们发现更加稀有的希格斯玻色子产生和衰变模式，并有可能为人类接触新物理开辟道路。希格斯玻色子衰变为两个 μ 子，这一发现使人类第一次对希格斯玻色子与第二代费米子的耦合进行测量。它与 τ 子耦合的关系是一项重要的测试，有助于更好地认识三代费米子的起源。

基于测得的希格斯玻色子的质量和顶夸克的质量，可以预测 $W^{\pm}$ 玻色子的质量。通过对比 $W^{\pm}$ 玻色子质量的实际测量值与理论预测值，理论的合理性将得到验证。在这个过度受限的系统内，冲突或许是存在新的大质量粒子的强烈暗示。不仅如此，极高的光度或许能让人们直接观测到希格斯玻色子对的产生。这一过程对希格斯玻色子的自耦合具有敏感性，而希格斯玻色子的自耦合则与标准模型中随意选择的希格斯势能的形状有关。

超对称超越了标准模型的对称性。如果新粒子的质量足够大，超对称将天然地拥有与标准模型退耦的属性。因此，随着数据的累积，发现超对称粒子或者更多的“希格斯”粒子的希望不会落空。最后，如果暗物质的大质量粒子确实存在，那么不排除它们会与希格斯玻色子耦合。于是，一扇通向新物理的大门就此打开。

时空之乐

音乐厅内，管弦乐队开始演奏。先是小提琴，再是长笛，最后是一声钹响。音乐通过声波传到我们耳朵里。它扰动空气，穿过空间，由远及近，传递了信息，比如声源的性质、空气的振荡过程以及每种乐器的距离和方向等。和管弦乐队一样，天体物理灾难也传播了扰动。不过，扰动的对象不是空气，而是时空本身：它们发出的引力波使整个宇宙发生了摇晃。和声波一样，引力波也传递了与其源头、距离、方向以及振荡产生过程有关的信息。

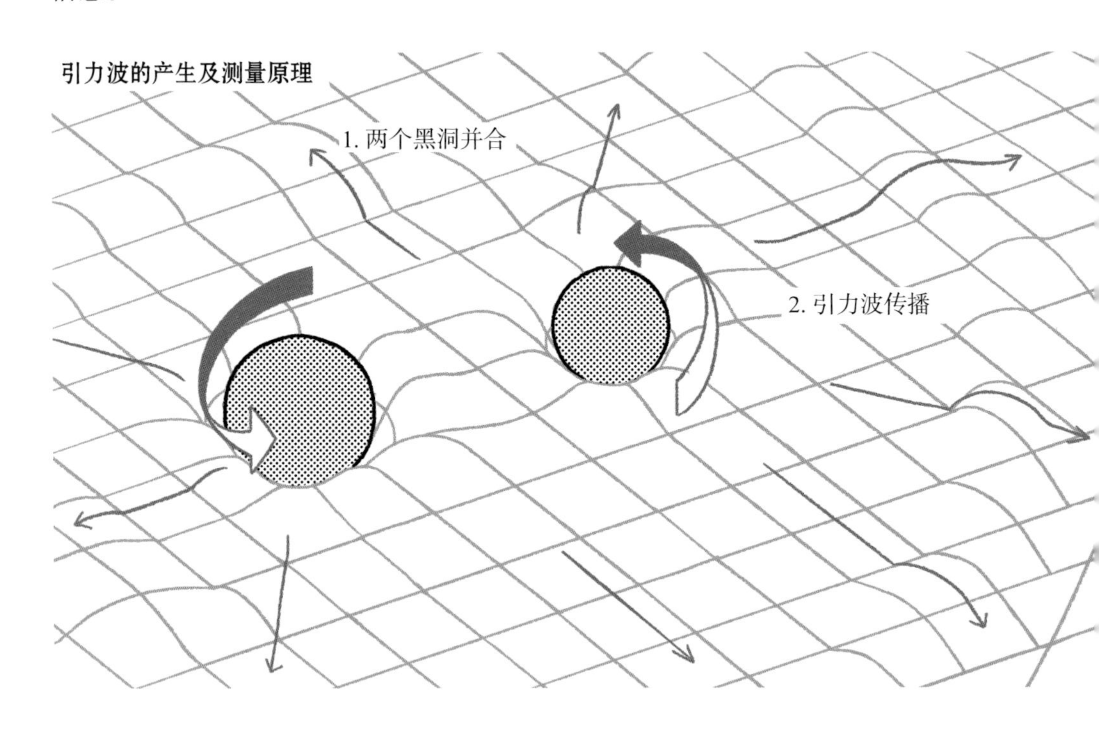

引力波的产生及测量原理

引力波的概念来自广义相对论。在该理论中，引力表现为大质量物体引起的时空弯曲。物体越密实，弯曲程度越大（密实度是一个与密度相近的概念）。黑洞和中子星是目前已知的密实度最大的物体。当这些大质量物体的运动速度加快时，比如在发生黑洞并合的情况下，时空弯曲将出现振动并在空间中传播，进而被灵敏度极高的“耳朵”“听见”。

当引力波到达地球时，它将短暂地扭曲空间，改变距离。为了探测这种变化，人类设计了干涉仪，用激光光线测量相隔数千米的悬镜之间的距离。当引力波经过时，该距离将发生大约 10^{-19} 米的变化。这一变化短暂且极其微小，大约只有原子直径的十亿分之一。由于难度极大，所以对引力波的直接观测需要长期的实验研究。20 世纪 60 年代，行业先驱们大胆地提出了这一设想。此后，几代物理学家坚持不懈，努力研发能够实现这一功能的探测器，推动了一种新的天文学的诞生。

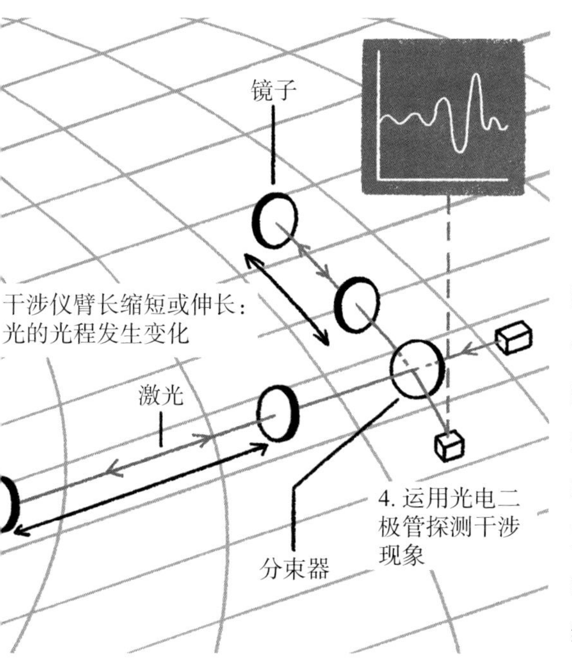

图 1.10　运动中的大质量物体使时空振荡。当两个像黑洞这样的大质量物体相互绕转时，它们使时空交替收缩、膨胀，产生的时空振荡以引力波的形式在宇宙中传播。引力波所经之处，时空将出现细微的收缩与膨胀。人类可以借助配备两条相互垂直的干涉臂的大型仪器，通过持续测量臂长变化，感知这种微小的时空扭曲。测得的振荡曲线见证了两个黑洞“环舞”的最后时刻

这些探测器形成了一个合作网络，囊括了几台历史上著名的探测器，比如美国的两台激光干涉引力波天文台（LIGO）、欧洲的“室女座”探测器（Virgo）和日本神冈引力波探测器（KAGRA）。此外，位于印度的第三台 LIGO 探测器也将在几年内加入其中。除了这些已有或者正在研发的项目外，科学家们还着手进行了一些非常大胆的实验项目，其中既有爱因斯坦望远镜（Einstein Telescope）和宇宙探索者（Cosmic Explorer）等地面观测项目，也有激光干涉空间天线（LISA）这样的空间观测项目。这个由引力波探测开启的新科学领域是基础物理学、天体物理学和宇宙学的交叉学科，其获得发现的潜力与研究的欣欣向荣相匹配。

2015 年，人类观测到了第一批信号。凭借这一发现，巴里什（Barry Barish）、索恩（Kip Thorne）和韦斯（Rainer Weiss）获得了 2017 年的诺贝尔奖。随着仪器灵敏度的提高，探测的次数迅速增加：灵敏度更高的仪器能够发现更远的信号源，也就是说，它们能够对更大范围的宇宙进行探测。宇宙好比一座冰山，起初我们只能发现其外露的顶端，之后探索逐渐深入。在此过程中，我们不仅关注引力波本身，还关注它能告诉我们的与其发射源有关的信息。

黑洞的声音

包括 2015 年获得的标志性发现在内，早期观测到的引力波主要是双黑洞系统并合时发出的信号。每一次观测记录下的频率变化如同鸟类的鸣叫，独一无二且承载着信息。相关分析是直接观测黑洞并刻画其特点的唯一途径，目的在于认识它的起源。宇宙中至少存在两类黑洞：一类是恒星级黑洞，它们是大质量恒星的遗迹，质量约为太阳质量的十几至几十倍；另一类是超大质量黑洞，它们位于大型星系的中央，质量可达太阳质量的数百万倍甚至数十亿倍。按照一些天体物理学设想的预测，两类黑洞之间存在一种连续体。随着并合的不断进行和物质的吸积，质量较小的黑洞发展为质量较大的黑洞。

引力波地面观测可以探索恒星级黑洞或中等质量黑洞的并合，而空间观测则能触及大质量黑洞的并合，以期还原整个过程。事实上，地面干涉仪使用的激光束长数千米，其敏感的引力波频率高于未来的激光干涉空间天线敏感的引力波频率。在这个项目中，激光束的干涉情况将在 250 万千米的距离上进行测量，可以探测到低频的引力波。一个猜测成分较高的设想认为，宇宙中可能还存在一些形成于原初宇宙的黑洞，它们在宇宙大爆炸后第一时间诞生，比如产生于宇宙呈指数式膨胀的暴胀阶段。观测这些原初黑洞的并合或许能够证实这一颇具吸引力的假说并量化此类黑洞对暗物质形成作出的贡献。

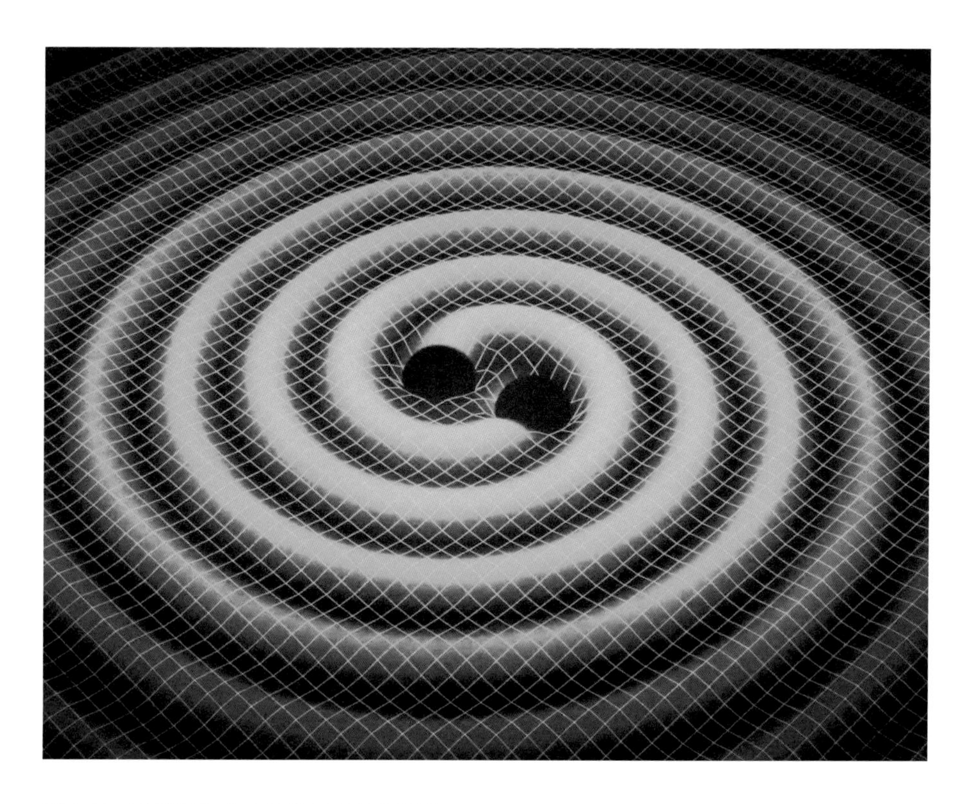

图 1.11　双黑洞并合产生的引力波示意图

神秘的中子星

中子星拥有一些令人难以置信的特征，和黑洞一样令人着迷。物理学的四大基本力（强力、弱力、电磁力和引力）均对其产生作用，但作用条件超出了实验室的研究能力。一些大质量恒星因自身的重量发生坍缩，在它们的遗迹内，一些物质的密度比其他物质的密度都大，而且结构有待查明。引力波为解开这一谜题提供了工具，特别是在双中子星系统并合时发出的信号的帮助下。人们试图通过分析这些信号，发现一颗中子星在另一颗中子星的引力场影响下发生变形所带来的影响。这种变形取决于这些密度极大的核物质的结构。此外，中子星并合时还将喷射出富含中子的物质“碎屑”，上演壮观的天文现象，并为形成贵金属等人类在宇宙中发现的重元素合成原子核。不过，重元素的产生是否受到中子星并合的支配，是否得到超新星爆发的极大助力，这些仍有待查明。

恒星的生与死，双人舞或者独角戏

双中子星、双黑洞等致密双星系统的并合是引力波的来源。它的属性有时令人感到惊讶。引力波为天体物理学模型提供了信息，甚至颠覆了这些模型。它证实了这些双星系统的存在以及恒星向其致密遗迹的演化。不仅如此，几乎就在首次观测到中子星并合的同时，人们探测到一个伽马射线暴，从而破解了一个存在了几十年的与引力波事件的产生有关的陈年谜团。从此以后，我们知道在短暂的引力波事件中，有一部分来自中子星的并合。于是，人们迫不及待地希望取得重大进展，捕捉到与核心坍缩超新星有关的引力波。这些超新星产生于大质量恒星中间部位收缩成致密星体之时，其间外层物质将被抛出。由于引力波能够直接跟踪物质的移动情况，因此它是探测坍缩过程的理想工具。

测试引力

在 4 种存在于自然界的基本相互作用中，引力的强度明显最低。它比电磁力、弱力和强力低几个数量级，因此研究相对容易并且成为粒子物理学的研究对象。引力波验证了广义相对论是否很好地描述了它们的传播速度、几何属性等特征以及观测到的信号，加深了我们对引力的认识。因为引力波的产生需要巨大的质量和加速度，所以我们要对拥有极强引力场和强大动力的物理环境展开研究：在双黑洞系统并合之前，两个黑洞相互绕转，速度接近光速。因此，测试引力可以让我们在解决暗物质和暗能量这两大当代物理学谜团上更进一步。

事实上，引力是这两个问题的核心，也是与宇宙演化有关的宇宙学模型的基本组成部分。随着引力波探测器的灵敏度越来越高，对引力的测试将进入精密物理学的范畴，可以发现一些可能存在的偏差。这些偏差虽然非常微小，却可能具有革命性的意义。精度的提高将帮助我们在统一广义相对论和量子力学这一物理学的重大问题上取得进展。事实上，引力量子已经有了一个与光子类似的名字："引力子"。虽然该粒子目前仍处于假想状态，但是我们可以限制它的属性值，比如根据观测，引力波在传播中不会发生色散（各个频率的引力波明显按照相同的速度传播），这意味着引力子的质量至少比电子的质量低 28 个数量级。

图 1.12　室女座干涉仪。位于意大利卡希纳，激光束在两条干涉臂内传播。相交处设有一个复杂的光学系统，负责测量引力波对干涉现象的干扰

听见“标准汽笛”

致密双星系统并合时发出的引力波强度取决于并合处的距离以及双星系统的特征，尤其是星体的质量。这些参数支配着信号的形状，而且可以被测量。因此，研究探测到的引力波信号能够直接确定信号源的距离。这一关键属性使这些信号源成为“标准汽笛”，为测量宇宙膨胀率（即著名的哈勃常数）开辟了道路。传统方法得出的结果似乎并不一致，导致宇宙学模型被送上了审判台。鉴于此，这种脱离传统方法的精确测量是一个重要的挑战。加油，治安法官！

向原初引力波进发

我们希望暴胀和希格斯场的相变等发生在原初宇宙中的过程产生的引力波在当前宇宙中持续传播，使其沉浸在一种有些不一样的“背景音乐”中。对这些引力波的探测之所以被称为当代物理学的“圣杯”之一，是因为它们打开了认识大爆炸最初时刻的一扇窗。不过，即使未来的引力波探测器将参与到这场关于“圣杯”的搜寻之中，人们也不确定这些探测器是否位于夺取这一“圣杯”的正确位置。或许，较为简单的做法是先查明原初引力波在“化石光”上留下的印记，即宇宙微波背景辐射上的偏振现象。“听见”宇宙最初的低语或许将令人非常感动。

黑暗中的物质

苏格拉底（Socrates）用“我只知道，我一无所知”表达了未知领域的宽广。这则流传了2000多年的格言可能看起来比较抽象而且哲学性很强，但是它比以往任何时候都更加符合现代宇宙学的认知水平。事实上，爱因斯坦的广义相对论是被测试和验证次数最多的理论之一。运用这一理论，我们能够以前所未有的精度认识“无穷大”，描述恒星和其他星体在银河系内的运动、大尺度上的星系组织结构以及宇宙自身的动力机制。然而，广义相对论将要揭开的谜团可能比它试图阐释的谜团还要大：我们知道，当前宇宙有95%的成分性质不明，包括大约25%的暗物质和大约70%的暗能量。二者非常神秘，性质完全不同，即使是最优秀的物质基本结构理论也无法解释它们的存在。

量子力学是20世纪的另一个伟大理论，它使人类认识了什么是“无穷小”并推动了粒子物理学的诞生。粒子物理学“标准模型”能够描述所有受引力以外的其他相互作用力支配的现象。该模型每天都要接受巨型实验的检测，以CERN的LHC为例，质子以极高的能量发生碰撞，获得的产物被收集起来进行分析，并与模型的预测结果进行对比，从而发现某些可能意味着存在新物理定律的偏差。自希格斯玻色子被发现以来，一些新的现象成为研究对象，但是目前尚未明确观测到任何可能表明某些现象超越了标准模型的偏差。

一些理论在实验室测试时似乎非常强大，但是它们无法解释这些天体成分的性质，而且承认它们的失败将引发激烈的讨论。为何会出现这样的矛盾？物理学家将如何着手并试图回答这些棘手的问题？俗话说，“魔鬼藏在细节中”。如果情况属实，那么我们该如何形容宇宙在20世纪之交给予物理学家的极大蔑视？不过，有一点是肯定的：我们只知道，我们一无所知！

发现暗物质

多个名字与暗物质的概念联系在一起。1906年，庞加莱（Henri Poincaré）将银河系中光度较低的恒星称为暗物质。1934年，以古怪的性格和深厚的人文思想著称的瑞士物理学家兹威基（Fritz Zwicky）意识到，在那时还被称为星云的星系团中，暗物质的数量应该比可见物质多得多。兹威基以测量得出的星系在后发星系团中的典型速度为基础，推测出星系团的"总"质量，并与可见质量进行了比较，从而推断出不可见质量的存在。这些被他称为"暗物质"的质量是可见质量的数百倍。兹威基的观点有对有错：暗物质确实存在，但是在今天看来，他估算的数值明显偏大。

直到20世纪70年代，得益于光谱学的发展以及天文学家鲁宾（Vera Rubin）和福特（Kent Ford）的研究成果，存在暗物质的观点才被再次提起。鲁宾使用福特建造的光谱仪，绘制了星系光谱，并研究了旋涡星系特别是仙女星系的旋转。她根据恒星和星系中央之间的距离测量了旋转速度，获得了与兹威基一致的观点：远离星系中央的恒星速度快于预期。事实上，如果质量的分布是均匀的，那么星系盘外恒星的速度应当比中央恒星快，就像车轮外侧的速度比内侧快一样。但是，对质量集中于中央部位的星系来说，外侧恒星的速度反而更低：引力定律告诉我们，恒星距离质量中心越远，速度越慢。星系中央光度极高，这似乎说明星系的质量主要集中于此，因此，外侧恒星的旋转速度应当随着它远离星系中央而变慢。然而，鲁宾发现，在星系中央外，恒星的旋转速度几乎相同。为了解释这一现象，她假设星系外延伸出一个暗物质"晕"，质量是可见物质质量的5至10倍。这一发现很快得到了其他天文学家的证实，尤其是博斯马（Albert Bosma），他观测了不同的星系和不同的光谱线。

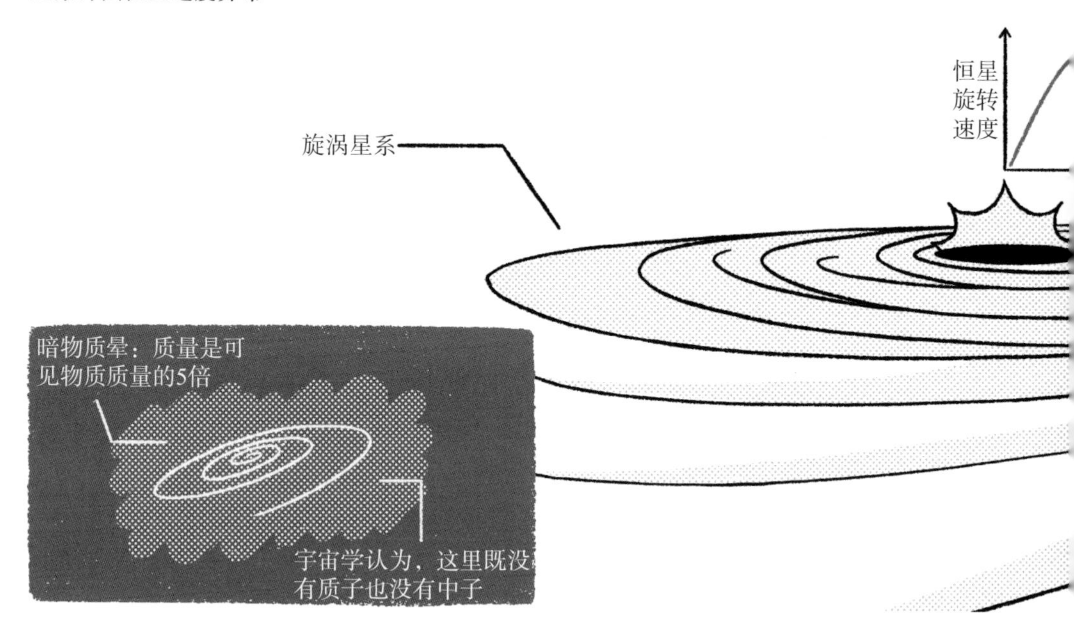

模型诞生

但是，历史并未就此止步。如今，我们知道暗物质不仅影响星系内恒星的动力，还会影响天体的引力动力，使星系构成星系团和巨型丝状网络，甚至为宇宙本身提供动力，使其膨胀。正是对宇宙微波背景辐射的研究让我们得出了这一结论。1965 年，彭齐亚斯和威尔逊“意外”发现了宇宙微波背景辐射，并因此获得了 1978 年的诺贝尔奖。20 世纪 90 年代以来，一个庞大的观测项目在地面和太空展开，目的是不断以更高的精度测量该辐射在天空各个方向上的温度。最近一次空间探测任务由欧洲的普朗克卫星执行。它对该辐射进行了细致的测量，形成的图像反映了大爆炸发生 38 万年后的宇宙面貌。这些观测结果以前所未有的精度测量了宇宙的能量密度及其构成，得出了明确的结论：在整个宇宙尺度上，暗物质似乎是普通物质的 5 倍。

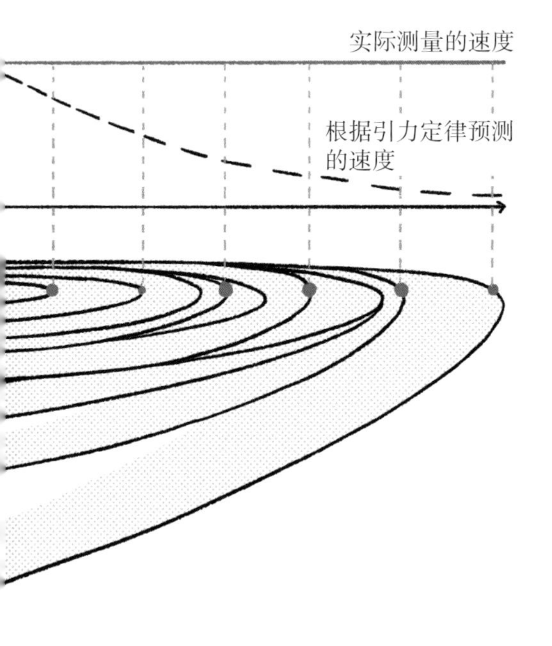

图 1.13　违背引力定律的旋涡星系。如果星系的大部分质量集中在星系中央，那么为了保持整个星系的引力平衡，距离中央越远，恒星应当转得越慢。然而，记录显示，在距离星系中央 10 光年外的地方，无论恒星和星系核相隔多远，它们的速度均相同。一种可能的解释是，星系边缘存在一个巨大的未知物质晕，即暗物质晕。它的质量很大，但是不发光，而且极少与普通物质发生相互作用。因此，它完全是个谜

基于观测结果，我们推测，除非借助引力，否则暗物质与普通物质或辐射的相互作用非常微弱。此外，为了能够形成结构，暗物质应当是“冷”的，也就是说暗物质粒子的特征速度（鉴于它的质量，特征速度可以与温度建立联系）比光的特征速度慢。此外，由于暗物质必须是“冷”的，所以暗物质由中微子构成的可能性很快被排除。中微子是标准模型描述的一种参与弱相互作用的粒子，它的属性原则上与预期值相符。然而，它在宇宙中的特征速度过大，无法解释我们看到的那些结构的形成。如今，冷暗物质（Cold Dark Matter，CDM）已成为宇宙学的基础。

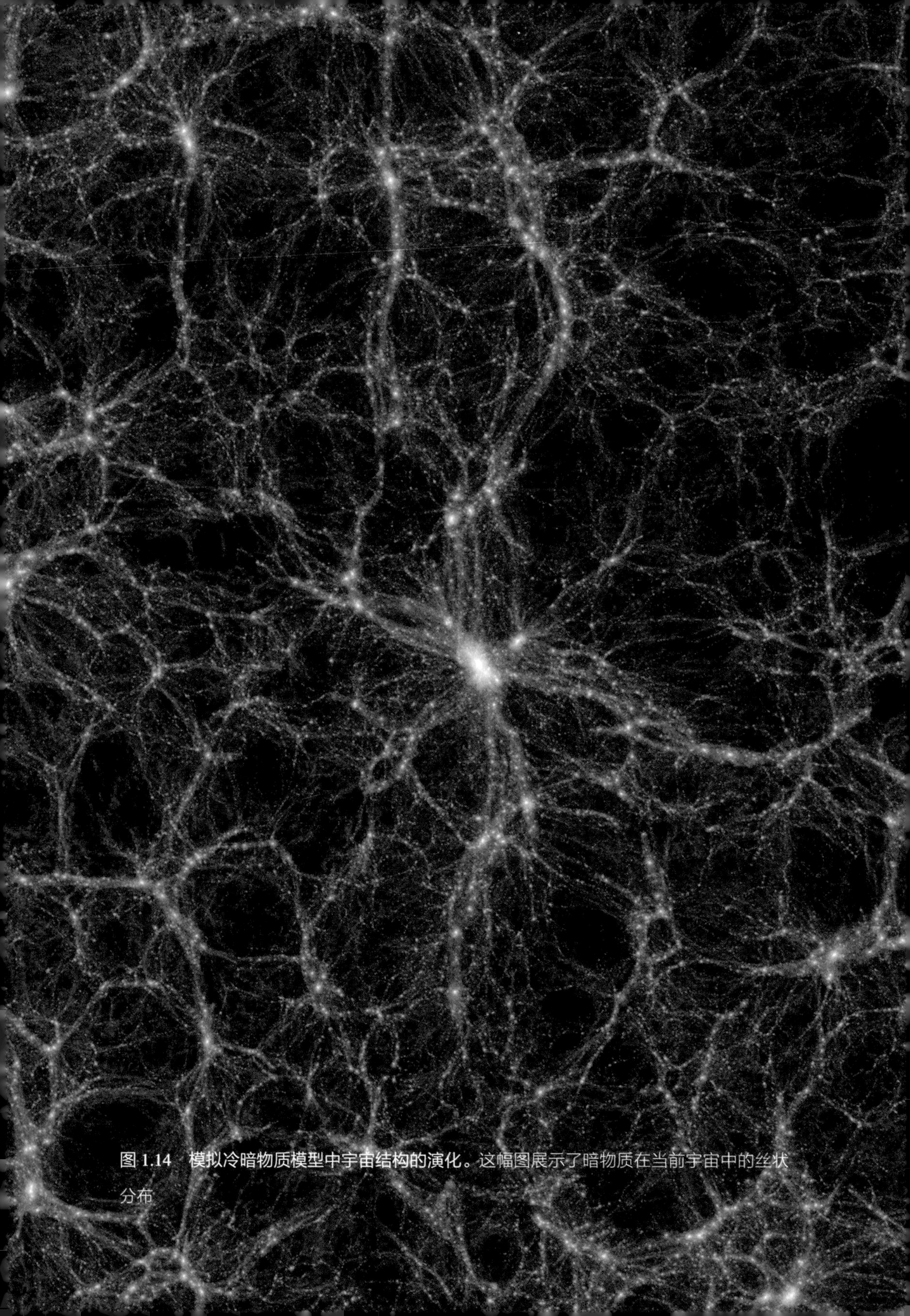

图 1.14　模拟冷暗物质模型中宇宙结构的演化。这幅图展示了暗物质在当前宇宙中的丝状分布

被寄予厚望的弱相互作用大质量粒子

暗物质之谜最有意思的地方在于它可能带来一些更加基础的宇宙理论。因此，解开这些谜团不仅对了解暗物质本身很有意义，还有可能形成与量子力学或广义相对论一样重要的革命性成果。

超对称长期统治着与暗物质性质有关的研究领域。该理论认为，在粒子物理学标准模型之外，每种物质粒子（费米子）都有一个传递相互作用的“镜像”伙伴（玻色子），反之亦然。因此，该理论预测，存在一套新粒子，其中最轻的超对称粒子在宇宙年龄尺度上处于稳定状态。不仅如此，一个惊人的地方在于，如果我们假设这种稳定的粒子通过引发天然放射性的弱相互作用发生相互作用，那么它的预测丰度或许能解释宇宙学模型的参数。更加重要的是，如果该粒子通过弱相互作用发生相互作用，那么我们有望通过调整后的实验观测到它们。

根据假设，这些物质粒子质量很大，因此尽管它们的温度可能较高，但是速度慢，再加上它们相互作用微弱，所以被称为“弱相互作用大质量粒子”（WIMP）。随着时间的推移，该词用于泛指所有与标准模型的相互作用处于弱相互作用量级的暗物质候选粒子，即使该相互作用由一种新的力产生。

WIMP 的探测方法主要有 3 种：在像 LHC 这样的巨型对撞机中产生；在群山环绕、与世隔绝的环境中设置灵敏度超高的探测器，探测它们与探测器靶核的相互作用；运用切伦科夫（Tcherenkov）望远镜和卫星探测它们在银河系或周围星系中的湮灭或衰变产物。这 3 种探测方法高度互补，使人类有可能发现暗物质模型的不同特征，而且如果 WIMP 确实存在，那么这些探测手段还能给我们带来非常可靠的实验证据。然而，虽然一些探测器获得的线索耐人寻味，但是我们尚未在不同实验中发现一致的信号。

图 1.15　组装 Xenon1T 探测器。Xenon1T 探测器是当前性能最强大的研究以 WIMP 形式存在的暗物质的探测器

暗物质及其他信号

在亚平宁山脚下，格兰萨索高地内，坐落着一间地下实验室，里面进行的实验能够不受持续攻击地球的宇宙辐射的影响。其中，暗物质 / 用于罕见过程的大体积碘化钠（Dama / Libra）实验试图运用在与暗物质粒子发生相互作用的过程中闪闪发光的碘化钠晶体对暗物质进行探测。经过 20 多轮的数据采集，结果似乎已经非常明显：该实验发现，探测到的信号存在一种年度调制现

象，这是地球在银河系周围的暗物质晕中运动的典型迹象。事实上，如果这种暗物质晕真的存在，那么太阳会因为它在银河系中的轨道运动进入其中。6 月 2 日前后，绕太阳转动的地球与太阳同向运动；6 个月后，也就是 12 月 2 日前后，二者的运动方向相反。从地球上看，这改变了暗物质粒子在不同季节的通量。最初，这种年度调制现象引起了物理学家的极大兴趣。但是，无论使用类似的探测器还是其他方法，实验均未获得一致的发现，而且由于该实验的数据没有公布，所以它的分析结果无法得到验证。因此，需要继续研究并进行其他测量。

如今，装有数吨液氙的探测器对 WIMP 的限制最大。经过 30 年的开发，这些探测器的灵敏度得到了极大的提升，是 Dama / Libra 实验灵敏度的 100 万倍。在最近进行的实验中，虽然液氙探测器发现的相互作用与暗物质的信号一致，但是它们的数量太少，在统计学上不足以被确认为发现。因此，实验仍在继续。

此外，对宇宙线的测量也获得了一些有意思的结果。阿尔法磁谱仪 2 号（AMS-02）是一台安装在国际空间站的粒子物理探测器，配备高场强永磁体，能够区分宇宙辐射中的粒子和反粒子。有趣的是，观测到的反粒子数量多于预期，与暗物质湮灭的信号一致。负责测量来自银河系中央的高能光子（伽马射线）的费米（Fermi）卫星也观测到一些反粒子。不仅如此，它也反馈了一个高于预期的信号。遗憾的是，这些反粒子可能同样是天体物理源的产物，而且优化后的模型似乎也否认了暗物质探测假说。

美国科学家卡尔·萨根（Carl Sagan）曾说，“非凡的结论需要非凡的证据”。鉴于目前尚无任何信号得到其他实验的明确验证，所以要么继续研究，要么采用其他方法。

图 1.16　艺术家眼中的暗物质晕。图中的暗物质晕呈蓝色，环绕在银河系周围

轴子：问题清洗剂

20 世纪 70 年代，一个问题困扰着理论物理学家：为什么在夸克和胶子之间发生的使原子核结合在一起的强相互作用保持着电荷和宇称的联合对称性，即电荷–宇称对称性，而在弱相互作用中，这种对称性却遭到了破坏？对中子电偶极矩的测量是目前精度最高的测量：在磁场中，如果磁场方向改变后中子的电偶极矩不为零，就说明电荷–宇称对称性遭到了破坏。然而，测量尚未发现任何迹象。

为了解决这一问题，人们引入了一种新的场。它的相关粒子能够去除强相互作用中电荷–宇称对称性未遭破坏的“污点”。该粒子被称为轴子（axion），这个名字取自美国的一款洗涤剂。奎因（Helen Quinn）和佩切伊（Roberto Peccei）认为，一种与强相互作用有关的隐藏对称性或许遭到了破坏。按照与希格斯玻色子相似的推理，一种新的场被引入，相关粒子被称为轴子。该粒子和 WIMP 一样，极少与物质发生作用，但是质量轻得多。它们也可作为暗物质的候选粒子。

此后，大量实验试图通过轴子与电磁场的相互作用探测该粒子：轴子通过与电磁场的耦合转化为频率与质量相符的光子，反之亦然！因此，我们希望在布满电磁场的洞中让暗物质“现身”。反过来，我们也借助地面和空间望远镜研究来自银河系深处的光子的“消失”（即光子通量的降低）。大量实验正在进行中，轴子能否解开暗物质之谜，我们应该能在下一个 10 年知道答案。

大质量致密晕天体与原初黑洞

20 世纪 80 年代末，人们猜测暗物质只是一种不发光的标准物质，比如气体云、行星或者棕矮星那样几乎不可见的恒星。该假说可以算是所有假说中

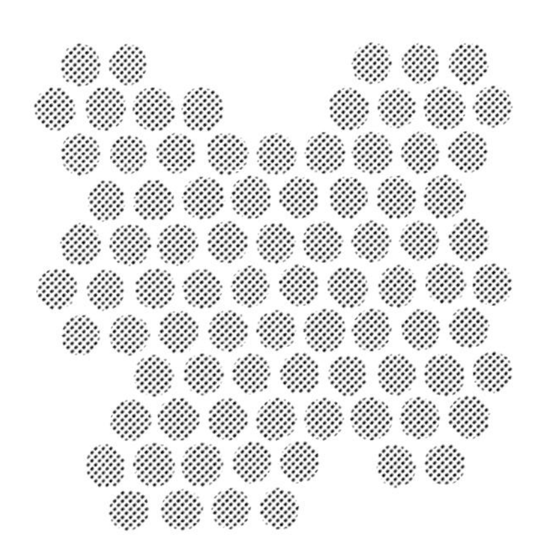

1. 暗物质由粒子构成：物理学家试图寻找不同种类的暗物质粒子，比如弱相互作用大质量粒子或者轴子。一些仪器试图从地面直接探测暗物质粒子的存在，另一些仪器则从太空或者通过分析发生于大型强子对撞机中的碰撞间接探测它们的存在。

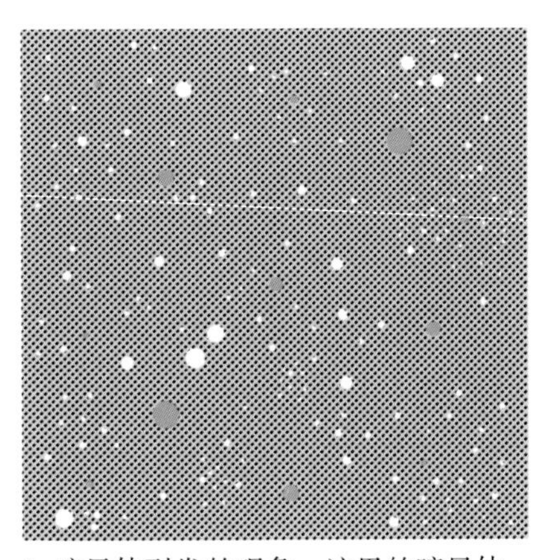

2. 暗星体引发的现象：这里的暗星体是指一些普通天体，比如死去的恒星、棕矮星等，它们潜伏在黑暗中，很难被发现。

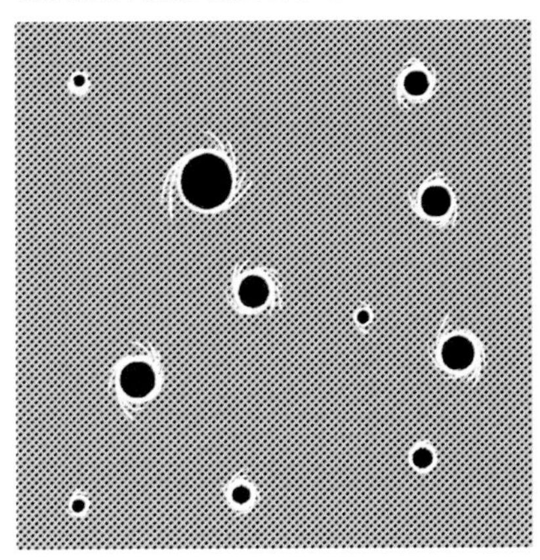

3. 原初黑洞在宇宙中大量存在：这些小型黑洞形成于宇宙诞生之初，数量庞大，或许只有未来灵敏度极高的引力波探测器才能发现它们。

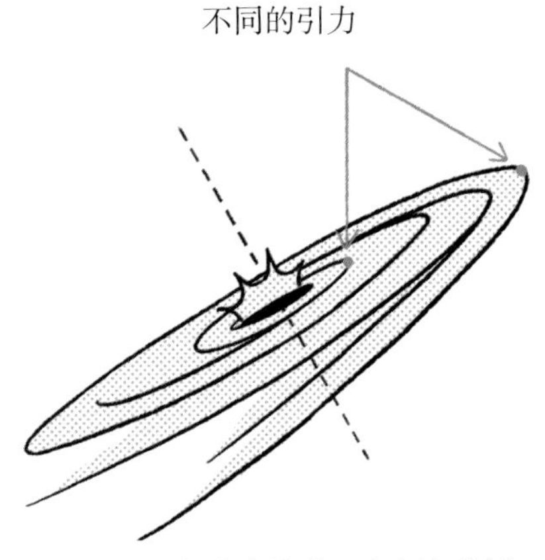

4. 万有引力定律有缺陷：牛顿定律被证实不适宜描述相隔很远的物体之间的引力。

图 1.17　关于暗物质的 4 种解释

最普通的一个，却与宇宙学标准模型并不相符。按照标准模型，暗物质不能由质子、中子这样的重子构成。此外，要解释宇宙微波背景辐射中可见物质的结构，暗物质必须形成于大爆炸发生后几十万年，然而第一批复杂天体直到几百万年甚至几十亿年后才形成。

然而，构成暗物质的可能并非基本粒子，而是大质量致密晕天体（MACHO）。原初黑洞是它的候选之一，体积从小型小行星的体积到数百倍太阳体积不等。2015 年，LIGO 和"室女座"探测器发现了两个质量约为太阳质量 30 倍的大质量黑洞在并合时发出的引力波。此后，原初黑洞模型流行开来。人们大量探测到此类事件，但是要用天体物理学标准模型解释这些黑洞的质量和丰度并不容易。这些引力波"望远镜"或许已经探测到以原初黑洞形式存在的暗物质。虽然该假说如今仍然备受争议，但是引力天文学才刚刚起步，未来几十年，我们应当能够对其进行广泛的测试。

引力修正

最后，我们眼中的"暗物质"可能意味着我们必须对引力理论进行修正。第一种方法是米尔格龙（Mordehai Milgrom）于 1983 年提出的"修正的牛顿动力学"（MOND），它修正了引力极弱时的牛顿定律。以远离星系中央的恒星受到的引力为例，此时这个大质量天体受到的引力不再与它的加速度成正比，而是与加速度的平方成正比。这种修正虽然形式上简单，却能解释恒星在星系中的运动。

但是，该理论遇到了各种各样的问题，主要是修正后的引力无法对宇宙微波背景辐射的观测作出明确的解释。相反，如果我们假设存在暗物质，那么这些观测就都有了意义。此外，一些关于星系碰撞的观测似乎也支持暗物质假说。星系碰撞是一种常见的现象，我们所在的银河系也是通过这种方式塑造的。当星系团在子弹星系团内发生碰撞后，引力透镜效应表明，这些星系质量最大的部分似乎与 X 射线观测到的可见物质并不重合：这正是人们希望星系中的暗物质具有的表现。暗物质的质量比可见物质的质量大，它们在与其他星系团相遇时畅行无阻，而气体物质则会经历剧烈的制动和升温。

这些观测结果是真正的挑战，推动了研究的进步，尤其是它们试图修正爱因斯坦的引力理论，而不只是作为其近似版本的牛顿引力理论。修正后的广义相对论与“修正的牛顿动力学”之间没有直接联系，但是前者似乎比后者更加成功。在这些理论中，爱因斯坦提出的某些假说受到了质疑：比如，物质普遍与引力耦合，大质量物体附近的时空曲率相同，等等。

因此，暗物质是否存在，这是一个问题。不过，无论它是什么，我们都应当扩展自己的基本理论，使我们对物质、空间和时间的理解更进一步。

将宇宙向外推的能量

我们的宇宙起源于大爆炸。那时，宇宙的密度无穷大，温度无穷高。但是，在物理学中，无穷往往意味着对大自然的描述不完整，而且在关于这一特殊时刻的理论中，一切都是不确定的。不过，我们能够肯定的是，自大爆炸发生后，空间处于膨胀状态。观测结果表明，在大尺度上，星系团彼此远离。然而，这不仅仅是物体在空间中运动那么简单。按照我们现在的认知，这是一种膨胀，是宇宙本身的延伸，更准确地说，是距离尺度的扩大，但是物体的大小保持不变。事实上，如果像《阿甘正传》的主人公阿甘（Forest Gump）说的那样，“生活是一盒巧克力”，那么宇宙可以想象成一块含有巧克力豆的麦芬：在烤箱的烘烤下，麦芬会膨胀，但是巧克力豆不会。

哈勃与宇宙膨胀

人们将对星系团远离的观测归功于哈勃（Edwin Hubble）。这位美国天文学家（可不是糕点师）以勒维特（Henrietta Leavitt）的研究为基础获得了这一发现。勒维特意识到，造父变星可以用来测量遥远星系的距离。哈勃将这一方法与“多普勒效应”测速相结合，测量出宇宙的膨胀速度。事实上，天体光谱中出现的一些特征谱线表明，光被不同的化学元素发出或吸收。正在远离的天体，谱线波长向红光偏移，而正在接近的天体，谱线波长则向蓝光偏移。对近处的天体比如仙女星系而言，这种多普勒效应当源于局部引力场产生的速度，与天体的距离无关。至于遥远的天体，情况则正好相反。它们的距离越远，远离的速度越快。此时，发生红移的原因是空间本身的膨胀，它拉长了波长。

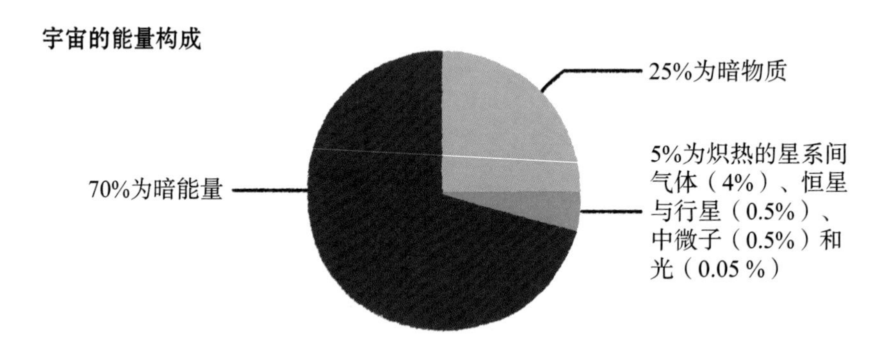

图 1.18　暗能量主导的宇宙。根据观测，宇宙主要由暗能量构成，它的占比为 70%。相比之下，普通物质仅占 5%，以恒星、行星、气体、光和中微子的形式存在

"哈勃常数"是描述这种关系的比例系数，它决定了宇宙的膨胀速度。虽然它被称为"常数"，但是它会随着时间的推移发生变化。如今，它的值大约为 70 千米 /（秒·百万秒差距）（1 百万秒差距约等于 300 万光年），也就是说，两个相距 3 亿光年的星系正以约 7000 千米 / 秒的相对速度移动；如果它们之间的距离增大至原来的 10 倍（即 30 亿光年），那么它们的相对速度也将提升至原来的 10 倍（即 70 000 千米 / 秒）。这种相对速度源于空间本身的膨胀：两个相距 3 亿光年的星系之间的距离每秒将增加 7000 千米。

然而，通过遥远天体的退行速度（也就是它们远离的速度）测量宇宙的膨胀，这真的是个难题：天体距离越远，接收到的光量就越少，实现精确测量就越困难，但是，对遥远天体的测量很重要，这是因为两个天体的相对运动同样受到局部引力动力的影响，特别是当天体之间的距离较小时。为了解决这一问题，必须建造性能极强的望远镜。20 世纪 90 年代以来，哈勃望远镜在距离地球 540 千米的轨道运行，可以在摆脱地球大气的情况下观测造父变星。因此，它的测量距离最远可达大约 8000 万光年。尽管这一距离已经很远，但是它还是不足以完全摆脱大型星系团引力的影响，这使哈勃膨胀定律受到干扰。

照亮黑暗的超新星

为了在宇宙距离即数十亿光年上获得测量结果，人们提出了其他的想法：如果能够观测到距离更远、强度更大的光源呢？比如，超新星的光度比目前已知的所有现象的光度都要高。作为恒星临终时发生的爆炸，它的光度能够达到甚至超过整个星系的光度。20 世纪 90 年代，珀尔马特（Saul Perlmutter）带领的超新星宇宙学计划团队同施密特（Brian Schmidt）与亚当·里斯（Adam Riess）支持的高红移超新星搜索队都致力于对遥远的超新星进行研究和观测。

事实上，对于 Ia 型超新星来说，爆发的物理过程几乎一模一样：一颗被称为“白矮星”的小质量恒星在临终时从伴星吸积物质，直到质量达到 1.4 倍太阳质量的临界值，形成 Ia 型超新星（SNIa）。此时，白矮星由于质量太大，无法承受引力，于是发生内爆，发出大量特征光线，使 Ia 型超新星成为“标准烛光”，即总光度已知的天体。由于已经知道超新星在爆发时的总光度，所以通过测量它们发出的光线，可以推断它们的距离，结合速度测量结果（通常基于红移得出），可以测得宇宙的膨胀速度。

1998 年，人们开始运用不同距离的超新星测量宇宙的膨胀速度。通过对距离最遥远、年代最古老的超新星进行测量，一个谜团得到了破解：与想象相反，我们的宇宙正处于加速膨胀之中。这让人非常困惑，因为人们原以为，无论宇宙处在何种辐射或者物质（比如光子、中子、暗物质等）的主导下，由于引力的影响，它的膨胀速度都会放缓，也就是说随着时间的推移，天体间距离的增长会越来越慢，原因在于对物质而言，引力是一种吸引力。因此，天体物理学家此前一直假设，宇宙的膨胀放缓，最后甚至可能转为压缩，出现“大挤压”。然而，事实完全不是这样：宇宙的膨胀正处于一种特殊能量的主导之下。这种能量被称为“暗能量”，人们对它的性质一无所知。凭借这一发现，珀尔马特、施密特和亚当·里斯获得了 2011 年的诺贝尔奖。

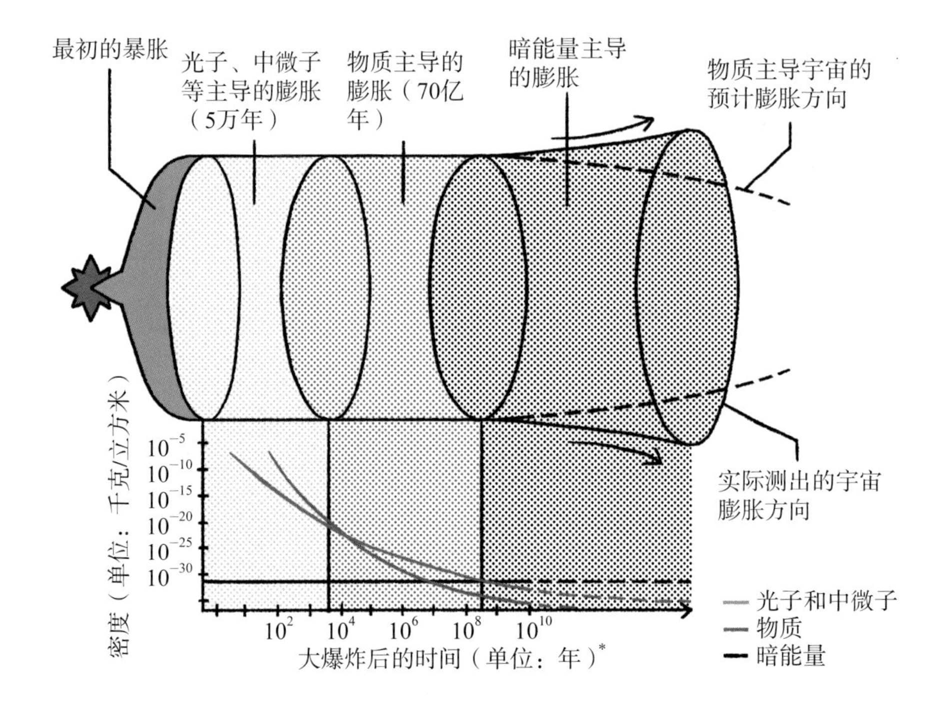

图 1.19　宇宙膨胀处于加速而非减速状态。经历诞生之初的暴胀后，宇宙在辐射（光子、中微子）的影响下，继续快速膨胀。这一状态持续了 5 万年，随后温度下降，物质处于主导地位。通过引力，物质阻碍了宇宙的膨胀，并在近 70 亿年的时间里逐渐延缓了膨胀速度。然而，局面突然发生逆转。由于物质在宇宙中被过度稀释，它失去了主导地位，被暗能量所取代。暗能量的优势在于无论宇宙体积如何变化，它都不会发生改变

* 横轴坐标刻度线对应的数值疑有误，似应整体向左移一个刻度，从而与图中文字及图注一致。——译者

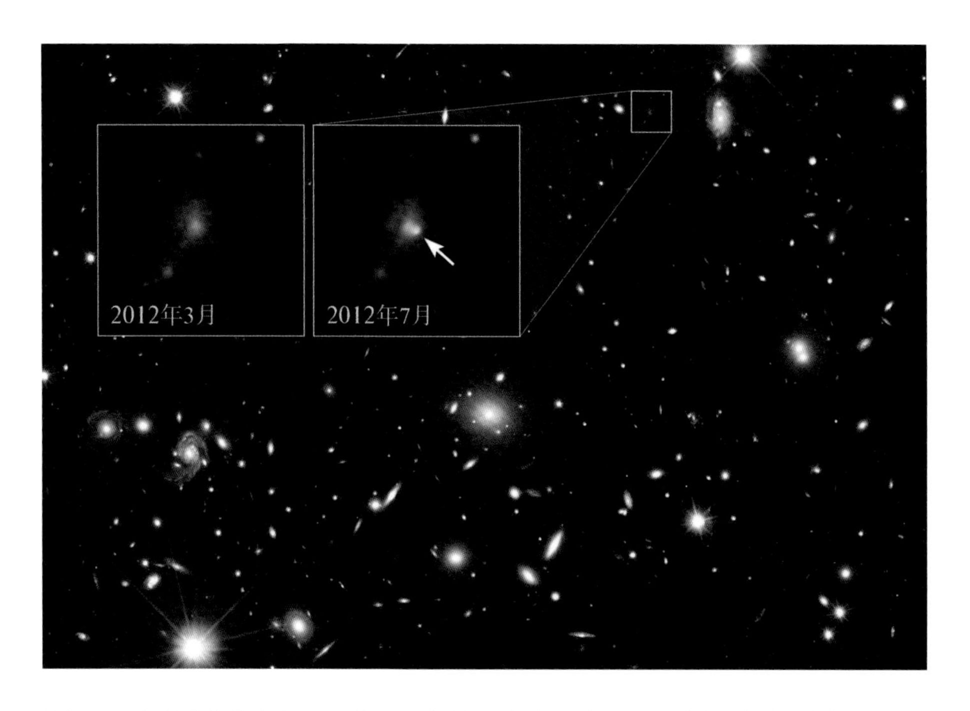

图 1.20　加速膨胀的宇宙。20 世纪 90 年代，对超新星演化的观测表明宇宙正在加速膨胀：根据超新星的距离和光度之间的关系，可以确定宇宙的膨胀速度。图中有 2012 年 7 月发现的一颗位于 MACS J1720 星系团的超新星

暗能量的主导地位

如今，普遍接受的一种假说将暗能量与“宇宙学常数”联系起来。最初，爱因斯坦为了尝试消除膨胀带来的影响，引入了宇宙学常数的概念。他坚信宇宙处于无限静止状态。和光速以及电子质量一样，宇宙学常数也是宇宙的一个基本量。于是，物理学家试图预测它的值。宇宙学常数与真空能有关。由于物质粒子自发地产生和湮灭，所以真空本身也产生引力效应。然而，基于量子力学估算出的真空能量密度约为 10^{113} 焦耳 / 立方米，比实际测量值高 120 多个数量级。这真是史上最糟糕的预测。

根据广义相对论，决定宇宙膨胀速度的是它的能量密度，即单位体积的平均能量。因此，宇宙的膨胀速度与它的构成，即物质、光子、真空能等有关，而且会随着时间的推移发生改变。在宇宙膨胀的影响下，各组成部分的能量密度降低，但是组成部分的性质不同，降低的速度也不同：非相对论性物质的能量密度随宇宙体积膨胀下降（1/ 宇宙尺度的三次方），光子、中微子等相对论性粒子的能量密度下降幅度更大（1/ 宇宙尺度的四次方），而真空能的能量密度则保持不变。因此，在暴胀阶段后，宇宙演化的各个时期有了明确的区分：在最初的 5 万年间，宇宙膨胀处于光子、中微子等相对论性粒子能量的主导之下。随后，根据标准模型，物质主导并延缓了宇宙的膨胀，这一局面一直持续到大约 30 亿年前 *。如今，同样根据标准模型，处于主导地位的是暗能量，也就是真空能，这是因为人们假设暗能量的能量密度保持不变而且均匀地布满宇宙，与距离尺度（或时间尺度）无关。这也是时空本身的一种属性。

当常数发生变化

一些理论假设暗能量并非一成不变，它的密度和对宇宙膨胀的影响都会随时间的变化而变化。目前的测量精度尚不能就这一问题得出确定的结论，不过如果能够观测到暗能量密度的变化，就意味着它可能源于一种新的粒子。这种标量场被称为“精质”场，是希格斯场的远房表亲，作用与导致宇宙在诞生初期发生暴胀的标量场类似。一些基本理论，比如弦理论，预测了这种标量粒子的存在。弦理论甚至将暗能量与暗物质联系起来，原因是暗物质同样由标量场构成。因此，暗物质和暗能量的主要差别在于粒子的质量：在大部分情况下，暗能量粒子的质量不会超过暗物质粒子质量的 100 亿分之一。

---

* 原文为 30 亿年。根据上下文，前 5 万年为光子、中微子主导，之后 70 亿年为物质主导，之后为暗能量主导，而大爆炸至今 138 亿年，此处疑有误。——译者

重子的舞蹈

并非只有通过 Ia 型超新星进行的距离测量才能表明神秘暗能量的存在并为其性质的探测提供工具。与宇宙物质结构有关的测量可以不考虑宇宙体积随时间的膨胀速度。在宇宙微波背景辐射和大型星系图上测得的温度波动同样说明了暗能量的存在。

在极大尺度（超过 1 亿光年）上观察物质结构，会发现一种典型距离。在标准模型中，它是声学现象留下的印记，是引力和光压竞争的结果。大爆炸后 38 万年，质子和电子再次结合，形成中性氢。事实上，在此之前，光子不停与等离子态的带电重子物质发生相互作用。于是，重子物质受到了（暗物质产生的）引力和与引力相反的光子电磁压力的双重作用：压力波在不均匀的重子–光子等离子体中传播，表现为高密度区与低密度区之间的“振荡”。由于暗物质只参与引力相互作用，所以不受这种声波的影响。到了再复合时期，光子不再与中性的原子发生相互作用，而是带着该现象留下的印记在宇宙中自由传播。同样，没有了光子施加的压力，声波无法继续传播。于是，重子物质和暗物质在高密度区聚集。这种发生在宇宙诞生初期的振荡被称为“重子声学振荡”（BAO），它在天空中形成了一种特征距离（压力波经过的距离），使宇宙中物质的分布呈现一定的结构。

该现象的影响不仅体现在宇宙微波背景辐射的温度波动中，还反映在星系团的分布中。事实上，对包含数十万个星系团的宇宙地图进行的数据分析表明，这些星系团与宇宙微波背景辐射上温度不均匀的地方呈现出类似的分布方式。于是，这一特征距离形成了一种在星系图和宇宙微波背景辐射图上均可以看见的“标准尺”，可用于测量（和检测）宇宙从再复合时期到近期的演化情况。2005 年，重子振荡光谱巡天（BOSS）合作项目首次对这一特征距离进行了测量，结果与宇宙学标准模型基于宇宙微波背景辐射实施的数据分析（以及在极大尺度上对宇宙进行的大规模数据模拟）得出的预测结果完全吻合，成为对宇宙学标准模型的一次验证。

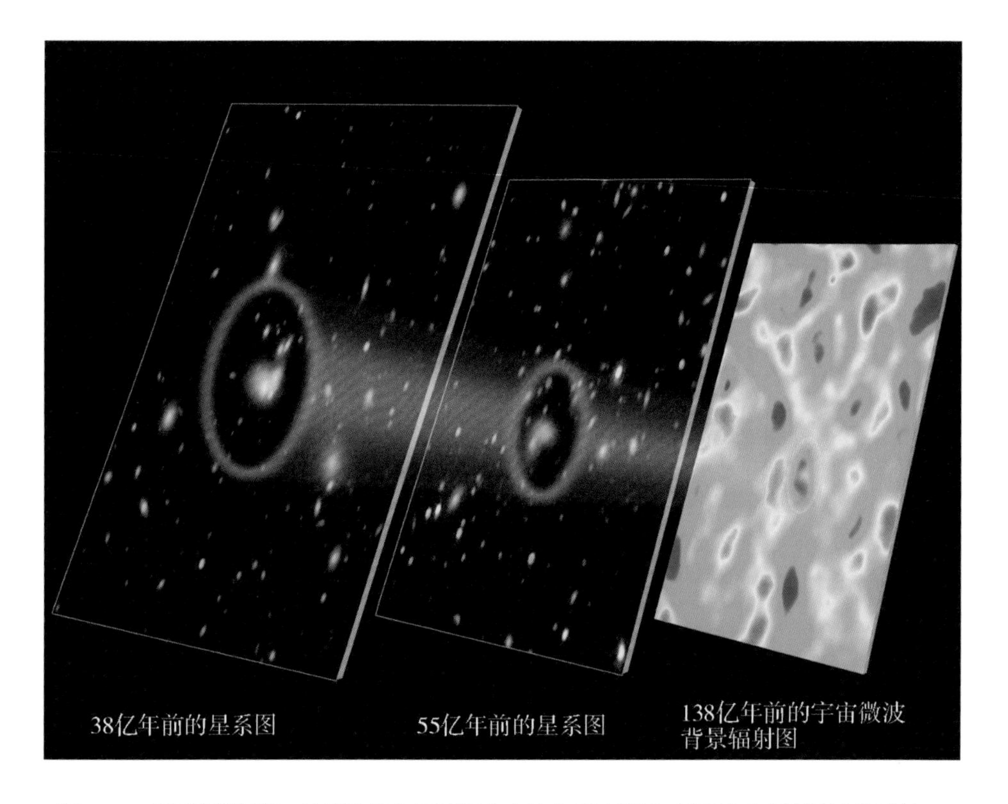

图 1.21　重子声学振荡。该现象发生于原初宇宙的物质块周围，星系分布展现了它的踪迹

加速膨胀

综合宇宙微波背景辐射测量、星系中的重子声学振荡测量以及 Ia 型超新星的距离测量，人们建立了被称为 Λ-冷暗物质（ΛCDM）的宇宙学标准模型。在该模型中，暗能量是一种宇宙学常数（Λ），它如今在物质-能量中的占比达到 70%。暗物质（CDM）目前的占比为 25%，而普通物质仅占 5%。至于辐射，它对能量密度的贡献仅为 0.5‰（主要是宇宙微波背景辐射）。按照该模型的描述，在最初的暴胀阶段后，宇宙经历了大约 70 亿年的减速膨胀。此时，物质在宇宙的组成部分中处于主导地位，引力延缓了膨胀的速度。该模型假设，宇宙随后在宇宙学常数

的影响下加速膨胀。未来的宇宙实验，比如欧洲的欧几里得（Euclid）卫星和智利的大口径全景巡天望远镜（LSST）——薇拉·鲁宾天文台，将在测量暗能量的属性和探测暗能量与宇宙学常数的细微差别方面拥有特别强大的性能。

然而，人类还有工作要做！一些与标准模型预测之间的冲突初步表明，暗能量并不是一种宇宙学常数，特别是对哈勃常数的测量结果并非次次相同。事实上，运用哈勃的“老”办法，综合造父变星和超新星等邻近天体的测量结果，精确得出的数值为 73.0 ± 1.0 千米 /（秒·百万秒差距）。然而根据宇宙结构，比如宇宙微波背景辐射、星系团和类星体巡天等，得出的数值均为 67.4 ± 0.5 千米 /（秒·百万秒差距）。考虑到测量的不确定度，这在统计学上属于显著性差异，也就是说，如果误差的来源能够确定，那么出现这一差异的可能性极低（不足百万分之一）。

用其他方式进行测量

其他用于测定宇宙膨胀速度的方法正在形成，比如欧几里得卫星将要仔细研究的引力透镜。质量极大的天体会产生引力透镜效应，它们拥有强大的引力场，使位于透镜后的恒星发出的光发生“偏移”。如果这种偏移非常强烈，那么我们就能观测到同一物体的多重影像，并测量不同光路之间的时间差，从而得出宇宙的膨胀速度。

此外，大量探测被称为“标准汽笛”的引力波信号，也有望成为一种独立的宇宙膨胀速度测量方法。事实上，位于遥远星系的中子星在并合时会发出大量引力波和电磁波，主要是伽马射线暴。通过测量它们的红移，可以确定星系远离的速度。如果要计算我们与发射源之间的距离，则必须对引力波进行测量。因此，我们获得了一种估算哈勃常数的新方法。目前，GW170817 是唯一能够使用的中子星并合事件，但是它的测量精度尚无法对哈勃常数施加额外的限制。不过，这一新的天文学才刚刚开始。

测量哈勃常数的3种方法：

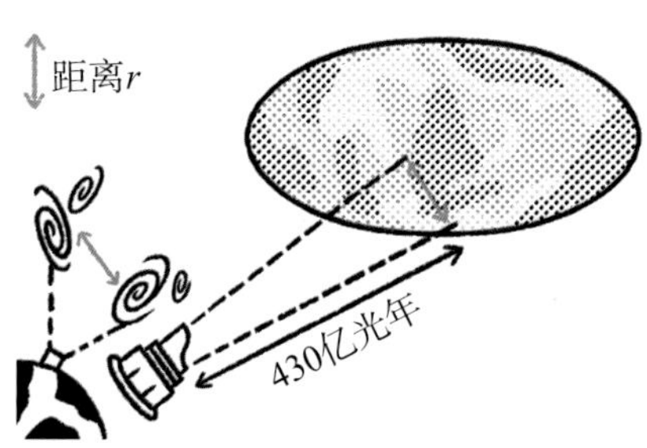

1.“标准尺”法：宇宙微波背景辐射上斑点的特征尺寸（r）与星系团之间的典型距离一致（不考虑膨胀影响）。我们可以校准标准尺，推测我们与宇宙微波背景辐射以及我们与星系之间的距离，进而得出哈勃常数。

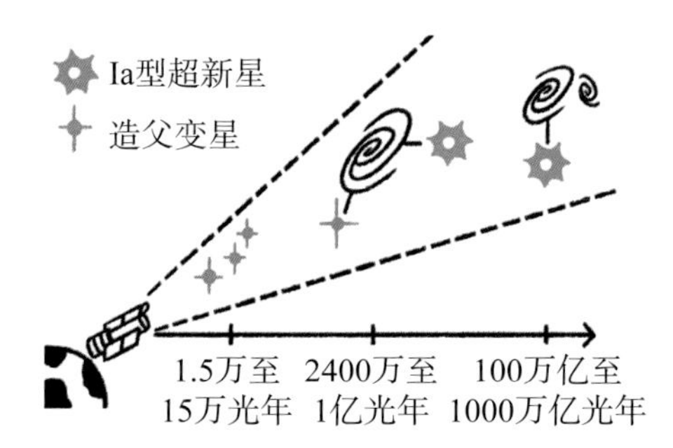

2.“标准烛光”法：无论超新星距离如何，它们的固有光度保持不变。因此，我们可以借助造父变星校准标准烛光，然后推测出遥远的Ia型超新星的距离，从而测量出宇宙的膨胀速度H0。

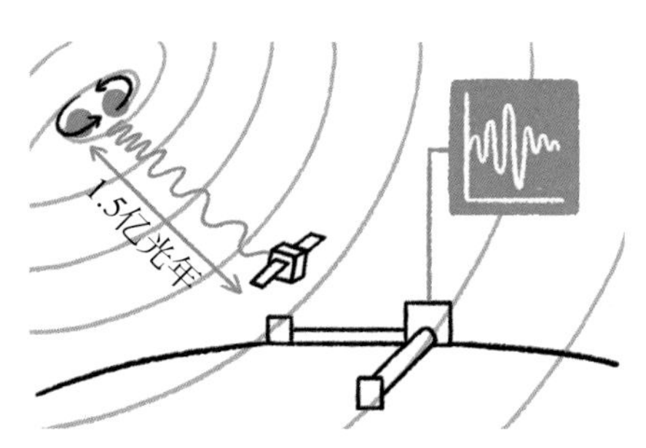

3.“标准汽笛”法：通过测量引力波的属性，可以估算波源的距离。加上对波源电磁信号的测量（以及对红移的测量），我们可以校准标准汽笛，并测量膨胀速度H0。

图 1.22　哈勃常数的测量方法

最后，于 2021 年圣诞节发射的詹姆斯·韦布（James Webb）望远镜也将使哈勃常数的测量结果更加精确。它不仅能够观测到大爆炸发生 4 亿年后诞生的第一批星系，还能以更高的精度探索造父变星及其他天体，比如红巨星、超新星等。

如今，我们已经进入精确宇宙学时代，下一个 10 年对于破解错综复杂的暗物质和暗能量之谜非常关键。因此，测量宇宙当前的膨胀速度及其结构（宇宙微波背景辐射和星系巡天）或将揭开掩盖其性质的神秘面纱。到那时，我们就能检测自己的发现在宇宙观测之外的影响了。这些发现或许能够让人类朝着形成一个关于物质结构、空间和时间的基本理论从而全面、统一地认识无穷大和无穷小的古老梦想更进一步。

2 但是，我们在那里！

◀

图 2.0　劳伦斯伯克利国家实验室气泡室拍摄的图像。两个光子各自产生一对正负电子。气泡室置于磁场内，由于电子带负电荷，正电子带正电荷，所以它们的运动曲线方向相反。图片下方的正负电子对能量较低，径迹呈螺旋状，在移动的过程中逐渐失去能量。图片上方的正负电子对能量较高，径迹明显没有那么弯曲

关于反物质的研究建议

无论是不是科幻小说爱好者，反物质都会令其着迷，原因在于它拥有一个引人瞩目的特征——它和物质一旦相遇便会湮灭：粒子与它的反粒子相互作用，发出一道亮光。按照著名的关系式 $mc^2 = E$，物质转化为能量。一些人将反物质用作能量来源或者武器，但是实际情况却完全不是这样：反物质的生产成本极高、储存难度极大。那么，它的真实性质如何？它身处何方？

方程式中的伪差

反物质的第一条线索存在于方程式中。20 世纪 20 年代末，狄拉克（Paul Dirac）成功地用一个方程统一了相对论和量子力学这两个在当时具有革命性的物理学概念。然而他惊讶地发现，该方程的一些解对应的电子具有负能量，这似乎与“物理学”不符。几年后，狄拉克产生了将这些解阐释为反电子（也称“正电子”）的想法。这些电子的属性与电子类似，但是所带的电荷相反——反物质的概念由此产生。

事实上，反物质并没有躲着我们，人类只要抬头就能在天上看见它们。1932 年，安德森（Carl Anderson）用云室做到了这一点。当带电粒子经过时，装置中的饱和气体会变成小液滴。将该装置放入磁场，就可以通过径迹弯曲的方向，识别粒子的带电情况。安德森运用宇宙线，首次观察到反电子的存在。这些粒子的能量非常大，可以使地球大气持续爆炸，产生各种各样的粒子束。反物质的另一个天然来源是放射性，比如氟-18 原子衰变成氧原子时会释放一个正电子。

三代基本粒子

	轻子		夸克	
第一代费米子	电中微子 v_e m<2.2 eV/c^2	电子 e m=0.511 MeV/c^2	上夸克 u m=2.4 MeV/c^2	下夸克 d m=4.8 MeV/c^2
第二代费米子	μ中微子 v_μ m<0.17 MeV/c^2	μ子 μ m=105.7 MeV/c^2	粲夸克 c m=1.27 GeV/c^2	奇夸克 s m=104 MeV/c^2
第三代费米子	τ中微子 v_τ m<15.5 MeV/c^2	τ子 τ m=1.777 MeV*/c^2	顶夸克 t m=171.2 GeV/c^2	美夸克 b m=4 GeV/c^2

图 2.1　构成物质的 12 种基本粒子。6 种轻子和 6 种夸克，分为三代。第一代粒子组成了我们身边的原子和我们自身。另外两代粒子的质量较大，会衰变成更轻的粒子，而且主要通过粒子加速器进行研究。每一种基本粒子都有对应的反粒子，二者质量相同，但是一些量子数相反

* 此处疑有误，似应为 1.777 GeV/c^2。——译者

了解基本粒子

事实上，反物质犹如物质的对称图像。如今，我们知道构成物质的基本粒子共有 12 种：6 种夸克和 6 种轻子，分成三代。第一代粒子由上夸克和下夸克、电子和电中微子组成。它们构成了我们身边的原子以及我们自身，并且参与了核过程。另外两代粒子质量较大，寿命较短，主要通过粒子加速器进行研究。粲夸克和奇夸克（第二代）、顶夸克和底夸克（也称真夸克、美夸克）（第三代）、上夸克和下夸克，这些名词通过与感官印象类比，体现了夸克的“味”。至于轻子，它包括电子和电中微子以及第二代和第三代轻子，即 μ 子、τ 子和它们的相关中微子。

基本粒子为什么分成三代？谁也不知道。除了构成物质的基本粒子外，还有 4 种基本相互作用的媒介粒子，即媒介玻色子。弱相互作用负责产生放射性并能实现不同代粒子间的相互转化，它的承载粒子是 W 玻色子和 Z 玻色子；强相互作用由胶子承载，该粒子能将它们之间的夸克连在一起形成强子（包括质子和中子等由 3 个夸克组成的重子以及由 1 个夸克和 1 个反夸克组成的介子）；电磁相互作用通过光子的交换产生；最后是引力，人们尚未观测到假想中的引力子。

每种基本粒子都有对应的反粒子，二者质量相同，但是一些量子数相反：不仅是电荷数，还有重子数（重子为 +1，反重子为 −1）和轻子数（轻子为 +1，反轻子为 −1）。某些中性粒子也可以是自己的反粒子，比如作为电磁相互作用媒介的光子。

小差异，大影响

反物质与物质具有惊人的相似性，这引发了人们关于世界可能由反物质组成的猜测。那么，为什么宇宙看起来仅由物质构成呢？事实上，我们至今尚未观测到反行星或者反星系：这样的结构应当拥有一条标志性的光边，那里是物质和反物质湮灭的地方。然而，任何天文学研究都没有观测到这样的信号。此外，宇宙线中也没有或者很少出现反原子核的痕迹。因此，整个可见宇宙似乎都是由物质构成的。鉴于宇宙微波背景辐射的均质性，其他地方基本不可能存在别的情况。

但是，如果大爆炸产生了同样多的物质和反物质，那么整个宇宙不是应该湮灭吗？既然我们能在这里讨论物质，就说明事实上少量物质留存了下来。那么，会不会自宇宙诞生之初起物质和反物质的量就不相等？从哲学角度看，这不是一个令人非常满意的假说，原因在于它需要对初始条件进行非常精细的调整，才能获得合适的物质量。从宇宙学角度看，它与暴胀阶段不符。在那个短暂的假想阶段内，宇宙发生了指数式膨胀。如果在暴胀开始前物质的数量就足以解释它如今的存在，那么它的密度会使粒子间的相互作用阻碍暴胀的发生。就算暴胀还是发生了，那么物质的数量应当很少而且密度很低，无法聚集成结构。

这就是为什么物理学家普遍认为正反物质的不对称肯定在宇宙演化的稍晚阶段发挥了作用。在宇宙诞生之初，物质超过了反物质，一种可能导致这一结果的过程被称为重子生成。在普遍接受的设想里，该过程发生于暴胀末期（强力和电弱力分离之时）至电磁力和弱力分离之时，即大爆炸后 10^{-35} 秒至 10^{-12} 秒。

无论如何，物质和反物质的差别非常小。基于宇宙中现存的轻元素（氢、氦、锂）以及对宇宙微波背景辐射的测量，计算结果表明当物质和反物质发生湮灭时，物质粒子大约比反物质粒子多百亿分之六。

萨哈罗夫条件

1967 年，萨哈罗夫（Andrei Sakharov）指出，要通过重子生成产生这种不对称，需要满足 3 个条件。第一，该过程必须在非热平衡条件下进行。如果处于热平衡条件下，那么一旦物质多于反物质，逆反应几乎立刻就会将其摧毁。此外，这也说明宇宙随时间演化而且时间——更准确地说是时间之箭即时间的流逝——在此发挥了作用。

第二，重子数不守恒。重子的重子数为 1，反重子为 -1。如果重子数守恒，那么重子的数量和反重子的数量将一成不变，任何演化都不可能发生。根据粒子物理学标准模型，在目前已经达到的能级上，重子数被认为是守恒的，这涉及量子色动力学。该理论描述了构成重子的夸克和胶子之间的相互作用。因为重子数守恒，所以质子是一种稳定的粒子。尽管大统一理论预言了质子的衰变，但是在实验中从未观察到这一现象。20 世纪 70 年代末，为了通过实验寻找这一衰变，人们在弗雷琼斯隧道内修建了摩丹地下实验室。然而，尽管配备了 1 台约 1000 吨重的探测器和 100 万条电路，人们仍未观测到任何信号。于是，第一批预言质子衰变现象的理论被束之高阁。1996 年，日本超级神冈探测器（SuperKamiokande）开始对净质量超过 5 万吨的超纯水进行观测。尽管含有 7×10^{33} 个质子，但是人们连最微弱的衰变信号都没有发现。由于质子衰变是一个概率过程，被观测的质子越多，我们能够从中推测出的单个质子的寿命就越长。因此，如今估算出的质子寿命超过 10^{34} 年！按照标准模型之外的一些理论（比如超对称理论），质子的寿命可能达到 10^{39} 年。因此，虽然实验面临极大的挑战，但是人们尚未得出最终结论。

然而，标准模型也有例外，那就是斯帕勒隆（sphaleron）。这个假想中的过程可以在 10^{15} 开的极高温度下，让 3 个重子转化为 3 个反轻子，反之亦然。为了证明该过程能够在超过 9 太电子伏特的能量下进行，必须知道希格斯玻色

图 2.2　质子衰变。位于日本的超级神冈探测器正在研究质子衰变，即萨哈罗夫为重子生成提出的 3 个条件之一。此外，该探测器还参与了中微子物理学研究，对大气中微子、太阳中微子和宇宙中微子以及日本质子加速器研究园（J-Parc）内进行的 T2K 实验产生的粒子束中的中微子进行测量。为了探测中微子，探测器内装满了 5 万吨超纯水

子的质量。目前，首批研究已经在 LHC 中启动：斯帕勒隆留下的印记可能是一团“火球”和 12 个生成的粒子。

第三，CP 对称遭到破坏。数学运算 C 指电荷共轭，它能使粒子转变为反粒子。运算 P 指宇称，它能产生粒子在镜中的图像，换句话说，它能使粒子左右颠倒。因此，在电荷宇称对称下，一个“左旋的电子”变为一个“右旋的正电子”。粒子的左旋或右旋与它的手征性有关。手征性是粒子的基本量子属性，与它的旋转方向即内禀角动量有关。人们或许天真地认为，我们所处的世界和镜子的另一侧拥有相同的物理规律。然而，情况并非总是如此。

特别是，引起放射性的弱相互作用极大地破坏了镜面对称 P，使左旋粒子和右旋粒子有所区别。到目前为止，人们只观测到“左旋”的中微子，反映出宇称不守恒。至于反中微子，即中微子的电荷共轭粒子，只有“右旋”的反中微子被观测到。因此，中微子参与的这种相互作用宇称不守恒。

其他的相互作用，即引力、电磁力和强相互作用，似乎都分别保持着这两种对称。研究电荷宇称对称，就是观察实验和它的镜面实验是否以相同的方式展开。在镜面实验中，粒子将被换成它们的反粒子。如果电荷宇称是对称的，那么涉及物质和反物质的物理过程应当是相似的，而且任何不对称的现象都不会出现。因此，当我们寻找物质和反物质之间可能存在的差异时，这两种对称将发挥关键作用。

违背对称

虽然在弱相互作用中电荷和宇称均不对称，但是 20 世纪 60 年代的物理学家认为电荷宇称联合起来一定是对称的。然而 1964 年，美国人克罗宁（James Cronin）、菲奇（Val Fitch）、年轻的在读博士生克里斯坦森（Jim Christenson）和团队中的法国博士后特莱（René Turlay）首次在实验中观测到这种联合对称不守恒（或者说破缺）的证据。特莱发现，当由一对下夸克-反奇夸克或奇夸克-反下夸克构成的 K 介子发生衰变时，“粒子”和“反粒子”的衰变存在微小但显著的差别。1980 年，克罗宁和菲奇获得了诺贝尔奖。当时，人们只认识前两代夸克，即已在实验中发现的上夸克、下夸克、奇夸克以及理论家格拉肖（Sheldon Glashow）、伊利奥普洛斯（Jean Iliopoulos）和马亚尼（Luciano Maiani）为解释某些改变夸克“味”的衰变极少发生的原因而提出的粲夸克。为了从理论上描述电荷宇称对称性破缺，小林诚（Makoto Kobayashi）和益川敏英（Toshihide Maskawa）猜测可能存在第三代夸克，而相位角（δ_{CP}）是解释电荷宇称对称性破缺的唯一参数。30 年后，日本的正负电子对撞生成 B

介子（Belle）实验和美国的正反 B 介子（BaBar）实验通过 B 介子观测到电荷宇称对称性破缺，验证了二人的描述。B 介子是由 1 个夸克和 1 个反夸克构成的强子，包含 1 个大质量的底夸克或反底夸克。人们更愿意将这里的底夸克（或反底夸克）称为美夸克（或反美夸克）。2008 年，小林和益川获得了诺贝尔奖。

图 2.3　电荷宇称对称性破缺的测量。大型强子对撞机底夸克实验探测器的磁体能够将带正电的粒子和带负电的粒子分开。在大型强子对撞机的 4 个实验中，大型强子对撞机底夸克实验主要通过包含 1 个底夸克的强子，探测正反物质的差异

虽然一个参数足以在标准模型中解释电荷宇称对称性破缺，但是在不同粒子和不同衰变中，电荷宇称对称性破缺的表现形式不同而且占比也不一样。因此，必须尽可能多地对衰变进行测量。大型强子对撞机底夸克实验（LHCb）自2010年启动以来就一直在做这件事，1000名物理学家参与其中。2013年，该实验对首次在底夸克-反奇夸克或奇夸克-反底夸克构成的介子的衰变中发现的电荷宇称对称性破缺现象进行了测量。2017年，它又测量了包含底夸克的重子在衰变时的电荷宇称对称性破缺（这是人类第一次在重子衰变中发现该现象）。2019年，该实验又在包含一个粲夸克或反粲夸克的“粲”介子的衰变中测量了这一现象。

这些测量非常复杂，原因在于它们基于的过程非常稀有而且淹没于背景噪声之中。LHC每次碰撞能产生数百个粒子，而发生目标衰变的最终粒子通常只有2至5个。此外，实验效应也会影响正反物质之间的差别，这是因为在产生或者探测正反粒子对的过程中可能存在不对称的情况。因此，应当慎重对待实验效应。

正反物质并非那么对称

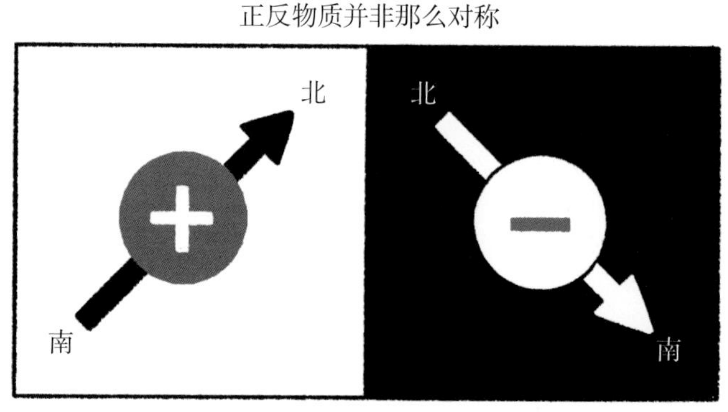

图2.4　正反物质遵循双重对称。一是电荷对称（质子带正电，与之对称的反质子带负电），二是宇称对称（反质子相当于质子在镜子中的图像）。第二种对称会使正反物质动作相同但方向相反。然而，某些粒子表现出的微小差异或许能够解释反物质消失之谜

接替 Belle 实验的 Belle Ⅱ实验于 2019 年在日本启动。它进行的测量能够作为 LHCb 实验的补充。与观测质子碰撞的 LHC 不同，Belle Ⅱ实验的加速器使正负电子发生碰撞。虽然该加速器产生的正反粒子对不如 LHC 产生的那么多，但是它产生的背景噪声少得多，而且可以用于其他衰变模式的研究。

然而，尽管所用参数对估算的影响很大，但是在标准模型下估算出的电荷宇称对称性破缺强度太低，无法解释宇宙中正反物质的不对称。一些人指出，在与标准模型最接近的电弱重子生成模型中，电荷宇称对称性破缺的强度至少比它在标准模型中的强度高 10 个数量级。目前，虽然电荷宇称对称性破缺的测量值和预测值之间存在一些“冲突”，但是所有测量结果均符合标准模型的预测。于是，物理学家继续展开研究。这些实验的重点不在于发现新的电荷宇称对称性破缺源，而是以极高的精度测量并发现粒子物理学标准模型中可能存在的矛盾。任何有可能带来新线索的测量都不会被放过。

探索继续

现在，让我们从头梳理一遍。在暴胀阶段，强相互作用与电弱相互作用分离。宇宙是一片温度高、密度大的等离子体。此时，夸克和胶子处于热平衡状态。

当温度足够低时，弱相互作用与电磁相互作用分离：此时，希格斯玻色子达到了现在的势能。弱相互作用破坏了正反夸克之间的电荷宇称对称，使正反物质之间出现了非常微小的差异。要使正反物质不对称，这一转变必须在非热平衡状态下进行：这种相变应当是液体通过形成气泡变成气体那样的一级相变，而不是一种连续相变，即所谓的二级相变，比如金属导体向它的超导状态转变。因此，气泡内外的条件不同，物质开始聚集。对一级相变而言，希格斯玻色子的质量应当大约为 75 吉电子伏特，然而它的实际质量却为 125 吉电子伏特，原则上过于庞大。通过对希格斯玻色子的自耦合进行测量，我们可以获得更多与该相变的性质有关的信息。

新的嫌疑人!

20 世纪 70 年代，在寻找导致电荷宇称对称性破缺的其他原因时，人们提出了另一个基本问题：为什么强相互作用没有破坏这一对称性？事实上，电荷宇称之所以不对称，是因为相互作用是非阿贝尔的，即具有不可互换性。什么意思？举个例子，在一个三维空间内先后沿着两条轴进行直角旋转，旋转的顺序不同，得出的结果不同。你可以试一试。

所有涉及多个中间玻色子的相互作用都是非阿贝尔的：除了由 3 种玻色子（W^+、W^- 和 Z^0）参与的弱相互作用外，强相互作用也是如此，其中的胶子具有 8 种可能的色荷。依据法无禁止皆可为的原则，强相互作用应当也存在电荷宇称对称性破缺。但是，人们并没有发现这一现象！对中子电偶极矩的测量为电荷宇称对称性破缺提供了最精确的上限：电荷宇称对称性破缺的测量结果可以用一个角度来表示，它原则上应该和 90° 一样大，但是在我们所处的宇宙中却比 10^{-10} 还要小。为什么？这是个谜！轴子或许能够解释这种限制的原因，但是人类尚未观测到这种假想中的粒子。

于是，人们提出了另一个疑问：是否只有夸克才能体现正反物质之间的差异？或者说，电子、μ 子、τ 子及它们的中微子是否也具有这种差异？自中微子振荡被发现以来，对正反中微子之间是否存在差异的测量成为可能。事实上，差异确实存在。按照人们的设想，宇宙诞生之初产生的反中微子更多，它们通过斯帕勒隆过程的转化，使重子多于反重子。这就是轻子生成场景。因此，掌握中微子物理学对了解正反物质的不对称非常重要。

CERN 的其他实验致力于查明反氢原子不同激发态之间的能量差是否与氢原子不同激发态之间的能量差一致以及反原子是否“向上坠落”。理论家正在研究可能产生宇宙反物质的其他设想。追踪仍在继续，反物质终将现身！

反物质向上坠落？

引力能否起到排斥作用？大自然中是否存在具有负质量的物体或者粒子？20世纪90年代中期以前，这个问题在很长一段时间里显得荒唐。答案显而易见：引力只能起到吸引作用（我们如今仍然能在许多关于引力的课程中看到这一论断），而且负质量应当被严格禁止，这是因为它们的不稳定性将引发灾难。

然而，1998年，伯克利的珀尔马特率领的团队和澳大利亚斯特朗洛山天文台的施密特率领的团队出人意料地宣布，在几十亿光年外的宇宙深处存在一种惊人的现象：整整一半的宇宙具有排斥力。由于没有更好的表征方式，人们便称其为“暗能量”。应当指出的是，施密特和亚当·里斯断定宇宙处于加速膨胀之中，而珀尔马特和他的合作者在最初的文章中得出的结论则是宇宙几乎是一片真空，正负质量似乎相互抵消。

物理学的另一个巨大谜团是反物质消失之谜。它似乎与上一个问题完全没有关联性。既然物质和反物质几乎不存在行为上的不对称，那么如何解释似乎只有物质留存下来的事实？这些物质粒子约占原初宇宙粒子的十亿分之一。

20世纪60年代，奥赛大学的翁内斯（Roland Omnès）带领一群物理学家研究的假说认为，我们的宇宙由大片的物质区域和反物质区域构成，二者数量相同，但是彼此相隔足够远，限制了交界处湮灭现象的发生。20世纪90年代初，物理学家科恩（Andy Cohen）、鲁朱拉（Alvaro de Rujula）和格拉肖再次对这样的正反物质对称宇宙进行了研究，结论是此类宇宙不可能存在，区域交界处发生的湮灭应当产生大量伽马射线，然而人们并未观测到它们。

但是，如果反物质确实具有“反引力”，那么它们怎么样了？反物质是否会受到星系的排斥并且几乎不再与物质接触？

不可侵犯的等效原理

如今，仍有很大一部分物理学家相信，爱因斯坦提出的引力理论，即广义相对论，禁止“反引力”的存在。事实上，等效原理已经在物质那里得到了很高精度的验证，似乎排除了反物质在行为上与物质略有差异的可能性。人们通常将等效原理解释为：“一个引力场中的所有物体，只要它们的初始条件相同，那么它们的轨迹也相同。”

不仅如此，到目前为止，所有实验测试都与广义相对论的预测完全契合：太阳附近射电波和光线的偏转，双中子星系统的轨道周期在几十年间发生的变化，对不同成分的物体加速度的精确测量等，这些似乎都表明即使等效原理遭到破坏，那也只能是在极少数的情况下。

然而，1993 年，相对论者普赖斯（Richard Price）写下一件令人震惊的事：假设大自然允许正质量和负质量的存在，那么当这两种质量彼此独立时，它们在引力场中将以相同的方式坠落。但是一个由质量（$+m$）和负质量（$-m$）组成的复合系统却不是这样：出人意料的是，当这两种质量彼此相连时，这个复合系统将处于飘浮状态，“试图向上运动”的负质量位于正质量的上方并将正质量向上拉。同样出人意料的是，一个含有 2 千克正质量和 1 千克负质量的不对称整体像正质量物体一样坠落，即使负质量部分总是试图“向上运动”。普赖斯将这种违背直觉的行为称为“反引力滑翔机”，但是它在当时几乎没有引起人们的注意，因为直到 5 年后的 1998 年，排斥性引力才被发现而且直到 2000 年在圣莫尼卡举行的暗物质年会后，它才真正被人们接受。温伯格（Steven Weinberg）和威滕（Edward Witten）都参加了那次会议。

狄拉克-米尔恩宇宙

宇宙学标准模型将约占宇宙 70% 的排斥性引力归因于神秘的暗能量。但是，如果反物质在引力场中将物质（和反物质）推开，那么它在宇宙学上将造成怎样的后果？如果拥有正引力质量的粒子和拥有负引力质量的粒子同样多，那么宇宙将呈现引力真空状态，也就是说，宇宙会降温，但不会减速膨胀［像爱因斯坦和德西特（Willem de Sitter）描述的只有物质存在的宇宙那样］，也不会加速膨胀（像当前暗能量在几十亿年的时间里占据主导地位的宇宙模型那样）。我们将该宇宙称为狄拉克-米尔恩宇宙，它拥有同样多的正质量（物质）和负质量（反物质），因此呈现引力真空状态。这个名字取自狄拉克和米尔恩（Edward Milne）。狄拉克将反粒子描述为真空之“海”中一个缺失的粒子，即一个“洞”，而米尔恩则是第一个从宇宙学角度研究引力真空宇宙答案的人。

关于狄拉克-米尔恩宇宙的研究始于 2006 年。研究表明，该宇宙与我们所处的宇宙存在许多相似之处，因此人们怀疑它会不会无法破解逃过此前所有探测的暗物质和暗能量之谜。事实上，该宇宙的年龄以及超新星的光度距离都与宇宙学标准模型的预测非常相近，而且更加令人惊讶的是，在狄拉克-米尔恩宇宙中，轻元素（氦、氘、锂）在原初宇宙中的生成和它们在我们所处的宇宙中被观测到的情况完全一致。2018 年开始的宇宙大尺度结构形成研究仍在进行之中，它似乎也和我们宇宙中的情况非常相似。此外，通过宇宙微波背景辐射观测到的所有在原初宇宙中发生的微小温度变化在 1 度左右的尺度上“共振”，这与我们的观测一致。

请注意，如果狄拉克-米尔恩宇宙与实际不符，那么这一理论原则上很容易遭到反驳。事实上，该理论没有自由参数。作为该模型唯一的参数，年龄如今已经通过测量很好地被固定下来。至于标准宇宙模型，它至少拥有 6 个自由参数。这些参数无法直接测量，而且不同测量之间开始呈现较大的差异，尤其是衡量宇宙膨胀速度的哈勃常数及其随时间的变化。

此外，将反物质引起的“负质量”引入宇宙学似乎还能解释“修正的牛顿动力学”的引力定律，而该定律可以解决暗物质的问题。为广义相对论锦上添花是爱因斯坦多年来的梦想，却在他临终前惨遭放弃。该理论遵循马赫原理，而且表达式非常简洁。19 世纪末，奥地利物理学家马赫（Ernst Mach）提出假设，认为物体的惯性源于宇宙中其他所有物体的存在。因此，只有当宇宙拥有同样多的正质量和负质量时，广义相对论才有可能用这种方式进行表述。在此之前，这一前提似乎一直没有被人们纳入考虑。于是，测试宇宙学标准模型的这种替代方案很有意义，而且应当尽可能在像 CERN 这样的实验室的可控条件下进行。

图 2.5　研究反引力。CERN 的静止反氢原子引力行为实验旨在测量反氢原子的自由落体行为

在 CERN 测量反物质受到的引力

CERN 成立 60 多年来，产生的反物质非常少，总量不足 1 微克，这与丹·布朗（Dan Brown）的小说《天使与魔鬼》（*Anges et démons*）中的描述相距甚远。1995 年，CERN 制造出几个反氢原子。由于它们在诞生时速度极快，所以仅过了几十亿分之一秒就发生了湮灭。在此后的数年里，中心的研究团队孜孜不倦地用一种名为低能反质子环（LEAR）的反质子减速器来产生温度足够低从而能够被捕获和观测的反氢原子。请注意，LEAR 是一种粒子减速器，

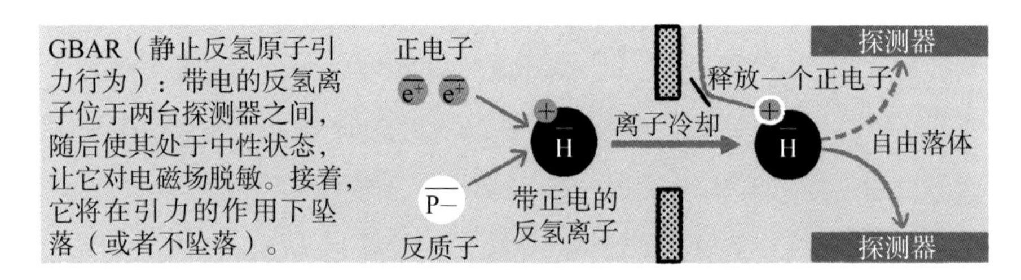

AEgIS（反氢原子实验：引力、干涉法、光谱学）：反氢原子慢速通过双层过滤罩，在后方的探测器上形成图案。依据引力对反物质产生的不同影响，图案将有所不同。

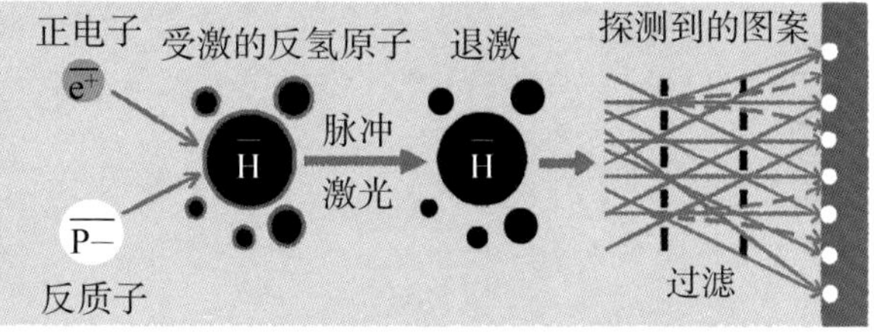

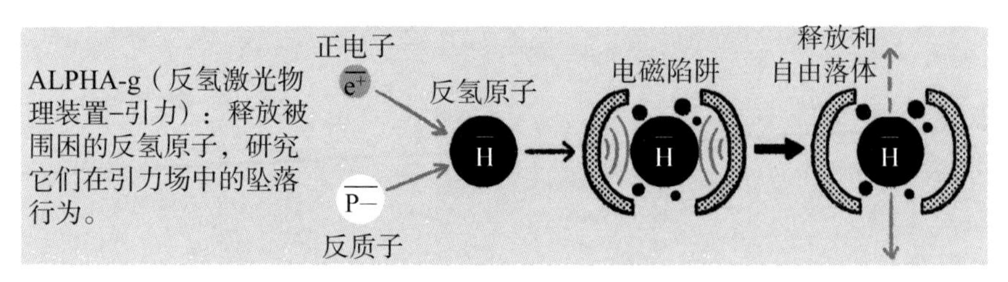

图 2.6　反物质对引力作何反应？ 在 CERN，3 个实验试图测量引力对反物质的作用。人们运用 3 个不同装置仔细研究反氢原子（1 个反质子 +1 个正电子）的行为，并与物质坠落的动力机制进行对比

而不是加速器！事实上，中性的反氢原子很难被粒子物理学家的电磁“瓶”困住：要想将它们留下来，温度必须在 1 开以下。

要测量单个反氢原子受到的引力，需要温度更低的反原子。它们的温度通常不到万分之一开，也就是常温（约为 300 开）的几百万分之一。多年间，CERN 的 3 个实验接受了这一巨大的挑战，它们是 ALPHA-g（反氢激光物理装置-引力）实验、AEgIS（反氢原子实验：引力、干涉法、光谱学）和 GBAR（静止反氢原子引力行为）实验。2013 年，ALPHA 实验成功地进行了首次测量，灵敏度为测量反引力所需灵敏度的 65 倍（反原子可能会因为反引力而以 9.8 米 / 二次方秒的速度向上移动）。2018 年 11 月，ALPHA-g 实验几乎实现了精确测量，实验精度是 2013 年实验精度的 1000 倍而且所用的新设备适配度高得多。然而，为了对 LHC 进行重大更新，CERN 于 2018 年 11 月 10 日停止了粒子束的生成。2022 年春天，3 个实验重启，继续开展研究。或许到最后，实验将表明与绝大多数理论家的期望相反，反物质向上运动。

幽灵般的中微子

你听说过幽灵船的故事吗？这条在暴风雨中被水手们目击的船无法摆脱漂泊七海、永远无法靠岸的命运，只有纯洁灵魂的爱才能将它的船长从这种无休止的流浪中拯救出来。作为一种几乎不与物质发生相互作用的基本粒子，中微子拥有相似的命运。恒星和其他宇宙现象产生了大量的中微子，它们在广袤的星际空间中游荡，从未与物质组合成稳定的状态。

和幽灵船的船长一样，中微子也有一段可怕的经历，其中充满了冒险和曲折。1930 年，奥地利物理学家泡利（Wolfgang Pauli）为解释放射性核衰变中的异常现象，假设了中微子的存在：当中子衰变为质子和光子时，能量似乎不守恒。于是，泡利提出了一个“绝望的解决方案”，认为能量可能被一种中性粒子带走了，而这种粒子就是中微子。很快，物理学家意识到假想中的中微子极少与普通物质发生相互作用，一般要用厚度为 1 光年的铅层才能将它拦下。因此，在很长一段时间里，观测到中微子的希望非常渺茫。直到泡利假说提出 20 年后，人们才在美国的一座核电站内探测到中微子的存在。

尽管中微子轻松穿过极厚物质的能力似乎极大地阻碍了观测，但是这也是它的一个巨大优势：中微子能够告诉我们一个密度极大的系统内发生了什么。举个例子，人们假设恒星通过核聚变（比如将氢变成氦）产生能量。但是，这该如何验证？毕竟，太阳中心的温度大约为 1500 万摄氏度，因此我们不可能将一台探测器送到那里。然而，在太阳释放的能量中，大约有 2% 以中微子的形式存在（它们在地球上的通量大约为每秒每平方厘米 100 亿个）。为了观测中微子，物理学家花了很长时间设计并修建了多台探测器。这些装置均位于地下，目的是消除宇宙线造成的副反应。此外，鉴于发生相互作用的可能性较低，所以这些装置的体积非常庞大。

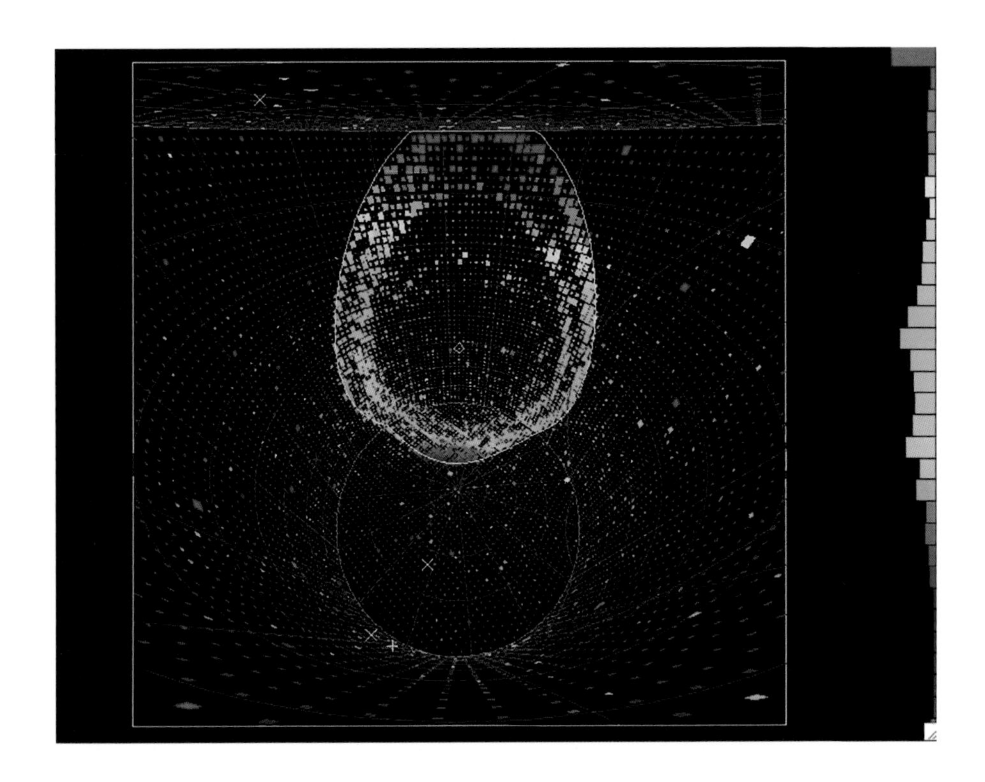

图 2.7　探测中微子。这是 T2K 实验的研究人员在超级神冈探测器中发现的中微子相互作用。这些中微子来自距离超级神冈探测器 295 千米的日本质子加速器研究园内的一束质子。通过在不同地方测量中微子通量，可以证明中微子振荡现象

第一台探测器是一个装有 600 吨液体的储罐。它位于美国的一个矿井内，距离地面 1 千米。从 1968 年至 2000 年，它给人类带来了惊人的发现。虽然那里发现了一些中微子，但是数量只有预期的 1/3。为此，人们提出了各种各样的假设，比如太阳中央存在黑洞。直到 2001 年，随着中微子振荡的发现，谜题才终于得到解决，而麦克唐纳（Arthur McDonald）和梶田隆章（Takaaki Kajita）则凭借这一发现获得了 2015 年的诺贝尔物理学奖。事实上，中微子分为电中微子（ν_e）、μ 中微子（ν_μ）和 τ 中微子（ν_τ）3 种，它们分别与电子及其两个较重的“表亲”即基本粒子中的 μ 子和 τ 子有关。这些中微子的“味”决定了它们与其他粒子的相互作用。产生于太阳中央核聚变的中微子最

初以电中微子的形式存在。在前往地球的过程中，它们发生了奇怪的转化，从而在到达地球时变成3种中微子的混合体。

要破解这一诡计，需要进行各种各样的实验，所用的中微子既有来自太阳的，也有通过宇宙线与地球大气的相互作用产生的，还有核电站和粒子加速器产生的。为此，人类实施了几十个实验，进行了几十年的观察和争辩。然而，事情并未结束。

事实上，对中微子振荡的观测引起了研究人员的极大兴趣，原因在于这意味着与粒子物理学标准模型的假设不同，中微子的质量不为零。为了解释这一点，需要假设存在新的粒子或者与中微子有关的新相互作用，简而言之就是一些看起来极不寻常的未知现象。因此，人们或许能以中微子为窗口，研究一些超越粒子物理学标准模型的现象。

于是，新一代实验正在进行中。它们的目标是精确测量支配中微子振荡的参数，而这些参数或许能为我们认识宇宙中正反物质不对称提供思路。事实上，我们的所有观测结果均符合一个仅由物质构成的宇宙。然而，按照大爆炸理论，原初宇宙包含等量的物质和反物质。一种被称为“轻子生成”的模型认为，在大爆炸期间，原初宇宙中生成了中微子的大质量伙伴。在衰变过程中，它们产生的物质多于反物质（用更加专业的术语来说，它们导致了电荷宇称对称性破缺，也就是萨哈罗夫提出的3个条件之一）。观测到正反中微子的不对称将成为支持该模型的第一步。

为了尝试进行更加清晰的观测，日本正在建造一台非常庞大的地下探测器，即顶级神冈探测器（HyperKamiokande）。这是一个能够容纳19万吨超纯水的地下储罐，配备了数万个光电倍增管，其中的中微子来自太阳、大气射线和295千米以外的质子束产生的中微子束。它们在水中发生相互作用，产生的粒子速度接近光速，发出可被探测的短暂闪光（即“切伦科夫光”）。顶级神冈探测器是此类探测器的第三代，它的前代探测器曾经获得过重大发现。在美国，一个大型国际合作项目正在实施深层地下中微子实验（DUNE），配备了4台液氩探测器

（每台探测器都有一个大型建筑物那么大）。这是一种全新的探测技术，能够发现中微子相互作用的微小细节。除了研究天体物理来源的中微子外，该实验还研究 1300 千米外的费米实验室运用质子束产生的中微子，它们穿过地壳到达这里。在中国，江门地下中微子实验观测站（JUNO）正在建造之中。这台庞大的探测器使用的是一种被称为“液体闪烁”的探测技术，能够对 50 千米外的核电站产生的中微子进行探测。得益于这些新的实验项目，到本世纪 20 年代末，我们应该能够精准地认识到中微子振荡的属性并且可能会获得一些重大惊喜。

但是，中微子还掩藏着许多秘密。为什么它的质量这么小，不足电子质量的百万分之一？它是不是唯一一种自身就是其反粒子的费米子？回答这些问题是一个巨大的挑战，需要对非常稀有的衰变现象进行探测，或者以极高的精度测量 β 衰变产生的电子的能量。不过，许多团队已经行动起来。

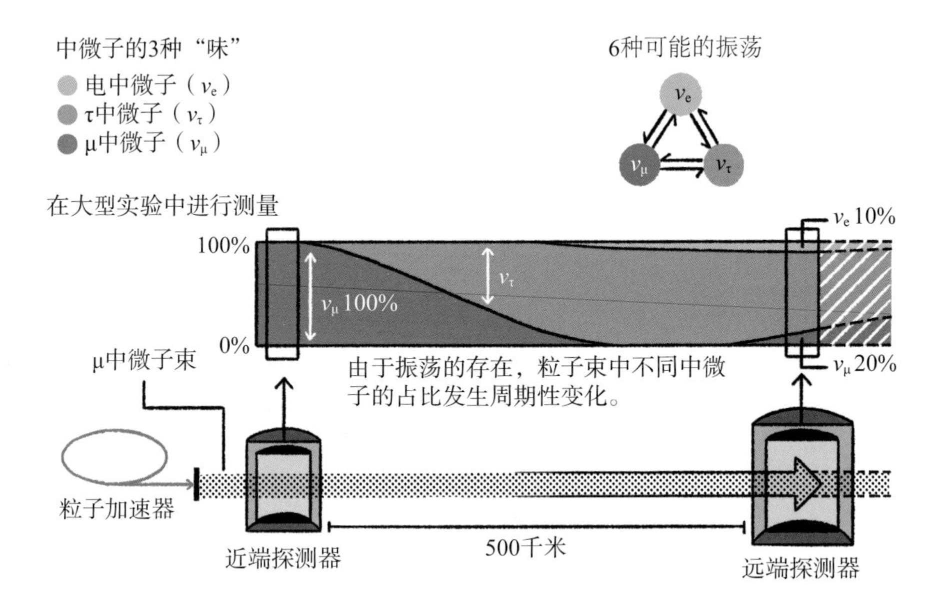

图 2.8　中微子振荡。20 世纪 70 年代，为探测太阳发出的电中微子而进行的实验并未发现预期数量的中微子，足足少了 2/3。多年后，人们找到了答案。他们发现中微子在 3 种“味”之间振荡，它们是电中微子、μ 中微子和 τ 中微子。因此，电中微子之所以数量不足，是因为 2/3 的电中微子转变为另外两种形式

图 2.9　新的中微子探测器。这是 CERN 建造的深层地下中微子实验探测器原型机（Proto Dune）的内部照片。这个边长为 6 米的低温恒温箱将装满液氩，作为粒子探测的场所。该装置所服务的深层地下中微子实验位于南达科他州的一个矿井内，将对 1300 千米外伊利诺伊州费米实验室发出的粒子束中的中微子进行探测。该实验每个探测模块的体积将约为这台原型机体积的 20 倍

中微子能够穿越广袤的宇宙空间，是出色的宇宙信使。1987 年，日本的神冈探测器（即顶级神冈探测器的前身）探测到 SN1987A 超新星爆发产生的中微子，开启了一个新的研究领域：通过中微子开展太阳系外天体物理学研究。这一发现将关于超大质量恒星爆炸的认识建立在对这些坍缩中心的直接观测之上。如果说顶级神冈探测器和深层地下中微子实验以更高的灵敏度对该领域展开研究，那么另一些实验则将目标转向具有极高能量的中微子，比如位于南极的冰立方探测器（IceCube）、地中海内的立方千米中微子望远镜（KM3NeT）和贝加尔湖内的千兆吨体积探测器（GVD）。这 3 台探测器所用的超长线缆位于冰体或者水中，配备光电倍增管，能够为大约 1 立方千米的巨型设备提供服务。最近，“冰立方”探测到一个具有极高能量的中微子，来源为

耀变体，这出乎人们的意料。作为一种宇宙天体，耀变体大多为星系中央的巨大黑洞，在宇宙中起到类似加速器的作用。它们是真正的灾难，而中微子能够为我们提供与耀变体有关的信息。在不远的将来，同时探测到同一来源的中微子、伽马射线和引力波将使人类对这些特殊天体物理系统的认识实现质的飞跃：如今，多信使天文学才刚刚起步。

不仅如此，中微子还能很好地传递与宇宙历史有关的信息。事实上，中微子是除光子外数量最多的粒子：算上星系间广袤的荒凉空间，每立方厘米大约有 300 个中微子！它们能够自由地在星系间穿梭，通过引力相互作用影响宇宙结构的形成。鉴于此，暗能量光谱仪（Desi）和欧几里得望远镜这两个大型巡天项目或许能够提供与中微子质量有关的宝贵信息。

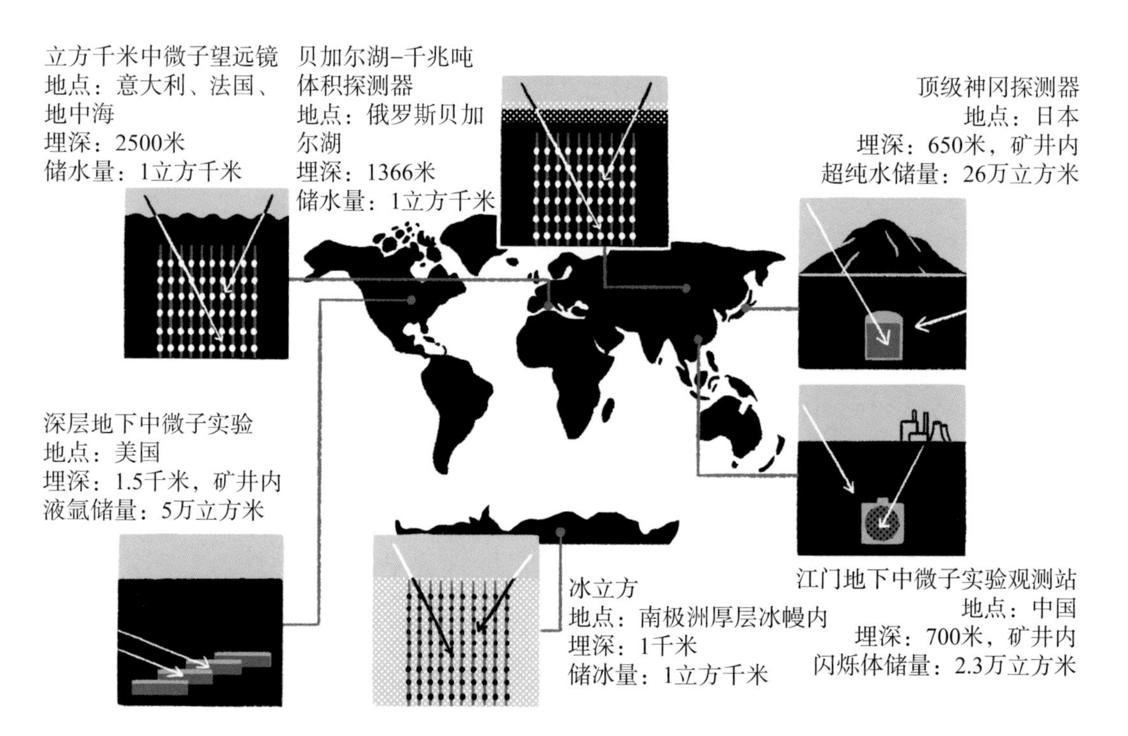

图 2.10　6 台巨型探测器使中微子研究发生革命性变化。这些分散在世界各地的巨型探测器正在运转中，旨在破解中微子的最后谜团并开启一个真正基于中微子的天文学研究

此外，由于原初宇宙在诞生数秒后就开始发射中微子，所以对中微子的直接探测或许还能告诉我们原初宇宙的相关情况。这种中微子背景辐射是遥远年代留下的稀有“化石”之一，物理学家已经开始思考相关的研究技术。

最后，让我们幻想一下：一束中微子能够毫无障碍地横穿地球，于是人们计划用它迅速地将信息从一个大洲传送至另一个大洲。然而，一束这样的中微子或许还能轻松地跨越星系甚至更大空间。要是中微子能让我们和地外文明取得联系呢？或许阻碍它们成功抵达目的地的魔咒能够解除，或许它们能完成自己的使命。

构建理论的种种迹象

我们会发现一些女性也为基础物理学的建立作出了贡献，诺特（Emmy Noether）就是其中之一。这位德国数学家极大地改变了我们关于对称性的认知。1918 年，她发表了一篇文章指出，系统的“对称性”——也就是不变性——为物理学的守恒定律提供了依据。

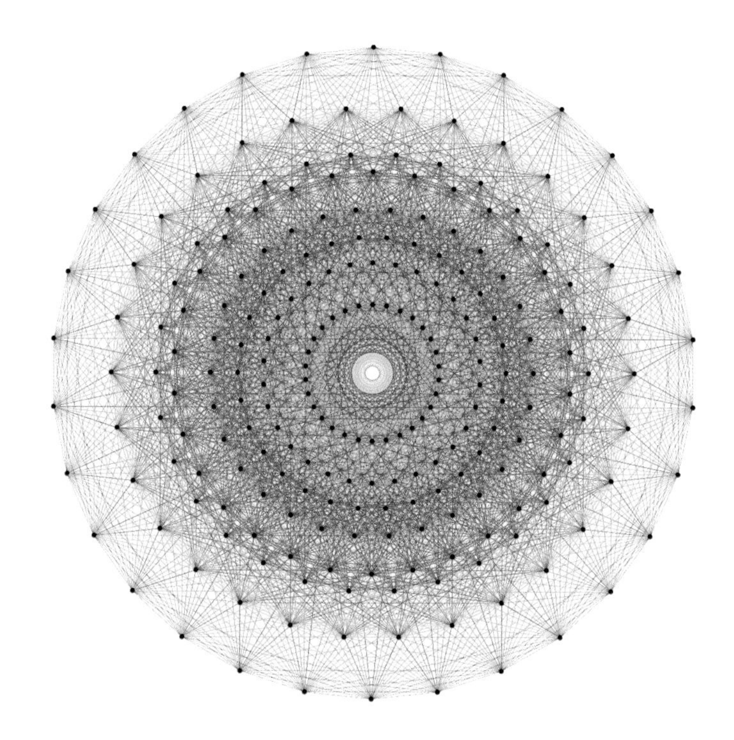

图 2.11　对称性与物理学。对称性在理解物理学的守恒定律上发挥了重要作用：李群的示意图描述了量子场论一个可能的潜在代数特征

从这个意义上说，对称性是指一个物体或一个系统发生变化，但不会对物体造成可见的影响：在镜子中，字母 A 保持不变，它具有对称性，而字母 Z 则不是这样。但是，如果我们转动字母 Z，那么它依旧是字母 Z：字母 Z 具有旋转对称性，而字母 A 则不是这样。这种只在某些角度下才成立的对称性被称为“离散”对称性。至于字母 O，如果我们选择了合适的字体，那么无论如何旋转，它都不会发生改变：因此，字母 O 具有“连续”对称性。即使我们将一张写有字母表的纸推出两米远，这套字母表还是这套字母表：这种对称性被称为连续平移对称性——而且今天的字母表和明天的字母表是一样的——这就是我们下文将要谈论的时间不变性。

诺特指出，一种连续对称性对应一种守恒定律。物理定律的时间不变性对应能量守恒，空间平移对称性对应动量守恒，旋转对称性对应角动量守恒。正是这些连续的全局对称性赋予了守恒定律更加深刻的含义。

粒子物理学中的对称性

在粒子物理学中，对称性同样发挥了重要作用。量子数守恒与粒子场的相关对称性有关。从更广泛的数学意义上说，这些对称性对应了所谓的“规范”不变性。举个例子，无论加入一个恒定电势还是变换测量“规范”，支配电磁现象的定律保持不变：电荷是守恒的。此外，我们还发现了其他的“规范”不变性，比如夸克和胶子相互作用中的“色荷”守恒，或者通过弱相互作用支配可能引发的衰变的“弱同位旋”守恒等。标准模型的这些对称性在一定程度上促进了标准模型的成功，它们“稳定”了某些参数的取值，或者为如何解释其他参数取值较小提供了思路。

标准模型还存在大量的“偶然”对称性。它们源于模型中的基本粒子，而非规范对称性。这些对称性预言了许多现象，比如轻子数和重子数的近似守恒、破坏轻子之味的中性流受到抑制等。此外，它们还为标准模型带来了一个十分简洁的公式——将标准模型的拉格朗日量用一种非常紧凑的方式呈现出来。印有该公式的杯子在 CERN 的店铺有售。然而，一些观测结果在标准模型框架下无法解释，比如夸克和带电轻子拥有一种特殊的质量结构，等级分明。这种结构从何而来？是否存在一种能够支配味动力学的基本原理？为什么每一类费米子分为三代？是否存在隐藏的对称性？

对称性可以被打破：这就是引发希格斯机制的“自发对称性破缺”。为了用图像说明这一机制，我们假设在一顶墨西哥帽的顶端放置一个小球：我们获得了一个对称的系统，但是一个微小的扰动足以让小球滚入帽底的凹陷处。系统的对称性被打破，但是小球滑入凹陷处任意位置的可能性是相同的，这就是我们所说的“自发对称性破缺”。与之相对的现象被称为“明显对称性破缺”，也就是说我们将帽檐拉低至特定位置。在自发对称性破缺下，潜在的对称性保持不变。以希格斯机制为例，希格斯场的势能形状犹如一顶墨西哥帽，位于底部凹陷处的希格斯粒子使作为弱相互作用媒介子的 W 玻色子和 Z 玻色子“产生”质量。

希格斯玻色子带来的问题

希格斯玻色子被发现后，人们认为标准模型从此完整了。一个世纪以来，这一关于基本粒子及其相互作用的观点建立了起来，其间不时出现大胆的假设和惊人的发现。人们希望构建一个能够解释一切的理论。标准模型的成功还应归功于它的某些预测在实验中得到证实，比如第三代粒子的存在、W 玻色子和 Z 玻色子、顶夸克的质量等。此外，标准模型，尤其是它的电弱部分，可以非常精确地计算出大量的可观测量，而且计算结果与实验测量结果一致。直到 LHC 的能级达到数太电子伏特，标准模型都处于根深蒂固、不容置疑的状态。人们没有发现标准模型之外的任何粒子。然而，还是存在一些问题：一些观测结果在标准模型框架下无法得到解释。从理论角度看，标准模型也不能令人完全满意。尤其是，赋予基本粒子质量的对称性破缺机制本身也带来了许多问题。

由于存在对称性破缺，所以希格斯玻色子的相互作用不受规范对称性的控制。描述这些相互作用至少需要 15 个自由参数。特别是，希格斯玻色子与费米子的耦合是“味”问题的核心。该问题解释的是观测到的夸克和轻子的质量和混合结构。

与规范玻色子相反，希格斯玻色子是一种标量粒子，这使它的质量对极高能标上可能发生的新现象引发的量子修正非常敏感。作为标准模型有效性上限的普朗克能标和 LHC 可以达到的能量相差 15 个数量级，可能出现新的现象。如果这些现象确实存在，那么我们在计算希格斯玻色子的质量时应当予以考虑。因此，对比“预测值”和测量值可以检验标准模型的合理性。然而，“解释”测得的质量需要各方的贡献处于一种非常脆弱甚至不可能实现的平衡。这些贡献应当得到非常精细的调节，而一个小小的新现象的出现或许就能摧毁这种平衡。这就是精细调节问题。

在粒子物理学中，当一个模型的基本参数（或它们的比）横跨多个数量级时，我们常常用自然性来表征该模型的缺陷。此外，为解释观察到的现象，需要多个量达到非常精细的平衡或者需要绞尽脑汁寻找理由时，我们也会用到自然性。举个例子：当我们在一块玻璃上滴几滴水时，这些水滴要么落在玻璃上，要么落在玻璃外。但是，如果它们正好落在边缘处，我们该如何解释？该现象并不自然。如果用于描述某个模型的所有参数拥有相同的数量级，那么这个模型是“自然的”。精细调节违背了这种自然性，它就像一块硬币的正反两面。

关于新理论的几种想法？

除上述思考外，还有一些标准模型无法解释的现象（暗物质、中微子质量、正反物质的不对称性）及其他问题，比如力在高能区的统一、引力量子化等。存在这么多的未解之谜和未决之问，而且它们之间可能还存在联系。虽然标准模型取得了成功，但是如果我们想要描述身边的宇宙，必须超越这一模型。因此，要使理论和观测结果相符，需要考虑新的理论，找到“新物理”。

对于这一尚未形成的新理论，我们有何期待？它应当遵守怎样的标准？首先，即使新理论的典型能标远高于目前对撞机产生的能量，该理论也应将标准模型包含在内，作为它的低能极限。类似的情况有，经典力学是广义相对论的低能极限，电磁场是微距量子场。其次，该理论应当尽可能地提供一种比标准模型更加完整、更加令人满意的理论框架。

理想情况下，我们找到一种简单、唯一且自然的解释。它能解决标准模型的所有问题，无论是理论问题还是实验问题，而且它可验证，至少可检验。然而，尽管最终目标是明确的，但是道路却是迷茫的。由于没有具体线索，比如新的粒子，所以人们尝试了许多方法，从略微扩展标准模型到建立完整的新理论。在这里，我们不可能对所有尝试一一描述，只能举几个引人关注的例子。

对标准模型进行的微小扩展包括加入新的粒子或者强化粒子相互作用的对称性。一般来说，这些扩展针对的是标准模型的一些具体问题，比如中微子的质量、暗物质的候选物质等。例如，“翘翘板机制”假设存在极重的右旋中微子，对应观察发现的极轻的左旋中微子。事实上，要和其他粒子一样用希格斯机制来解释中微子的质量问题，中微子必须具备左旋和右旋两种自旋状态。或者，中微子的反粒子就是其本身，即所谓的“马约拉纳”费米子，这样质量就是中微子的固有属性，无须希格斯机制赋予。因此，人们通过实验寻找右旋中微子，但是它们的存在仍然是个谜。此外，人们还提出用一种名为“轴子”的暗物质候选粒子来解释强相互作用中不存在电荷宇称对称性破缺这一问题。

最后，作为标准模型建立基础的量子场论将狭义相对论和量子力学结合起来，成功地解释了基本粒子的行为。尽管广义相对论可以简洁地描述经典力学中的引力，但是目前任何理论都无法成功地使这个自然界的第四种力量子化。事实上，在亚原子世界的典型能标上，引力的作用忽略不计。但是，在普朗克能标（10^{19} 吉电子伏特）上，当引力的量子效应占据主导地位时，它成为标准模型无法克服的障碍，最终导致标准模型的失败。

更多的对称？

希格斯玻色子的发现带来了自然性和精细调节问题。这些问题与这种标量粒子的质量较小有关，毕竟它对非常高的质量尺度具有敏感性。人们再一次使用了扩展标准模型的办法：在希格斯机制较为复杂且不局限于一个粒子的模型中，对希格斯玻色子的质量进行精细调节可能较为容易，尤其是在“超对称”模型或者将希格斯玻色子视为由其他粒子组成的复合粒子而非基本粒子的模型中。

超对称（SuSy）是最受欢迎的标准模型扩展之一，它的历史可以追溯到 20 世纪 60 年代。超对称是一种全新的时空对称，可以表述为：如果我们将粒子的自旋变动 1/2，那么结果应该不会改变。于是，自旋为 1/2 的电子成为超电子。这是一种自旋为 0 的标量粒子，但是它的质量等其他属性和电子相同。这样，超对称便将自旋为整数的玻色子和自旋为半整数的费米子联系起来。因此，玻色子和费米子之间的这种对称关系假设标准模型的每种粒子都有自己的超伴子：费米子的超伴子是玻色子（标量粒子），而玻色子的超伴子是费米子。由于这个微小的扩展，标准模型的粒子数量增加 1 倍，而且希格斯玻色子不止 1 种，而是 5 种。此外，一些超对称粒子的属性甚至可以用来解释暗物质，即著名的弱相互作用大质量粒子。

此外，超对称以一种足够自然的方式形成了质量较小的希格斯玻色子。它的质量与 W 玻色子和 Z 玻色子的质量相近。如果超对称是大自然的一种严格对称，那么超伴子应当和标准模型中的粒子拥有相同的质量，而且超对称变换使费米子和玻色子无法区分。然而，人们却未能找到一个自旋为 0 且质量与电子相同的粒子。鉴于运用 LHC 进行的研究尚未得出积极结果，超对称必然是一种破缺的对称。如果超伴子真的存在，那么它的质量一定非常非常大。比如，电子的质量为 511 千电子伏特，然而直到 700 吉电子伏特，人们仍未发现它的超伴子即超电子，也就是说，超电子比电子重 1000 倍以上。

为了在这一质量上限外继续开展研究，对撞机的能量应当超过 LHC 的能量：事实上，爱因斯坦的方程 $E = mc^2$ 告诉我们，两个粒子碰撞的资用能可以转化为新的大质量粒子，但是粒子的质量要受到碰撞资用能的限制，也就是受到加速器粒子束能量的限制。

但是，希格斯玻色子的质量已经得到了精确测量。即使存在很重的超伴子，希格斯玻色子质量较轻的问题在这些模型中仍然存在，而且对剩余参数的限制更大。这样，我们又逐渐回到了精细调节的问题上。

上述案例表明：尝试弥补标准模型自然性的缺失必然会破坏它的简洁性。比如，夸克和其超伴子（即超夸克）之间新的超对称相互作用或许会导致介子间发生一些与数据不符的跃迁，除非专门引入别的对称来防止这些跃迁的出现。

更多的维度！

因此，希格斯玻色子的质量对极高能量下可能出现的新现象非常敏感。此外，在普朗克能标下具有重要性的引力也应纳入考虑。如果我们换个角度看待这个问题呢？比如，引力的能标通常为 10^{19} 吉电子伏特，如果它大幅下降，甚至和电弱相互作用的能标差不多，只有数百吉电子伏特，情况将会怎样？引力的强度或许变得很大，但是我们却觉得它很微弱，这是因为它真正的强度被几个维度“稀释”了，而这些维度的数量超过了我们能够感知的 4 个维度（3 个空间维度和 1 个时间维度）。那么，这些看不见的“额外”维度藏在哪里？又是如何被隐藏起来的？

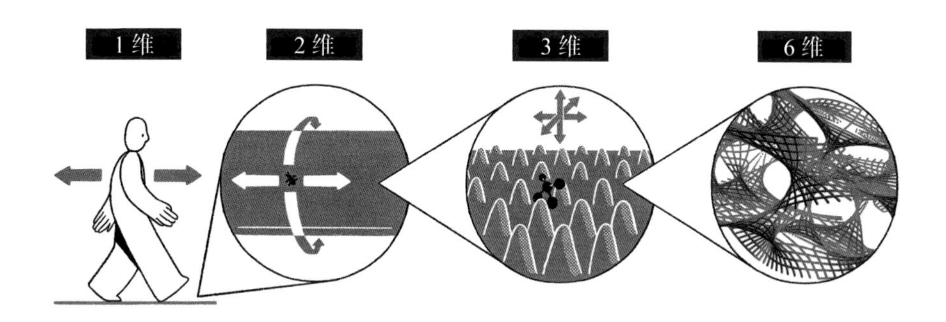

图 2.12　在无穷小的尺度上是否存在隐藏维度？对杂技演员来说，钢丝是一维的；对一个小得多的生物（比如昆虫）来说，钢丝是二维的。在更小的尺度上，我们会发现钢丝凹凸不平（即厚度不一），因此钢丝是三维的。如果能在无穷小的尺度上（或者在极高的能量上）进行观察，我们或许会发现额外的维度

由于额外维非常小，甚至比原子还要小，所以我们看不见它们：对钢丝上的杂技演员来说，绷紧的钢丝是一维的，他只能前进或者后退；但是，对昆虫来说，情况却并非如此，它可以向四周移动。这就解释了标准模型中的粒子如何在额外维中处于"静止"状态。每种粒子可能都有一些质量较大的版本，这与它们在其他维度运动进而产生了能量有关，但是人们尚未发现这些粒子。比如，我们可以假设存在一组与标准模型中的电子有关的奇异电子。此外，在这些奇异粒子中，可能存在暗物质的有力候选物质，而且我们还可以用其中的一些机制解释中微子质量之谜。

这些新粒子通常被称为"卡卢察-克莱因"（Kaluza-Klein）粒子。这个名字取自物理学家卡卢察（Théodor Kaluza）和克莱因（Oskar Klein）。20 世纪 20 年代以来，二人试图通过加入"卷曲的"额外维，统一广义相对论和电磁学。但是，有多少个额外维？它们如何卷曲起来？为什么有些维度处于卷曲状态，有些维度却不是这样？

大统一！

每一种相互作用都由一个规范群和一种特定的耦合方式负责描述。如果各种相互作用统一成一种力，会发生什么？电磁学实现了电力和磁力的统一，这是物理学史上最大的成就之一。在标准模型框架下，弱力与电磁力统一，成为一种相互作用在高能状态下的两个方面。我们将这种相互作用称为电弱相互作用。当能量低于某一阈值（更准确地说是电弱能标）时，这两种力将分道扬镳。

大统一理论（Grand Unified Theory，GUT）将标准模型描述的 3 种相互作用联系起来。在大自然中，这 3 种力的表现方式极其不同，因此这是一个巨大的挑战！在极高的能量下，宇宙不再由 3 个对称群和 3 种独立的耦合方式进行描述，而是用包含 1 个对称群的 1 种相互作用进行描述。诚然，这种相互作用更为复杂，但是它只有 1 个耦合常数。许多原初宇宙模型运用了这种力的统一，不过构建一个严密的模型仍然是个挑战。

大统一理论预测了新粒子的存在。这些粒子的质量非常大，超出了现有加速器的能力范围。然而，它们能够通过其他观测间接呈现出来，比如大质量中微子。其中的一些理论自然地将质量极大的右旋中微子包括在内，形成了“翘翘板机制”。不仅如此，这些理论还预测了基本粒子的电偶极矩，而关于这些基本粒子的研究可以通过极高精度的测量或者质子衰变进行。其中一些测量遇到的限制常常被用来推翻某些大统一理论模型作出的预测。超对称往往能够加强大统一理论：新的超对称粒子延长了质子的寿命，并且调整了高能状态下不同相互作用的强度，使它们彼此接近，实现统一。大统一理论常常被视为迈向“万物之理”的第一步，而“万物之理”最终或许能够实现电磁相互作用、弱相互作用、强相互作用和引力相互作用的统一。

原因在弦

尽管人们做了种种努力，但是实现 4 种相互作用的统一似乎仍在人类的能力之外。最成功的尝试莫过于弦理论，它是量子引力理论的最佳模型。根据这些数学建构，粒子或许不是点状的，也就是说它们不是没有内部结构的零维点，而是在至少有 11 个维度的时空中振动的细丝。这些弦的振动频率决定了粒子的量子数，比如质量、电荷等。特别值得一提的是，其中一种振动状态对应了一种质量为 0、自旋为 2 的量子态，与引力的媒介子即引力子一致。终于，量子引力理论成为可能！然而，无论是开放的弦还是封闭的弦，它们都只能在普朗克尺度（10^{19} 吉电子伏特或大约 10^{-35} 米）附近被观察到。相关的额外维同样在微小的尺度上处于卷曲状态，或者存在于我们的宇宙之外。

即使弦模型提供了许多解决方案，但是没有一种方案能够完美地将标准模型描述为自己的低能极限。不过，这些理论面临的最大挑战与其灵活性有关，也就是说，它们难以预测一些可以用于自我检验的物理现象，即证实理论有效或者无效。弦理论是“万物之理”的候选理论之一。不过，一个无法证伪的架构能否成为物理学的终极理论？

下一步？

人们提出了许多极有前景的想法！那么，我们的研究方向是否正确？是否已经找到正确的模型？尽管一些新物理模型给出的预测可以在不远的将来得到验证，但是情况并非总是如此。虽然作为认识论的关键概念，可证伪性对物理模型非常重要，但是，它不应成为理论研究的阻碍：超对称理论本身不可证伪，但是它的一些具体呈现形式可以。如今，人们尚未在 LHC 中发现超对称粒子的存在，从而否定了该理论的大量具体呈现形式和潜在模型。“翘翘板机制”也是如此，尽管我们无法直接对其进行测试，但是极高能量下的“翘翘板机制”仍然是一个富有吸引力的假说。

探索仍需继续：即使想法无法形成终极模型，但它可以带来新的技术和想法。我们要时刻做好面对新的研究方向的准备：“大自然远比人类富有想象力，它从不会让我们有一丝喘息的机会！”［费曼（Richard P. Feynman）］

魔鬼藏在细节中

要发现新的粒子，正确的做法是在极高能量的对撞机中使其现身，也就是说转换碰撞释放的能量。2012 年，ATLAS 和 CMS 两个实验就是这样在 CERN 的 LHC 中发现了希格斯玻色子。然而，这种“直接”探测会受到碰撞能够产生的能量的限制，一些粒子完全有可能因为质量过大，所以无法在现有的对撞机中现身。不过，我们还是可以基于量子真空的特殊性质，间接证明这些假想中的新粒子的存在。在经典力学中，真空是一种惰性环境，但在量子理论中，真空宛如一个剧场，上演着一出永不停止的芭蕾舞剧。粒子在里面自发释放，然后再次被吸收。

产生一个质量为 m 的粒子，所需能量 E 满足公式 $E=mc^2$，其中，c 为光速。很明显，“无中生有”与基本的能量守恒定律之间存在矛盾，这是因为按照定义，真空的能量为 0。然而，在量子理论中，只要持续的时间 ΔT 非常短，能量的变化 ΔE 是可以被接受的。支配这一现象的是海森伯不确定性原理，它要求 ΔE 和 ΔT 的乘积大约为普朗克常数 h。因此，一对正负电子可能存在大约 1 宙秒，即 10^{-21} 秒。

热闹的真空

这些由真空量子波动产生的粒子无法直接探测，它们被称为“虚”粒子。在此，需要强调两点：第一，包括未知的粒子在内，所有粒子都促进了真空量子波动；第二，尽管虚粒子无法直接探测，但是它们会对实粒子的动力产生影响。这种影响非常微弱，需要高精度的实验才能证明它的存在。测量的精度越高，它对短暂的“能量借用”以及更大质量粒子的影响越敏感。

事实上，通过观察电子、μ 子、中子等亚原子粒子的自旋运动，我们可以实现超高精度的测量。对这些粒子来说，自旋对应它们的固有角动量，可以用矢量 $\boldsymbol{S}$ 表示。由于粒子的行为与磁偶极子的行为类似，所以当它们处于磁场 $\boldsymbol{B}$ 中时，它们的自旋将围绕磁场方向旋转。核磁共振成像是一种被广泛使用的医学诊断技术，它就是利用这一现象来追踪不同的化学元素，这是因为它们的原子核拥有不同的自旋。

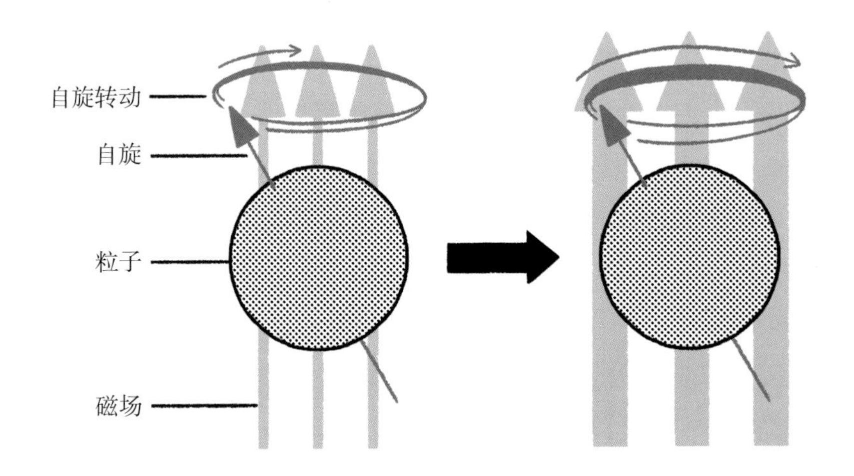

图 2.13　在量子真空中寻找新粒子。粒子的旋磁比反映了它在不同强度磁场中的自旋方式，尤其是它绕磁场轴转动的速度。旋磁比不仅取决于粒子的性质，还取决于周围的量子真空在短时间内持续产生的粒子的影响，尽管这种影响非常小。因此，旋磁比引起了许多物理学家的兴趣。对旋磁比的研究成为研究量子真空特征的途径之一，有望发现新的粒子

精确测量

自旋围绕磁场旋转的频率与磁场的强度成正比，比例系数由旋磁比 g 决定。从某种意义上说，旋磁比能够测量自旋对磁场的敏感程度。它与质量和

电荷一样，也是粒子的特征常数。电子的旋磁比记为 g_e，μ 子的旋磁比记为 g_μ，中子的旋磁比记为 g_n。

电子的旋磁比测量精度极高，$g_e = 2.002\ 319\ 304\ 361\ 5$，其中不确定性体现在最后一个数字即第 14 个数字上。在这个于哈佛大学进行的实验中，人们将一个几乎处于静止状态的电子囚禁于一个由磁场和电场组成的陷阱中数小时，以观察电子在其中的运动，从而测量磁场的强度以及自旋的转动。由于测量的对象是频率，所以只要我们能够长时间地观察电子，测量的精确度就会非常高。

真空显现

在这一测量中，真空波动如何显现？事实上，在没有波动的情况下，根据 1928 年狄拉克建立的方程预测，电子的旋磁比 g_e 应当正好为 2。但是，真空量子波动使 g_e 发生了微弱的变化。如何让 g_e 的计算结果达到与实验测量结果媲美的精度，这是一个真正的挑战。好消息是，对电子而言，在所需的精度上，强相互作用和弱相互作用的影响非常小，事实上需要应对的只有电磁相互作用。但是，其他粒子尤其是 μ 子在这一点上却完全不同。

从数量上看，量子波动的贡献取决于发出和吸收的虚粒子的质量和涉及的相互作用的强度。在电磁学中，电荷对应的基本常数通常被记为 α。出于历史原因，该常数被称为精细结构常数。由于 α 的数值很小，所以电子旋磁比的计算可以表示为 α 的连续幂级数展开，形式如下：$g_e/2 = 1 + C_1(\alpha/\pi) + C_2(\alpha/\pi)^2 + C_3(\alpha/\pi)^3 + \cdots$ 于是，任务就简化为确定系数 C_n 的数值直到所需的精度，目前 $n = 5$。

使预测更加精确

由于 g_e 和 α 都是无量纲量，所以这些系数只是单纯的数值。1948 年，施温格（Julian Schwinger）计算出 C_1 的准确数值，非常简单，$C_1 = 0.5$。至于剩下的系数，计算越来越困难。不过，尽管 C_2 和 C_3 的表达式更加复杂并且引入了超越数，但它们的数值还是被准确地算了出来，$C_2 = -0.328\ 478\ 965\ 579\cdots$，$C_3 = 1.181\ 241\ 456\cdots$。直到最近，拉波尔塔（Stefano Laporta）才将第 4 个系数计算出来，$C_4 = -1.912\ 245\ 764\ 9\cdots$。他为这个近乎精确的结果提供了前 1000 位有效数字，已经满足了精度的要求。该计算真可谓是一项重大技术成就，需要使用最先进的量子场论方法。至于 C_5，目前只有一个估算的数值：$C_5 = 6.6$。不过，3% 的相对精度足以与实验测量精度媲美。

精细测量

为了让理论家能够完成计算并将标准模型的预测值与测量值进行对比，必须知道精细结构常数 α 的精确值。为此，人们需要在原子物理实验室中进行一番研究。精度最高的方法需要运用氢原子的光谱，原因在于它的能级可以根据 α 精确地计算出来。不过，仍然存在一个问题，那就是氢原子的能级还取决于电子的质量，需要单独进行测量。

但是，测量基本粒子的质量并不轻松。较为容易的做法是先测量电子质量和原子质量之间的关系，再单独测量原子的质量。对原子质量的测量需要借助光和原子之间相互作用的基本属性。在一束频率为 ν 的单色光中，每个光子的能量为 $h\nu$，动量为 $h\nu/c$。当光子被质量为 m 的原子吸收后，它将自己的动量转移给原子，而原子将发生反冲并且速度与自身的质量成反比。这一速度被称为反冲速度，$v = h\nu/mc$。可见，反冲速度的测量与光子频率的测量有关，它能实现原子质量的直接测量。因此，第一步是运用 20 世纪 90 年代末发明的光学频率梳技术，以超高的精度测出激光的频率 ν。该工具直接基于原子钟的频率测量光的频率。

此外，还需要准备一些原子，运用激光冷却技术控制它们的初始速度，并测量它们在吸收光子后的反冲速度。在实践中，为了控制原子的反冲，人们会使用两束对向传播的光。当温度降至数微开后，根据量子力学，原子将表现出波动：和光一样，原子也会发生干涉。于是，人们建造了原子干涉仪并对干涉条纹进行观察。和光子不同的是，干涉仪的相位对原子的速度非常敏感。通过测量激光和原子间动量转移导致的干涉条纹移动，可以反推反冲速度。这些技术的进步使 α 测量的相对精度优于百亿分之一（10^{-10}）。最近一次测量于 2020 年在巴黎卡斯特勒·布罗塞尔（Kastler Brossel）实验室进行，得出的结果为 α = 0.007 297 352 562。尽管最后一位数字仍不确定，但是这是目前最精确的测量结果。2018 年，伯克利的一支研究团队得出的测量结果为 α = 0.007 297 352 571。两个数值并不一致。

有了 α 的数值，理论家就能完成 g_e 的计算。他们将强相互作用和弱相互作用的微弱贡献加入起主要作用的电磁相互作用之中，运用最精确的精细结构常数 α 的数值，预测出电子旋磁比的理论值 g_e = 2.002 319 304 360 5。该值的不确定性仍然体现在最后一位数字上，原因在于 α 的数值具有不确定性。研究人员仍在努力之中。

图 2.14　精确测量。卡斯特勒·布罗塞尔实验室对精细结构常数 α 的测量最为精确。在仪器中央的超真空单元内，铷原子被激光冷却，随后用于测量它们在吸收光子后的反冲速度

运用不同粒子进行测试

电子并非唯一接受该测试的粒子。作为第二代轻子，μ 子不如电子稳定，而且比电子重。近 20 年间，μ 子的旋磁比 g_μ 的测量值与计算值之间“关系紧张”。尽管理论计算取得进步，但是费米实验室的最新实验测量结果还是呈现出这一紧张局面：对 μ 子来说，强相互作用的贡献不容忽视，这带来了麻烦。测量值和计算值之间的差异或许由非标准模型粒子的“潜在”贡献所致。这种差异可以用标准差倍数 σ 来表示。目前，测量值与计算值之间的差异为 4.2σ。但是，物理学家需要差异至少达到 5σ 才能宣布获得了新的发现。

因此，目前的关键是继续优化 μ 子的实验测量和理论计算，从而确认这一差异。要检验电子是否也存在类似情况，需要将测量的精度提高近 10 倍。然而，不同测量之间已然存在差异。

对其他场进行测试

如果说亚原子粒子的自旋很容易受到小型磁场的干扰，那么电场呢？粒子可能会像电偶极子一样，在电场的影响下变换方向。但是，尽管人们已经进行了多次尝试，直到现在，任何实验都未能发现电场对粒子自旋的任何影响。不过，这条通过虚粒子的影响发现新物理学的研究途径仍然颇具前景。

既然真空波动改变了旋磁比 g，那么从理论上说，它或许也能产生“旋电比”g'。然而，要使其成立，真空波动中进行的相互作用必须破坏时间反演对称性，也就是使过去和未来有所不同。这就与反物质消失之谜产生了联系，原因在于，如果某种相互作用使过去和未来产生了差异，那么它应当也能使物质粒子和反物质粒子产生差异。因此，这种标准模型未知的神秘相互作用在宇宙诞生后的第一个纳秒内破坏了正反物质的对称性。它原则上仍活跃于真空波动之中，而且通过电场中的粒子自旋或许可以探测到这种相互作用。

由于电场对粒子自旋的影响似乎非常微弱，所以测量可能无法进行。但是，目前多个研究项目接受了这一挑战。它们探索了可以想到的所有途径。为了探测电子的旋电比，实验人员发明了令人难以置信的先进光学制冷技术，以便控制分子。最近一次实验可以追溯到 2018 年，得出的结论是 $g_e' < 10^{-18}$。此外，人们还寻找了中子电偶极子。它对通过强相互作用进行自耦合的虚粒子尤为敏感。为此，人们生产出超冷中子，并将其封闭在强电场内数分钟。2020 年公布的最新结果表明，$g_n' < 4 \times 10^{-12}$。尽管这些测量的精度已经非常高，但是仍未达到要求，而且结果可以为 0。

要回答粒子物理学与宇宙学相交处那些悬而未决的重大问题，尤其是尚未得到解释的反物质消失之谜，我们应当找到在大爆炸后第一纳秒内发挥了作用的新物理学。一条很有希望的途径是提高测量的精度。除了 LHC 和太空观测站外，一些高精度的实验可以在小型实验室内进行，有些甚至在桌子上就能进行。在这些实验中，我们将运用量子力学那些微妙且迷人的特性。每个细节都很重要，避免造成系统性影响是一个巨大的挑战。不过，我们还未真正达到极限，而且新物理学不会永远被埋没……

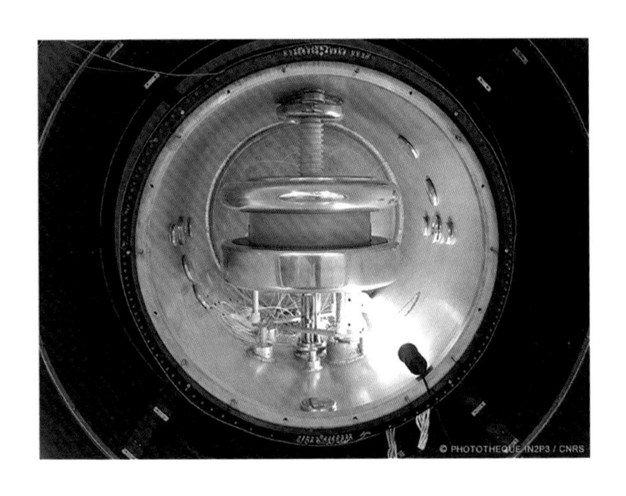

图 2.15 超冷中子。瑞士保罗·谢勒研究所（PSI）的中子电偶极矩实验（nEDM）使用谱仪对中子电偶极矩进行了最精确的测量

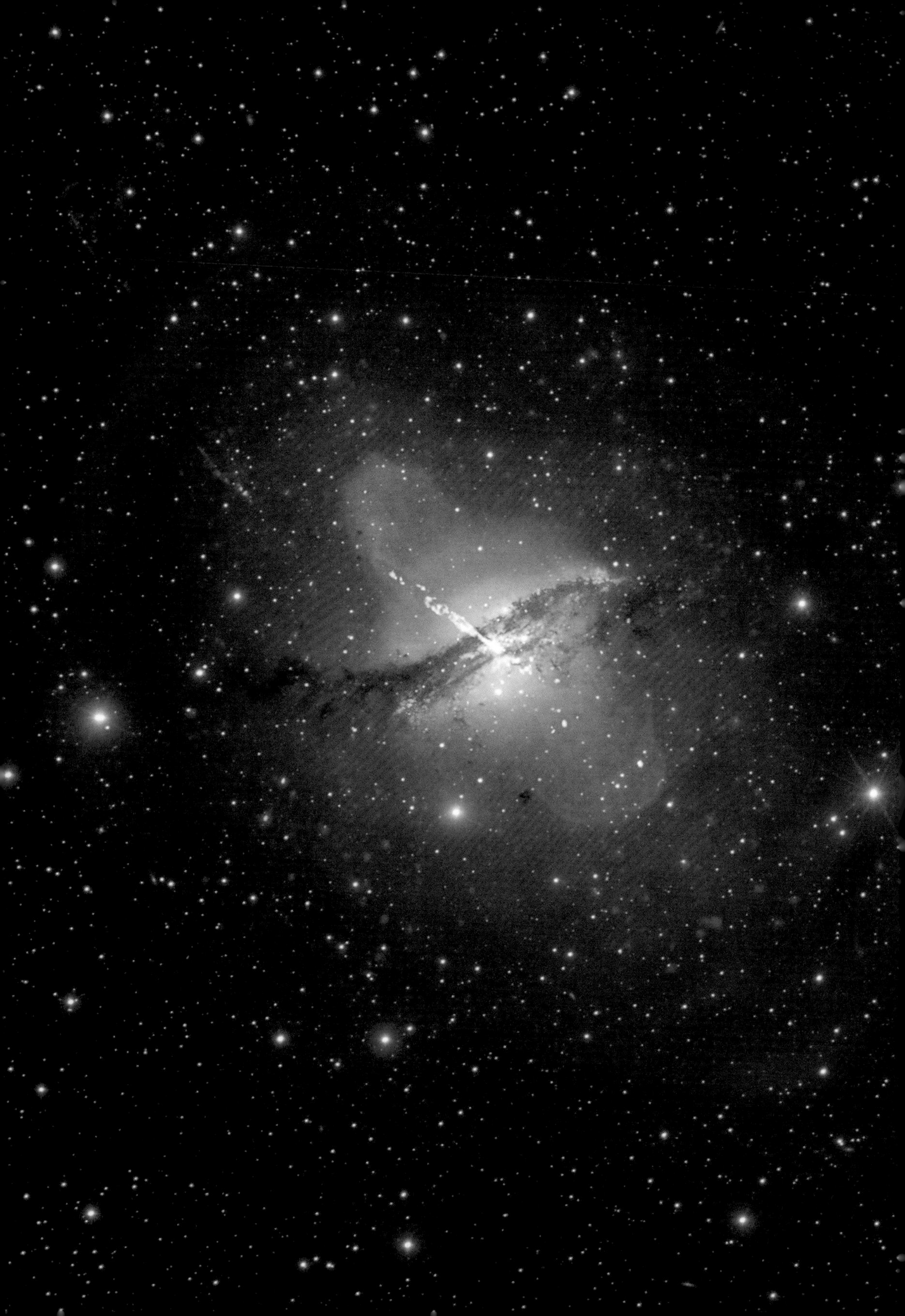

3 摇篮中的大灾难

◀

图 3.0　以半人马座 A 的活动星系核为代表的活动星系核是宇宙中最猛烈的事件之一：在黑洞周围，物质随物质喷流喷射而出，而气体尘埃盘则向其中填充物质

夸克-胶子汤

看着一块黄油在汤中融化，我们会思考以下问题：这块即将融化的黄油由什么构成？这锅我们即将喝下的汤由什么构成？我们自身由什么构成？是什么赋予了我们周围的物体质量和稳定性？

在物质深处

和所有常见物质一样，黄油也由大量分子构成，尤其是氨基酸，而氨基酸本身又由数埃（1 埃 = 10^{-10} 米）大小的原子构成。原子的质量集中于原子核，后者很小，直径数飞米（1 飞米 = 10^{-15} 米），由核子（质子和中子）构成。20 世纪 60 年代以来，人们知道核子由夸克构成。这些夸克被“关”在一起，通过承载“强”相互作用的胶子结合在一起。于是，我们向赋予它们质量的希格斯玻色子提问：这些基本粒子的质量是多少？它回答，夸克的质量仅占核子质量的百分之几，而胶子几乎没有质量。因此，按照 $E = mc^2$ 这个著名的公式，质量主要来自将各个组成部分黏合起来时释放的能量，而稳定性主要不是因为粒子本身，而是因为粒子之间具有较强的吸引力。

关于这种力的基本理论被称为量子色动力学（QCD）。它是我们已知的最强的相互作用，只作用于夸克和胶子，而且与其他相互作用相反的是，当这些粒子彼此远离时，这种力会增强。因此，人们从未观察到处于自由状态的夸克和胶子，它们只会连在一起形成强子，比如核子。只有一个例外，那就是顶夸克。它的衰变速度太快，来不及受到强相互作用的影响。人们越是想将夸克从强子中分离出来，产生的胶子就越多，从而形成了新的强子。这一现象被称为“夸克禁闭”。在质子和中子外，强相互作用的剩余部分能够克服质子间的电斥力，形成原子核：如果没有强相互作用，那么带正电的质子会自然地排斥彼此。

在距离相对较远或者能量较低的情况下，比如在核子尺度上，量子色动力学预测的场受到限制，这是因为由于胶子的数量增多，场的强度使计算无法实现。相反，当强子在极高的能量下发生相互作用时，它们的夸克和胶子可以被认为是“自由的”。随着“渐近自由”得到证明，格罗斯（David Gross）、波利策（David Politzer）和韦尔切克（Frank Wilczek）获得了2004年的诺贝尔物理学奖。在该体系下，如果加热或者压缩一堆强子，那么它们将失去身份，融化并形成新的物质状态，即一锅通常被称为“夸克-胶子等离子体”的“汤”。此时，夸克和胶子不再处于禁闭状态。

新的相变

我们知道，物质有3种状态，即气态、液态和固态。当温度超过100℃时，液态水变成水蒸气；当温度低于0℃时，它变成冰。这些状态是原子相互作用和体积、压力、温度等外部条件之间平衡的结果。当物质从一种状态变成另一种状态时，相变发生。

当能量积攒到使电子脱离原子的程度时，物质的属性发生变化，“等离子体”形成：作为第四种物质状态，等离子体在宇宙中广泛分布，但是在地球上较为罕见。不过，还是存在一些天然形成的等离子体，比如雷电、北极光、阳光中的紫外线影响下的电离层等。在实验室中，氢-氚等离子体的制备可以用于产生核聚变。

与黄油在粥中融化、冰山因气候变暖而融化类似，夸克-胶子等离子体的形成也是一次相变。根据假设，它发生的条件是温度超过1万亿摄氏度，即太阳中心温度的10万倍，或者密度达到10亿吨每立方厘米，即正常核密度的6倍。

于是，为了研究这种新的等离子体，我们开始思考如何以及在哪里可以满足这些条件。

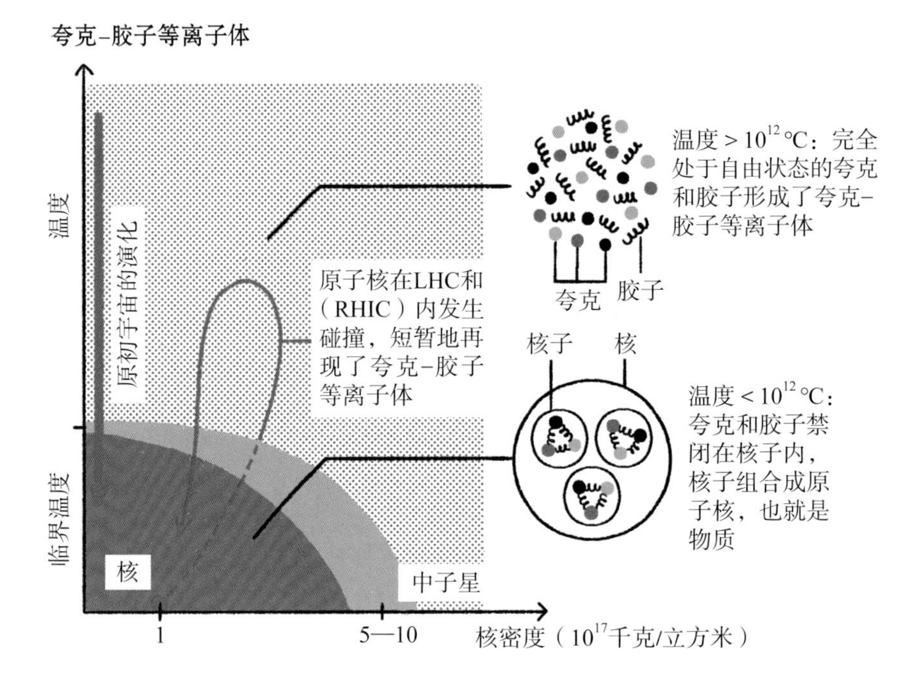

图 3.1　在极高的温度下，强子不复存在。当温度超过一定阈值（大约几万亿摄氏度）时，夸克和胶子逐渐停止形成强子（质子、中子等）。它们的行动越来越自由，直至形成夸克-胶子等离子体。此时，粒子完全处于独立状态，强子不复存在。人们运用 LHC 和相对论性重离子对撞机（RHIC），通过极高能量的离子碰撞，对夸克-胶子等离子体的存在进行研究。此外，夸克星或中子星的核部很可能也存在这种等离子体

重现宇宙诞生之初

大爆炸发生时，宇宙应该整体上处于夸克-胶子等离子体状态，直到它的温度大幅下降，使夸克和胶子进入禁闭状态，形成核子和其他强子。这一突如

其来的禁闭应当发生在原初奇点形成数微秒后。原子的形成产生了宇宙微波背景辐射，而原初核合成却正好相反，它几乎没有留下什么痕迹，因此没有遗迹可以让人们在观测宇宙时研究受强相互作用支配的原初汤。

如今，夸克-胶子等离子体很有可能存在于密度极大的夸克星的核心部位。但是，夸克星向我们发出的信号不够明确，因此我们无法确认这种星体是否存在。事实上，如果我们想研究夸克-胶子等离子体，自己造一个就行。重离子高能碰撞就能做到这一点。

这里，人们要做的不是让相对基本的粒子（质子、中子等）以尽可能高的能量相撞（比如，顶夸克和希格斯玻色子的发现需要尽可能高的能量），而是使能量的密度最大，即在较小的体积内产生巨大的能量。为此，人们将大质量原子的电子全部剥离，使原子核加速，从而在数千立方飞米（1 立方飞米 = 10^{-45} 立方米）的空间内产生巨大的密度。

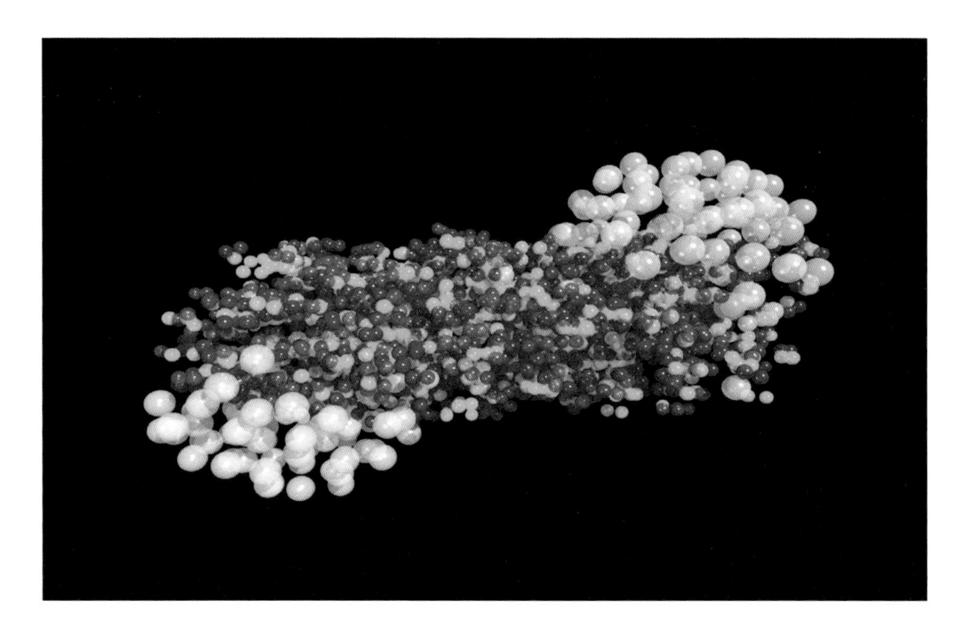

图 3.2 重离子碰撞图示。彩色小球代表夸克-胶子等离子体中的夸克，白色小球表示未发生撞击的质子和中子，胶子则没有展示

20世纪70年代，首批实验在加利福尼亚州伯克利的十亿电子伏特直线加速器（Bevalac）内进行：离子喷射而出，在建造于20世纪50年代、曾让人类发现反质子的十亿电子伏特同步加速器（Bevatron）内轰击固定目标。相对论性重离子物理学这一新的研究领域就此诞生。

超相对论性重离子碰撞

目前，世界上最猛烈的碰撞发生在CERN的LHC内。铅-208的原子核由82个质子和126个中子构成。在陶瓷坩埚内放入几克纯净的该物质，然后将坩埚置于金属杆顶端的一个小盒子内：在这口“微型锅”内加热铅-208，直至蒸发。800℃就足以产生铅蒸气。

随后，对该气体进行电离：一些电子借助电路离开原子，形成电磁等离子体，其中的电子在离子间自由移动。接着，将离子从等离子体中提取出来，引入LHC的预加速器中；或者将剩余的电子提取出来，只留下原子核。之后，这些铅原子核将在对撞机中开始最后一段旅程。为了研究铅核之间的碰撞，微型锅将在为期1个月的数据采集期内为LHC持续提供原料。要维持1个月的运转，大约需要4克铅。

两个铅原子核正面相撞，将在一个微小的时空体积内还原宇宙诞生后数微秒内的环境状况。但是，如何确定夸克-胶子等离子体已经形成？如何对它的属性进行研究？

夸克-胶子等离子体的特征

早在LHC出现以前，CERN就已经于2000年2月宣布通过夸克偶素熔解这条线索发现了夸克-胶子汤。当时，一个用粒子束撞击固定目标的项目正在如火如荼地进行。最终，人们借助超级质子同步加速器（SPS），实现了铅原子核对铅原子核的轰击。当时，RHIC 在美国布鲁克黑文国家实验室投入使用。这台专门用于重离子碰撞的机器使人们观察到夸克-胶子等离子体的其他表现：主要是能量丧失和集体流。2009 年，CERN 的 LHC 接过了接力棒，其重离子对撞能量达到之前对撞能量的 14 倍，为新的探测创造了机会。如今，LHC 的 4 个大型国际性合作团队都在研究夸克-胶子等离子体，其中的一个团队甚至为其设计了大型离子对撞机实验（ALICE）。

对观测离子碰撞的研究人员来说，挑战在于观察发出的数千个粒子发生的变化，因为这些变化揭示了夸克汤的存在。事实上，夸克汤转瞬即逝，很快便稀释在周围的真空之中，而且它的温度一般会在光线穿过原子核所需的时间即 10^{-23} 秒内降到临界温度以下。目前，夸克-胶子等离子体的许多特征正在研究之中，它们将阐明该等离子体的不同属性。其中，5 个特征尤为引人关注。

图 3.3 重建重离子对撞时的粒子径迹。这是 LHC 的大型离子对撞机实验测得的粒子径迹。基于这些径迹和其他测量结果，研究人员确定了夸克-胶子等离子体的属性

热光子：通过测量环境发出的光子的能谱，可以推断它的温度。2012 年 8 月 13 日，LHC 打破了 RHIC 保持的最高人造温度的吉尼斯纪录。目前，该纪录为 5 万亿摄氏度。这两台对撞机测得的温度均高于夸克–胶子等离子体的预测温度。

夸克偶素熔解：黄油和原子核不是唯一会在汤中分解的物质。所有强子（由夸克组成的粒子，比如核子）都有可能在夸克–胶子等离子体中熔解，尤其是由一个重夸克和它的反夸克组成的夸克偶素。它的好处在于产生的数量已知，而且能够在碰撞中迅速生成，甚至比夸克–胶子等离子体的形成还要早。2000 年，正是 J/ψ 介子（由一个粲夸克和一个反粲夸克构成）的消失使 CERN 宣布了夸克–胶子等离子体的发现。此后，研究人员又在 LHC 内观察到 Υ 介子（由一个底夸克和一个反底夸克构成）的消失。由于每种夸克偶素的熔解温度不同，所以它们的相继消失构成了一支温度计，插入有史以来温度最高的物质之中，上面的 5 个刻度分别对应 J/ψ 介子的 2 种状态和 Υ 介子的 3 种状态。在多种因素的影响下，情况较为复杂，尤其是粲夸克在 LHC 中非常多，以至于 J/ψ 介子会在等离子体膨胀结束时通过随机重组再次生成，这也证明了粲夸克曾经处于退禁闭的状态。

奇夸克数量增加：至于较轻的夸克，比如上夸克、下夸克和奇夸克，情况如何？它们的质量低于等离子体内能量交换的平均值，在短暂存在的夸克汤内大量产生。包含奇夸克的强子相对较少，因此它们的数量增加成为等离子体形成的线索之一。起初，人们并不确定这一阐释是否正确，但是从 SPS 到 RHIC，再到 LHC，该现象终于被观察证实。

集体流：等离子体的另一个表现在于发出粒子间的相关度。如果这些粒子在真空中独立产生，那么它们的方向将是随机的，彼此之间没有关联。相反，如果它们来自同一个受强相互作用支配的环境，那么这些粒子将集体朝着优势方向发出。当原子核（近似圆盘状）发生碰撞但不完全重合时，情况尤为明显。最初，这些非对心碰撞的产物状似橄榄球。球心密度极大，周围由普通物质构成。随后，球体迅速膨胀，回到正常状态。沿着球的短轴移动的粒子运动距离较短：它们承受的相互作用更多。这就有些类似于我们强行将一个足球压成橄榄球的形状：在被压缩的轴线上，膨胀将相当剧烈。该现象首先在 RHIC 中被发现，它的特征是黏度最小（比超流氦的黏度还要小），原因在于受到的相互作用多且强度大。因此，夸克汤被称为“完美流体”：如果我们搅动它，那么产生的旋涡将永不停止。

失去能量：夸克-胶子等离子体的高密度对从中穿过的夸克不无影响。自运用 RHIC 进行重离子对撞以来，人们发现与质子碰撞产生的粒子相比，重离子碰撞产生的粒子失去的能量很多。这意味着它们与密度极高的物质发生了强烈的相互作用。LHC 可以反映夸克和胶子产生的粒子束的细节。人们认为，生成的“汤”的密度达到了普通核密度的 100 倍，而 6 倍的密度就足以产生夸克-胶子等离子体。看来，这碗汤不易消化。

以上 5 个例子展示了存在时间极短的夸克-胶子等离子体在对撞机核-核碰撞中表现出的特征。然而，研究人员最近在 LHC 中观察到，一些能发出数百个粒子的稀有质子碰撞也存在上述部分现象，尤其是集体流和奇夸克数量增加。于是，一个问题摆在我们面前：质子碰撞是否也有可能产生夸克-胶子等离子体液滴？正是这些转瞬即逝的微小液滴构成了原初宇宙。

元素与恒星

很久很久以前，当人类仰望天空时，或惊叹，或恐惧，但更多的是好奇。从天体力学到使人类接触到整个天体光谱的多波段天文学，我们对于星空的认知不断提升。在数千亿颗恒星的点缀下，银河蔚为壮观，令人眼花缭乱，而太阳只是其中的一颗小小恒星。

正是这些"恒星锅"产生了我们在地球上已知的大部分元素。在恒星灾变结束、生命终结或者两颗长期共生的恒星并合时，这些元素往往会被送入太空，从而融入行星伴随下的新的恒星系统。参与呼吸的氧、铁、镍、骨骼中的钙、通过核裂变产生能量的燃料铀以及智能手机和汽车所含的稀有元素等，都是连续几代恒星的产物，是它们留给我们的遗产。

从这片漆黑的夜空中，我们获得了许多信息。它们单凭肉眼无法辨认，需要通过地面望远镜和地球周围的轨道望远镜进行细致的探测。如今，借助量子力学，我们得知，从原子核到原子、分子，再到星际尘埃，微观物体的大小不同，其发出或吸收的波长也有等级之分。量子物体的体积越小，辐射的波长越长。结合相对论，我们能够辨认收到的所有波的波长，说出恒星表面和星际云中存在哪些原子核、原子和分子，知晓它们所处位置的温度甚至天体物理对象的移动方向。对我们周围的无穷大的认知来自对无穷小的认知，我们在自然中发现的大部分元素都在恒星中开始了自己动荡的一生：好戏开始！

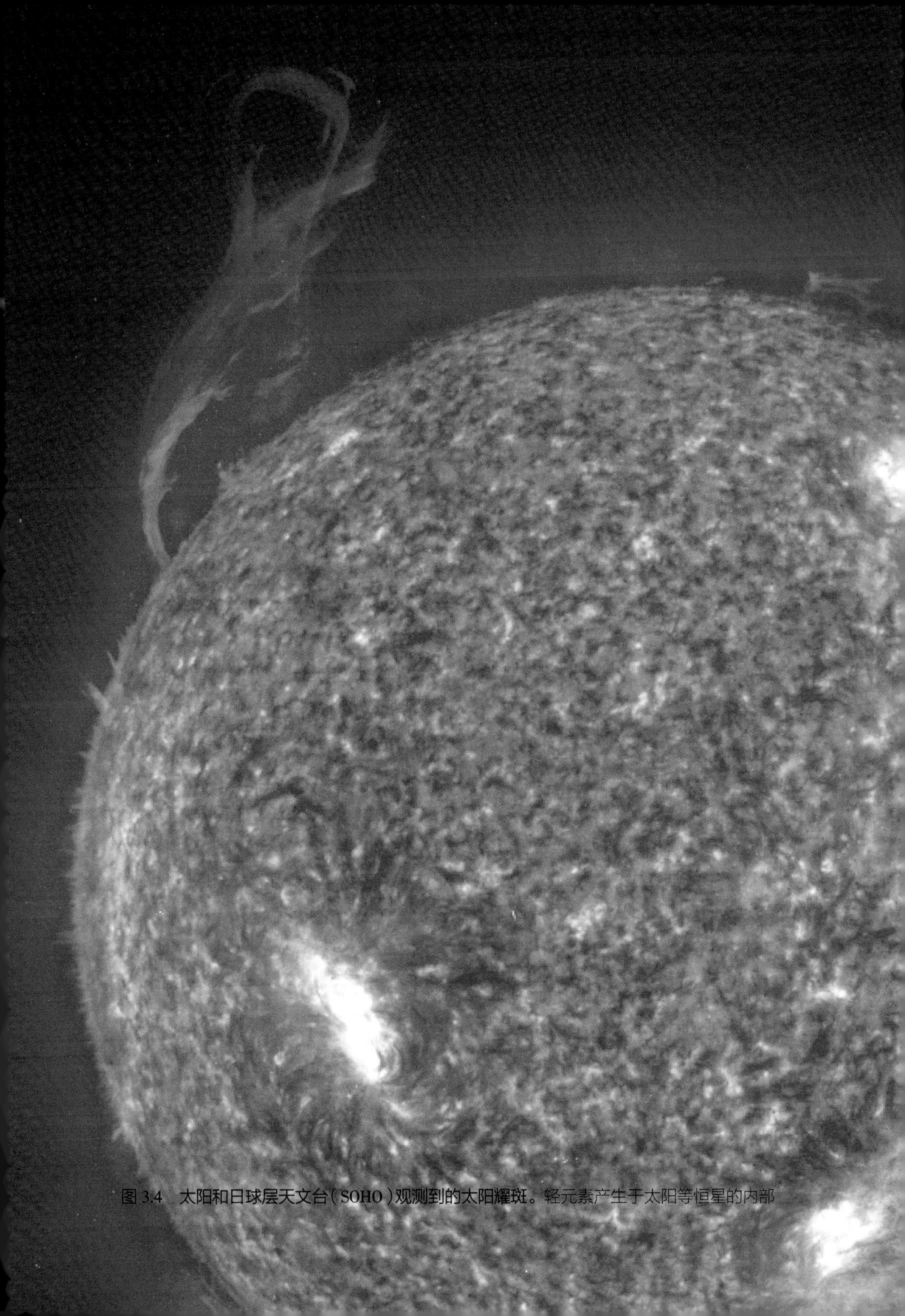

图 3.4　太阳和日球层天文台（SOHO）观测到的太阳耀斑。轻元素产生于太阳等恒星的内部

原子清单

一个原子由一个原子核和一片电子云（带负电）构成，其中原子核由质子（带正电）和中子（电中性）构成。由于电子数和质子数相同，所以原子总体上呈中性。元素的电子数（Z）赋予其化学属性，人们用它对原子进行分类。原子核的核子总数（质子数 + 中子数）对应了它的相对原子质量 A。即便质子数相同，中子数也会有所不同：比如，碳-12（^{12}C）包含 6 个质子和 6 个中子，而碳-14（^{14}C）则拥有 6 个质子和 8 个中子。它们的化学属性相同，但是相对原子质量不同。这就是我们所说的同位素。

中子数影响原子核的稳定性：中性的它不受质子间电斥力的影响，并且能够通过强相互作用促使核子“粘”在一起。不过，自由状态下的中子并不稳定。当核内中子过多时，它也会发生衰变。因此，在钙-40（^{40}Ca）之前，稳定核拥有数量相近的质子和中子。但是在钙-40 之后，受质子间电斥力即“库仑斥力”的影响，稳定核的中子更多：稳定核所处的“稳定谷”将向丰中子原子核偏移。

不稳定的原子核具有放射性：轻核会释放一个 β 粒子（1 个电子或 1 个正电子）；重核则要么裂变成 2 个更轻的原子核，要么在一些情况下释放一个 α 粒子（2 个质子 + 2 个中子）。原子核还有可能释放一个 γ 粒子（1 个光子），不过此举只会改变它的能量状态，不会改变它的性质。

从氢（原子序数为 1）到 2015 年发现的超重核素氭（原子序数为 118），它们都得到了国际纯粹与应用化学联合会的正式认可。氢是宇宙中数量最多的元素，而氭只能在实验室中制备，而且存在时间极短、数量极少。83 个元素可以在大自然中找到，它们至少拥有一个稳定的同位素，或者同位素的寿命大于等于地球的年龄。近 300 个同位素被认为是稳定的，它们构成了我们的生活。从最简单的微生物到最具创新性的材料，都有这些同位素的参与。

银河具有放射性！

梅里尔（Paul Willard Merrill）是威尔逊山天文台的著名天文学家。1952年，即将退休的他获得了一个重大发现。仙女座R是仙女座的一颗变星，也是一颗处于恒星演化后期的红巨星。在对该星进行观测时，梅里尔发现了锝元素（$_{43}Tc$）的一些特征谱线。在没有稳定同位素的元素中，锝的相对原子质量最小。同时，它也是地球上第一个人造元素：经过长时间的研究，人们终于在1937年通过分析伯克利的第一批回旋加速器上搭载的具有放射性的钼片，在巴勒莫大学发现了这种元素。此后，人们又识别出该元素的30种放射性同位素，但是没有一种能稳定且天然地存在于地球上。因此，在一颗恒星的光谱线中发现该元素证明那里有原子核形成，也就是说恒星核合成仍在进行。

伽马射线天文学能够观察某些放射性同位素衰变的特征能量范围，研究它们目前的合成情况，进而观察宇宙正在进行的核合成过程。比如，欧洲空间局的国际伽马射线天体物理学实验室（INTEGRAL）卫星能够辨别同位素铝-26（$^{26}_{13}Al$）衰变的特征性伽马射线。因此，我们可以在绘制的星系图上标出该同位素合成的位置，而那里正是质量10倍于太阳质量的大型恒星所在之处。但是，人们对铝-26在这些恒星中合成所导致的核反应知之甚少。为此，多台重离子加速器正用于相关研究，比如法国的大型重离子加速器（GANIL）和奥赛线性串联加速器（ALTO）。

元素并非完全相同

基于太阳光球层光谱分析、地球样本分析和陨石分析，人们估算出太阳系元素丰度，作为原始气体云元素构成的佐证。这团原始气体云形成于45亿年前，历代恒星合成的元素逐渐丰富了它的元素构成。

图 3.5 1987A 超新星遗迹。该遗迹位于大麦哲伦云内，构成光环的物质从先前的恒星喷射而出，并在超新星冲击波的影响下闪闪发光。人们在遗迹内探测到钛-44（$^{44}_{22}Ti$）的存在。

氢（$_{1}H$）和氦（$_{2}He$）是宇宙中质量最轻、丰度最高的两种元素。宇宙中92% 的原子是氢原子，它们大量存在于恒星（比如太阳）、气态行星（比如木星、土星）以及星云、星际气体之中。宇宙诞生后的第 1 毫秒至第 1 秒，夸克–胶子等离子体温度下降，形成质子和中子。大约 3 分钟后，原初核合成开始，持续 15 分钟。在此期间，当宇宙温度降至 10 亿度时，连续的核聚变形成了氢的同位素、氦的同位素和少量锂（$_{3}Li$）的同位素。38 万年后，当宇宙的温度只有几千度时，这些原始原子核与电子结合，形成中性原子。于是，此前与带电粒子发生相互作用的光子便能自由移动：宇宙变得透明，第一束光以宇宙微波背景辐射的形式传递给我们。尽管目前宇宙中 98% 的原子以这种方式产生，但是如果没有恒星中合成的重元素，就没有人类的存在。

在宇宙锅中

对所有恒星而言，一生大约 4/5 的时间都用于将大爆炸产生的质子转化为 α 粒子（由 2 个质子和 2 个中子构成），即氦–4（$^{4}_{2}He$）的原子核。在该过程基于的核聚变反应中，最简单的一种是将 2 个质子转化为氘核（1 个质子和 1 个中子），同时释放正电子和电中微子。于是，这些在太阳核部进行的反应使地球及地球上的居民受到中微子的“轰击”，每秒每立方厘米通过的中微子高达 1000 亿个。与其他粒子不同，中微子能够非常自由地从太阳核部出发穿过太阳。自 20 世纪 60 年代末被发现以来，它已成为太阳内部发生核反应的铁证。大约 50 亿年后，随着这一天然巨型反应堆中央的燃料耗尽，氢元素将停止燃烧。随后，太阳将在大约 1 亿年的时间里变为红巨星，它的包层将逐步膨胀至水星的轨道。

恒星核部核聚变的下一个阶段是氦元素的燃烧。与包层不同，太阳的核部将会收缩，温度将提升至 1 亿摄氏度（目前是 1500 万摄氏度）。在这一阶段，3 个氦–4 原子核将通过聚变合成碳元素，4 个氦–4 原子核将通过聚变合成氧元素。在这些核过程发生时，太阳将再次发生变化，在一段时间内恢复为我们已知的黄色。随后，一旦核部的氦-4原子核烧完，太阳将再次膨胀，直至触及地球的轨道。

之后，热核反应将依次进入碳、氖、氧、硅的燃烧阶段。这些反应发生在质量约为太阳质量8倍的恒星中。最后，这些恒星将用一场大爆发结束自己的生命，它们变成的超新星将向宇宙播撒新合成的原子核。

地球生命的核奇迹

继氢和氦后，碳和氧是宇宙中丰度最高的元素。这些对地球生命而言非常重要的元素产生于连续发生的核反应。事实上，能够发生热核聚变的能量范围非常固定，它取决于恒星核部等离子体的温度。通常来说，某个核聚变反应在恒星中发生的可能性取决于相关原子核的结构以及聚变形成的原子核的量子化能级。20世纪20年代以来，物理学家伽莫夫认为质子或α粒子能够通过隧穿效应克服另一个原子核的电斥力（即库仑势垒）并且它可以被捕捉从而形成一个更重的原子核。不过，能够发生这一现象的能量范围非常狭窄，被称为“伽莫夫窗口”。如果一个原子核的能级处于该窗口内，或者与之非常接近，那么原子核的共振现象将能大幅提高聚变的可能性。

于是，为了解释3个α粒子（^4He）通过聚变合成碳-12的核合成过程以及宇宙中的碳元素含量足以令生物在宇宙中生存，天体物理学家霍伊尔于1954年指出，在伽莫夫窗口内存在一种能级约为7.7兆电子伏特的碳-12激发态。3年后，库克（Charles Cook）、福勒（William Fowler）和加州理工学院的同事们发现了这种激发态。于是，福勒、霍伊尔、杰弗里·伯比奇（Geoffrey Burbidge）和妻子玛格丽特（Margaret）共同发表了一篇关于“恒星中元素合成”的论文。这篇文章有一个广为人知的别名，B^2FH，并且它在之后的几十年间一直被引用。1983年，福勒获得了诺贝尔奖，但是霍伊尔却未获得这一殊荣：尽管霍伊尔在英国广播公司（BBC）的一档广播节目中创造了“大爆炸”一词，但是他对该理论进行了驳斥，认为它是“大多数相信《创世记》第一页的科学家们信奉”的伪科学。然而，大自然却不这么认为。霍伊尔的宇宙“稳恒态”理论无法对观察到的宇宙微波背景辐射进行解释。

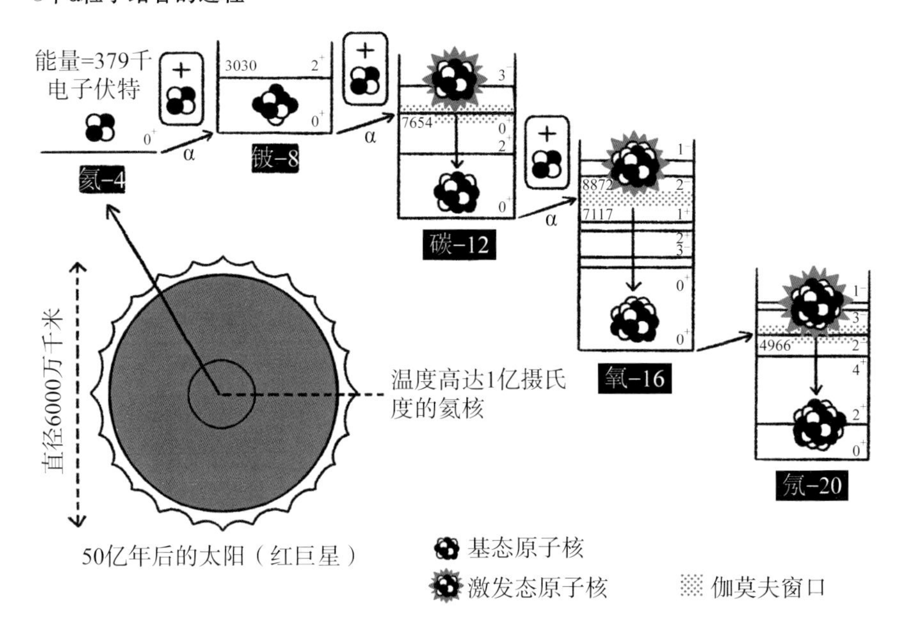

图 3.6 恒星核部的聚变规则支配原子核生成。恒星核部的聚变规则促进了一些结合，也限制了一些结合。“伽莫夫窗口”由恒星的温度决定。如果终核的某一能级位于伽莫夫窗口内，那么核聚变将非常容易发生。两个 α 粒子短暂合成的铍-8（^{8}Be）之所以能够与另一个 α 粒子发生聚变，是因为碳-12（^{12}C）的某一能级大约为 7.7 兆电子伏特，正好处于伽莫夫窗口内，使碳的生成率较高。但是，碳原子核与 α 粒子发生的聚变与氧原子核的激发能级没有那么匹配，因此从碳到氧的转化少得多，不过仍然可以进行。至于氧-16（^{16}O）与 α 粒子发生的聚变，虽然氖-20（^{20}Ne）在伽莫夫窗口内拥有一个能级约为 5 兆电子伏特的激发态，似乎非常利于聚变的发生，应该可以大量产生氖-20，但是该反应可能涉及自然界罕见的宇称破坏（图中 2^- 的位置）。总之，宇宙中碳与氧的丰度比反映了原子核的能级处于合适的位置

说回恒星：新合成的碳-12 能够再捕捉一个 α 粒子，形成氧-16（$^{16}_{8}O$）。虽然氧-16 的原子核在伽莫夫窗口内没有激发态，但是它有 2 个相当接近的能级，提高了反应率，导致部分碳-12 转化为氧-16。那么，我们能否以此类推？氧-16 会不会与 1 个 α 粒子通过聚变生成氖-20（$^{20}_{10}Ne$）？氖-20 的原子核在伽莫夫窗口附近存在激发态。此时，原子核的另一个特征发挥了作用，那就是宇称。自旋数和宇称数是原子核激发态的特征，由核子的组合情况决定。氖-20 的基态自旋为 0，宇称为“偶”；其接近伽莫夫窗口的激发态自旋为 2，宇称为“奇”。这种奇宇称态使其无法参与两个自旋为 0、宇称为“偶”的粒子（^{4}He 和 ^{16}O）发生的聚变反应，于是几乎没有氧-16 进行燃烧。总之，碳和氧是有机化学和我们已知的生物所需的元素，它们的存在和丰度取决于原子核的基本属性以及它们在伽莫夫窗口周围的量子化能级。

20 世纪 80 年代以来，霍伊尔的预测和宇宙的构成机制引起并充实了关于人择原理的讨论：为什么宇宙的参数正好能让人类存在从而对其进行观测？不用说，讨论尚未结束，许多杰出的物理学家都积极地参与其中。

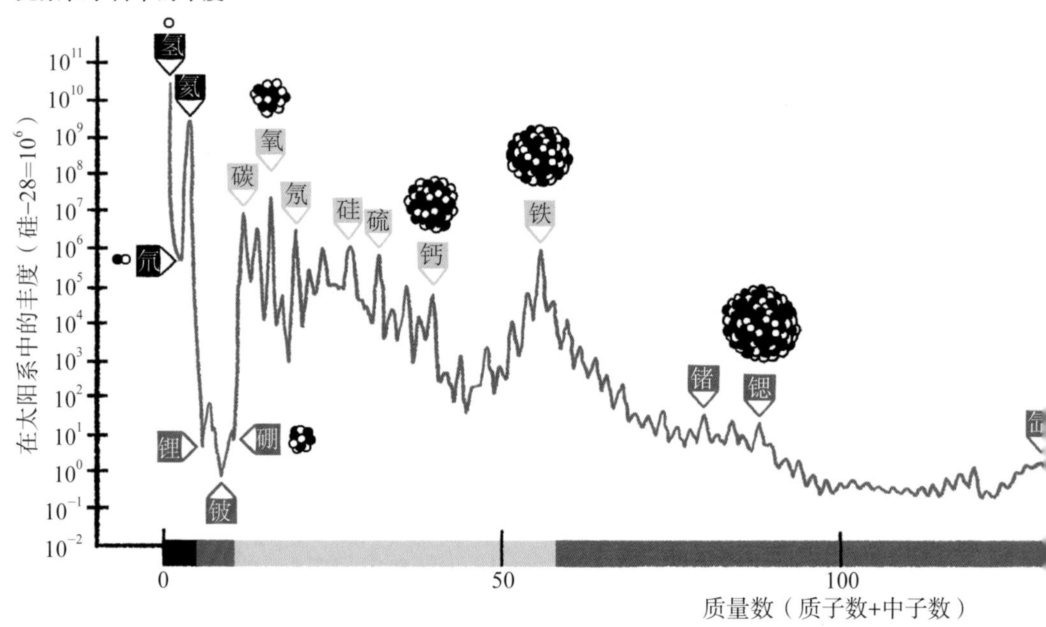

重元素合成之谜

我们关于核合成过程的认知很大程度上基于加速器的测量结果。如今，人们对氢元素和氦元素燃烧阶段发生的大部分反应比较了解。碳碳聚变、碳氧聚变、氧氧聚变等反应原则上能够产生质量更大的元素，相关测量仍在进行。运用位于法国奥赛的仙女座加速器进行的 Stella（元素合成与凝聚体寿命研究）实验就是其中之一。所有测量结果均证实，带电粒子之间的核聚变反应不会合成比铁（原子序数为 26）更重的元素，然而，重元素却大量存在。那么，它们是如何产生的？

1957 年发表的 B^2FH 文章指出，答案可能与中子有关。这种粒子不带电，能够轻松地被任意质量的原子核捕捉。然而，由于中子的寿命不足 15 分钟，所以它应当生成于能够立刻被原子核捕捉的恒星核部。于是，在很长一段时间里，哪些种类的恒星能够产生超大的中子通量成为科学领域最大的谜题之

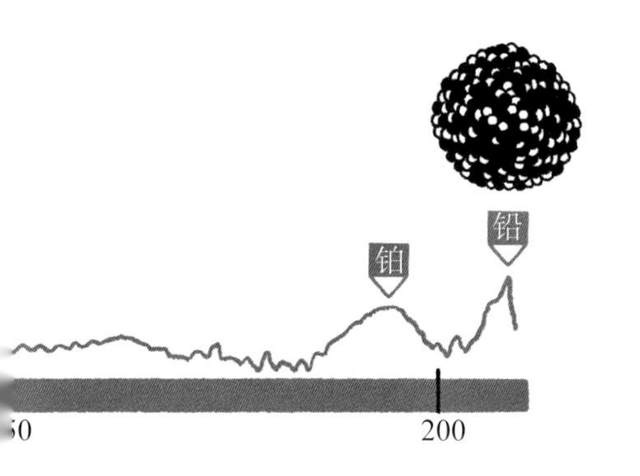

图 3.7　产生宇宙化学元素的 4 大机制。从最小但丰度最高的氢元素（1 个质子）到最重但最稀有的铅元素（82 个质子），稳定元素的丰度和多样性源于 4 大机制：**原初核合成**，发生于大爆炸之后，产生了大量的氢原子核和氦原子核（占宇宙中原子核总数的 98%）；**宇宙线**，通过引发的核反应击碎星际介质中的碳、氮和氧，产生丰度极低的锂元素、铍元素和硼元素；**核聚变**，发生于恒星核部，是介于碳元素和铁元素之间的稳定原子核的来源；**中子捕获**，发生于红巨星、超新星以及中子星并合过程中，产生最重的原子核

一，因为超大的中子通量或许可以解释某些重元素存在的原因。不久前，研究人员运用伽马射线、X 射线、可见光和引力波观测了两颗中子星的并合，这给物理学家提供了一个此前几乎不敢想的场景并表明重元素在并合过程中大量形成！

B^2FH 预测，中子密度不同的恒星过程导致宇宙中的元素多次出现丰度双峰。中等的中子密度是慢速核合成过程（s–过程）的基础，我们可以在实验室中对该过程进行相对细致的研究。至于一连串快速的中子捕获行为（r–过程），所需的中子密度是 s–过程所需中子密度的 10 亿倍。s–过程和 r–过程分别负责大约一半比铁更重的元素的合成。B^2FH 还认为，3 次丰度双峰的位置（锗 / 锶 / 氙 / 钡和铂 / 铅）与核子的数量是“幻数”有关，而核子的数量由强相互作用决定。因此，元素丰度是影响范围大约只有 1 个原子核大小即 10^{-15} 米的核力在可观测直径约为 10^{27} 米的宇宙中留下的明显印记。那么，幻数核为何能够对宇宙中的元素生成产生如此明显的影响?

更多的幻数

幻数核拥有特定数量的质子和中子，使原子核更加稳定。在原子核“壳层模型”中，核子排布在不同的能级轨道上。从概念上看，该模型与原子的电子壳层模型较为相似，但是原子核“壳层模型”涉及的是质子和中子。因此，当质子数或中子数为 8、20、28、50、82、126 时，原子核的最后一个能级轨道被填满，使原子核具有特殊的稳定性。此外，还有一些“双幻核”，它们的质子数和中子数都是幻数，比如氧–16 的原子核（8 个质子，8 个中子）、铅–208 的原子核（82 个质子，126 个中子）、镍–78 的不稳定原子核（28 个质子，50 个中子）、锡–132 的不稳定原子核（50 个质子、82 个中子）等。对双幻核而言，它们的中子捕获难度大约是其他幻数核中子捕获难度的 1000 倍。

慢速中子捕获和快速中子捕获

一些质量相对较小的恒星进入演化末期，成为渐进巨星分支中的恒星。数百万年间，恒星核部的中子密度中等（每立方厘米的中子数量为 10^8 至 10^{12} 个），可以缓慢地合成比铁更重的元素（s-过程）。该过程所需的中子捕获较为罕见，一般 10 年至 100 年发生一次。如果以这种方式形成的原子核不稳定，那么它将通过 β 衰变转化为更“重”（原子序数更大）的元素。事实上，该放射性由弱相互作用引起，它将原子核的一个中子转化为质子和电子，从而形成一个原子序数更大的元素：因此，虽然质量几乎没有发生变化，但是在门捷列夫元素周期表上的位置后移了。于是，通过一连串中子捕获和 β 衰变，生成的元素越来越重。当通过中子捕获形成的元素拥有的质子数或中子数为幻数时，这一过程将大幅放缓，并形成丰度峰值，最后一个峰值位于铅-208 的双幻核所在的区域。通过慢速中子捕获过程形成的原子核位于稳定谷的附近。

当中子通量远大于渐进巨星的中子通量时，比如在某些具有强磁场的超新星中或者吸积中子星双星系统内，中子捕获过程的速度快得多（r-过程）。巨大的中子通量（每立方厘米的中子数量达到 10^{25} 至 10^{27} 个）引发了一连串速度极快的中子捕获（每秒 100 至 1000 次），导致 β 衰变常常来不及进行，从而产生了一些中子数很大的原子核，距离稳定谷非常远。和慢速中子捕获一样，快速中子捕获最终也将使中子层完全填满，捕获速度突然降低，产生新的丰度峰值。该峰值对应的元素轻于慢速中子捕获产生的放射性原子核衰变后形成的丰度峰值对应的元素。因此，快速中子捕获产生的最重的原子核是铂（原子序数为 78）的原子核。如果核子的数量超过最后一个幻数，即核子超出最后一个壳层（中子数为 126），那么按照理论，原子核将裂变成质量较轻的两个部分，导致超重元素无法在恒星中生成。

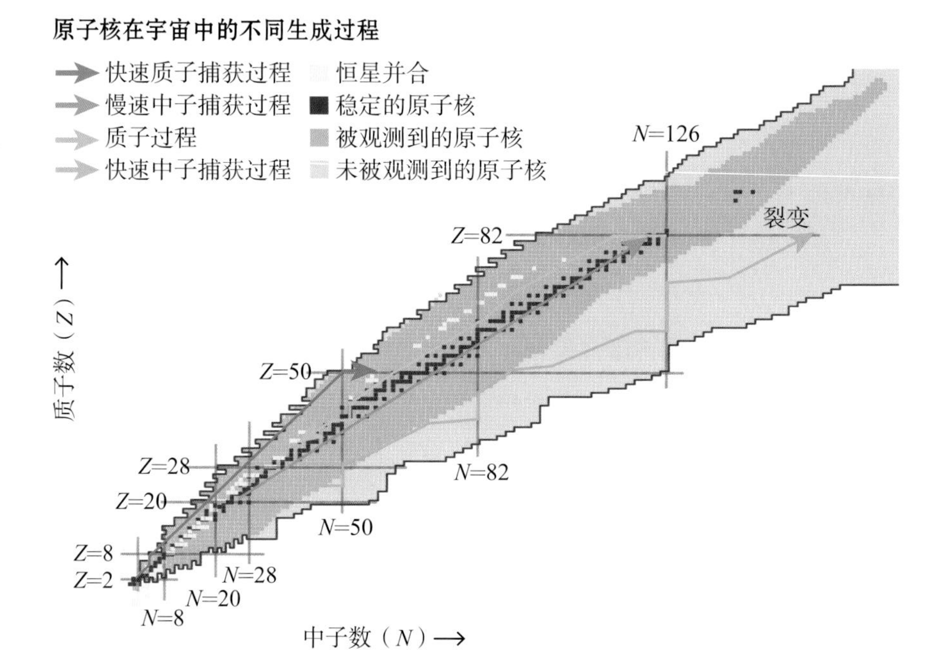

图 3.8　中子捕获产生了大部分已知原子核。图中包含大约 5000 个理论上存在的原子核。其中，275 个原子核属于稳定的原子核或者它们的半衰期长于宇宙年龄。铁（质子数为 26）及铁之前的元素主要通过恒星内部的核聚变产生，而铁之后的元素则通过中子捕获产生。在中子捕获过程中，原子核受到不同强度的中子轰击，体积膨胀，随后通过放射性衰变或者核裂变恢复稳定。在数百万年的时间里，发生在红巨星核部的中等强度中子轰击产生了稳定的原子核，其中质量最大的是铅核。这就是慢速中子捕获过程（s-过程）。至于两颗中子星并合产生的高强度中子轰击，它能在几秒内向原子核输入大量中子，使中子数接近核束缚或者核裂变的临界值。这就是快速中子捕获过程（r-过程）。中子轰击停止后，所有通过此过程产生的原子核都将发生衰变，从而产生稳定的原子核

实验室中的恒星

实验的目的是在重离子加速器中生成在中子捕获过程中占优势的原子核，

从而确定它们的半衰期、中子捕获时间、原子质量和“幻数”特性即壳层结构。一些原子核的生成难度很大或者反应率很低，它们是认识核合成过程需要应对的挑战。30 年来，特别是近 10 年间，运用实验室可以获得的小质量原子核进行的研究取得了出人意料的结果，它们表明在远离稳定谷的地方，即原子核的中子数和质子数相差很大时，核子数量为 8、20、28 的壳层不具有封闭效应。这对 r-过程来说意味着什么？对于那些远离稳定谷且仅在爆炸的恒星核部存在了几毫秒的原子核来说，50、82、126 等幻数能否长期存在？如何用基本力来解释“核幻数”范式的改变？ r-过程引起的丰度峰值不仅存在于太阳系，还存在于银河系晕恒星以及矮星系中，这似乎表明核幻数绝不会完全消失！

火球与光子暴发

19 世纪末以来，地球上的电离辐射引起了人们的兴趣——它从何而来？来自地球还是天空？1910 年，为了获得更多的信息，伍尔夫（Theodor Wulf）神父用了 4 天的时间，在埃菲尔铁塔上安装了数台探测器，发现在海拔 330 米的地方，辐射量仅减少了 13%，远低于地面产生的辐射应呈指数式下降的预测。1911 年 6 月，帕奇尼（Domenico Pacini）在地中海内将一个探测器在距离海岸 500 米的地方逐渐没入水中，直至探测器距离海面 4 米以上，距离海底 8 米。他发现，海面的辐射量保持稳定，水下的辐射量有所减少。因此，辐射并非来自地壳，而水起到了吸收器的作用。

继 1911 年 8 月和 10 月之后，赫斯（Victor Hess）于 1912 年 4 月 7 日又一次开启热气球之旅。那天发生了日食，赫斯从维也纳著名的普拉特游乐场出发。热气球上升至海拔 2100 米，但是仪器在日食期间没有发生任何波动。随后，他又在日间和夜间进行了数次飞行：辐射量保持不变。最后一次飞行发生于 1912 年 8 月 17 日。这一次，他来到捷克上空，海拔 5300 米。结果如何？在高度升至 1000 多米前，电离辐射强度下降，随后大幅升高：宇宙线就此被发现。安德森运用放置在磁场中的威尔逊云室研究这些射线，于 1932 年从中发现了正电子，1937 年发现了 μ 子：1936 年，他和赫斯共同获得了诺贝尔奖。20 世纪 30 年代末，俄歇（Pierre Auger）在瑞士少女峰确认了宇宙线会在大气中引发粒子雨。他由此推测，原初宇宙线携带的能量约为 10^{15} 电子伏特，相当于 LHC 内粒子束能量的 100 倍。

路易·勒普兰斯-兰盖（Louis Leprince-Ringuet）实验室的研究团队在战时所建的“宇宙小屋”如今仍在勃朗峰附近的南针峰中。这些高海拔观察站条件艰苦，在当时却是真正的高能粒子物理实验室。在印度，年轻的物理学家乔杜里（Bibha Chowdhuri）与推动玻色子发现的德本德拉·莫汉·玻色（Debendra Mohan Bose）从在喜马拉雅桑达格普和帕里崇地区拍摄的照片中首次发现了由一个上夸克或下夸克和一个它们的反夸克构成的 π 介子的径迹。1948 年的诺贝尔奖得主布莱克特（Patrick Blackett）率领的团队和佩鲁（Charles Peyrou）与格雷戈里（Bernard Gregory）率领的团队在比利牛斯山的日中峰天文台收集超子的径迹。这是一种比质子重且不稳定的粒子。可见，一个真正的“粒子动物园”正等待人们进行分类，从而了解粒子的内部结构。后来，人们运用各种新建的“粒子加速器”完成了这一工作。

宇宙辐射之谜

最后，20 世纪 60 年代，林斯利（John Linsley）及其同事运用安装在新墨西哥州的探测器发现了能量高达 10^{20} 电子伏特的粒子。人们将能量接近 10^{21} 电子伏特的粒子称为 Z 粒子。1991 年 10 月 15 日，研究人员在美国犹他州探测到“Oh-My-God”（我的天啊）粒子：它很有可能是一个质子，能量高于以往宇宙线携带的能量，达到 3.2×10^{20} 电子伏特，接近一个时速 150 千米的网球具有的能量。人类还没有探测到超过这一能量的粒子。

宇宙线的能谱覆盖 12 个数量级，从吉电子伏特到泽电子伏特（1 泽电子伏特 = 10^{21} 电子伏特）。此外，它的通量也存在差异：在低能状态下，人们每秒可在每平方米内探测到数千个粒子，但是每个世纪只能在每平方千米内发现 1 个 Z 粒子。宇宙线主要由质子（88%）、氦核（α 粒子）以及更重的原子核或电子（大约 1%）构成。反质子、正电子等反物质粒子的数量极少。反氦核的存在意味着反物质星系的存在，但是目前对宇宙线中反氦核的寻找仍一无所获。此外，宇宙线中还有中性粒子，比如光子，当然还有中微子。

图 3.9　艺术家眼中的空气簇射。星空下，皮埃尔·俄歇天文台粒子探测器的上方出现空气簇射

宇宙线与大气分子发生相互作用，产生所谓的次级粒子簇射，能量远低于原始入射粒子的能量。地面探测到的粒子主要是次级粒子，只有在海拔很高的地方、在气球上、借助卫星或者运用 2011 年安装于国际空间站的阿尔法磁谱仪（AMS），才能探测到初级粒子。当然，只有一个例外：由于中微子几乎不发生相互作用，所以我们发现的中微子直接来自它的源头。

在银河系中，能量约为 10^{20} 电子伏特的质子（和更重的离子）沿着强度为 3 微高斯的星际磁场形成的螺旋轨迹移动。作为对比，地球磁场的强度约为 0.5 高斯。轨道发出的拉莫尔射线长达 10 000 光年，远远超过银盘的厚度。按照曲率，如果这些超高能射线来自银河系，那么它们应该来自银盘，而这与观测不

符。因此，超高能宇宙线来自银河系外，而能量较低的射线则来自银河系。

糟糕的是，宇宙线承载的信息难以解读。事实上，在它们前往地球的过程中，地球磁场、星系磁场和银河系外磁场使它们的轨迹发生了偏移并使加速源难以识别。1934 年起，巴德（Walter Baade）和兹威基以超新星爆发为基础，提出了粒子在银河系中加速的一种情况。1949 年，费米（Enrico Fermi）奠定了现代宇宙线加速及传输理论的基础。他将宇宙线视为在星际空间运动的由带电相对论性粒子组成的气体。如今，这些理论都冠以他的名字。此外，为了纪念他，2008 年发射的搭载广域空间望远镜（LAT）的伽马卫星也以他的名字命名。

穿越银河系的伽马射线

为了识别银河宇宙线的发射源，我们可以借助它们的次级信使，比如它们在发射源附近与星际介质原子通过质子-质子相互作用产生的伽马射线。这些伽马射线不带电，呈直线传播，指明了质子和大质量原子核的加速源。

空间观测适用于能量低于 100 吉电子伏特的伽马射线，这是因为它们的大通量使其能被费米伽马射线广域空间望远镜（Fermi-LAT）这样的小体积仪

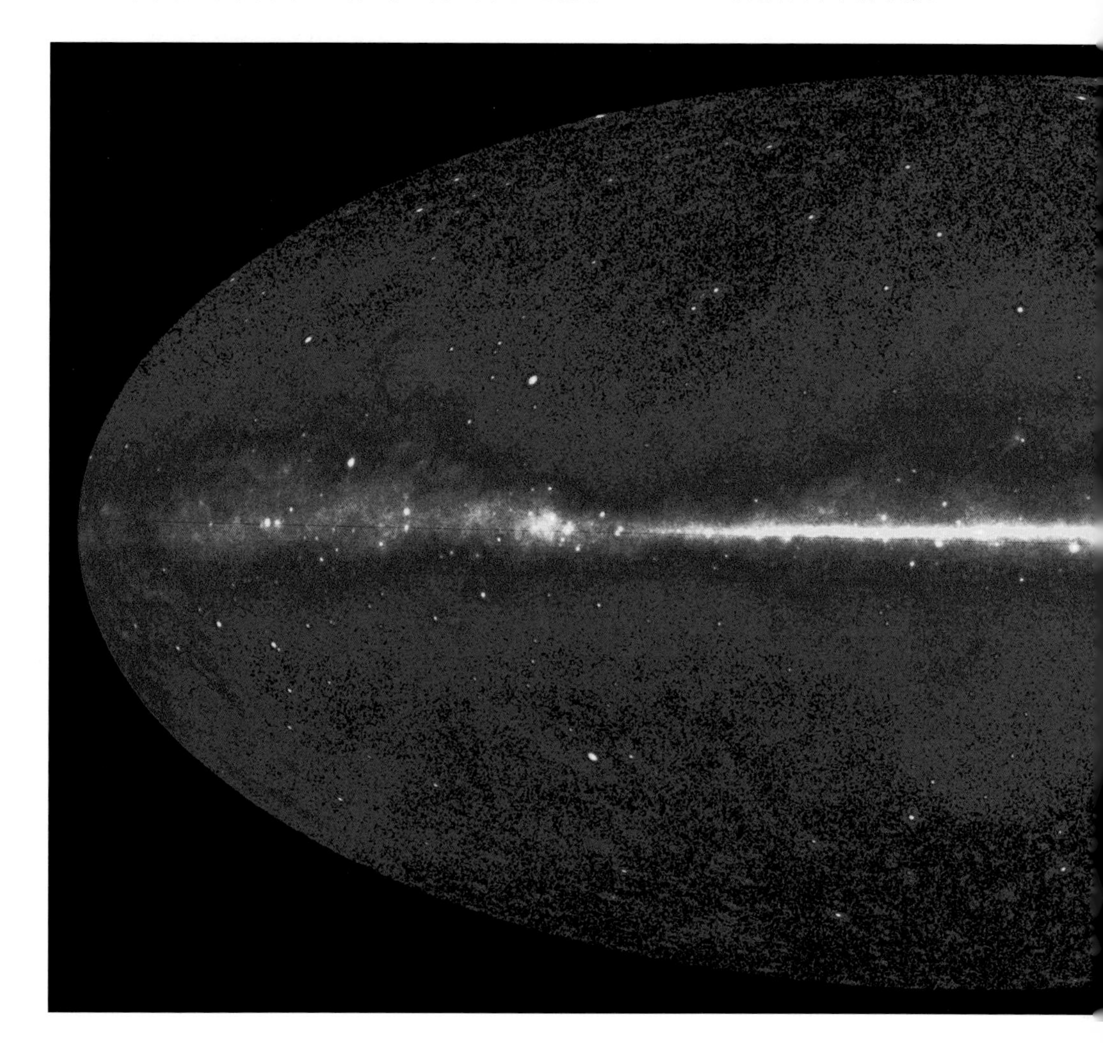

器探测到。这台望远镜好似粒子物理探测器的一个元件，每次能够观测大约20% 的天空：这台 1.3 立方米的仪器可以测量光子的能量和方向。10 年间，这台望远镜共探测到 5000 多个天体物理来源，而它的前任康普顿伽马射线天文台–高能伽马射线实验望远镜（CGRO–EGRET），在 1991 年至 2000 年间只探测到大约 300 个天体物理来源。

相反，能量达到太电子伏特的超高能伽马光子数量非常少，需要大约 1 公顷的探测面积才能收集到足够的伽马光子。因此，必须从地面进行间接探测。1 个伽马光子穿过地球大气，产生速度快于光在大气中传播速度的正负电子簇射，引发“切伦科夫辐射”。这些闪光非常微弱，而且转瞬即逝，肉眼无法看见，需要运用“切伦科夫成像仪”望远镜进行捕捉。第一台此类望远镜是美国的惠普尔（Whipple）望远镜。此后，Thémistocle、Asgat 和 Cat 三台装置相继在位于比利牛斯山的一个前法国电力公司的太阳能发电站内建成，进一步精进了该技

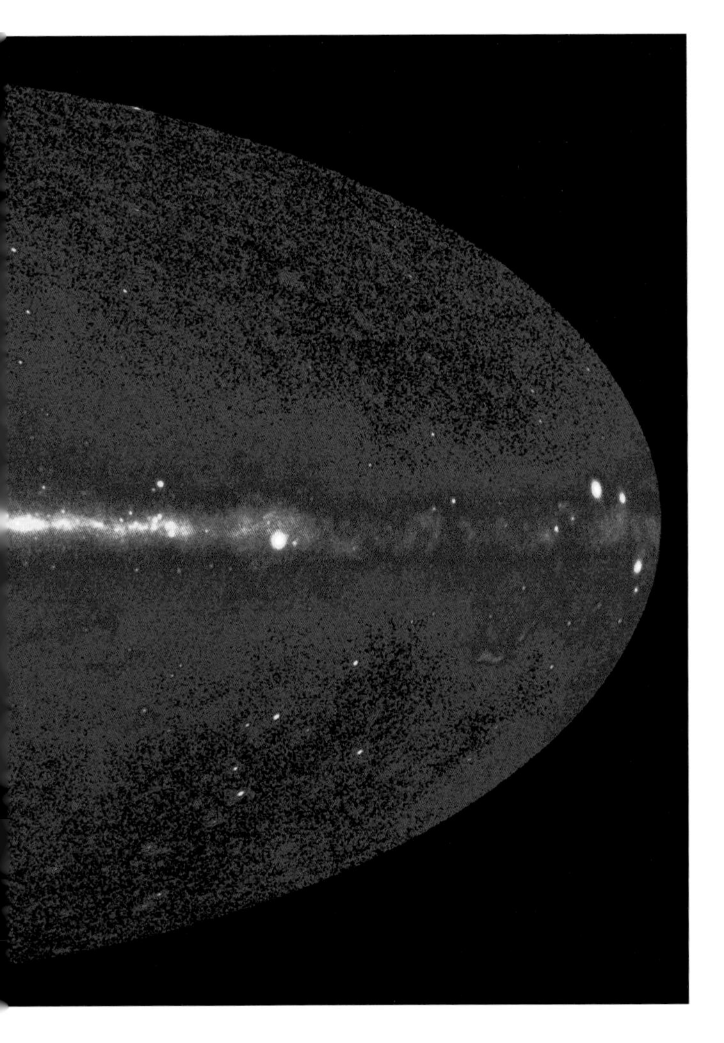

图 3.10 费米伽马射线广域空间望远镜眼中的天空。5 年间，这台望远镜对能量超过 1 吉电子伏特的伽马射线进行了探测

图 3.11 位于纳米比亚的切伦科夫高能立体视野望远镜系统。5 台望远镜组成了高能立体视野望远镜系统，其中最大的一台直径 28 米。该系统能够通过伽马射线产生的电子簇射引发的切伦科夫光探测伽马射线

术。如今，纳米比亚的高能立体视野望远镜系统（H.E.S.S.）、亚利桑那州的超高能辐射成像望远镜阵列系统（VERITAS）和加那利群岛的主要大气层伽马成像切伦科夫天文望远镜（MAGIC）都在捕捉切伦科夫光。这些望远镜组可以确定入射光子的方向。以 H.E.S.S. 为例，4 台直径 12 米的望远镜于 2002 年投入使用，并在 2012 年加入了 1 台直径 28 米的望远镜。这些望远镜彼此相连，同时探测空气簇射的径迹。H.E.S.S.、MAGIC 和 VERITAS 使超高能伽马射线天文学发生了革命性的变化，它们共收集到 200 多个新的天体物理来源，使已知的天体物理来源数量达到原来的 20 倍。

自首批观测起，H.E.S.S. 就开始揭示银河系内加速器的性质。它发现，一些脉冲星云、超新星残骸和 X 射线双星系统将粒子加速到 100 太电子伏特以上。这些粒子大部分是电子，它们与宇宙微波背景辐射中的光子发生相互作用（“逆康普顿散射”），从而发出伽马射线。然而，电子在宇宙辐射中的占比不足 1%，剩下的是原子核。那么，这些原子核在哪里获得了加速呢？

2013 年，Fermi-LAT 观测到两个超新星遗迹，拉开了相关讨论的序幕。一个是位于双子座水母星云的 IC443，另一个是大约 10 000 光年外的 W44。这两个超新星遗迹内的特征印迹证明质子被加速到吉电子伏特。最近，H.E.S.S. 首次探测到可以加速到拍电子伏特（1 拍电子伏特 = 10^{15} 电子伏特）的质子加速器，从而对之前的说法提出了质疑。这就是位于银河系中央的超大质量黑洞人马座 A^*。它好似一个超高能质子加速器：质子在黑洞视界附近获得加速，而这一过程至少持续了 1000 年。然而，仅凭这个来源当前的活动情况，无法解释地球上观测到的宇宙辐射强度。不过，Fermi 望远镜曾经观测到横跨银河系中央的巨型等离子体气泡。如果人马座 A^* 过去比现在活跃，那么它或许能够产生在这些能级上观测到的几乎所有宇宙辐射。于是，关于拍电子伏特能级银河宇宙辐射来源的讨论和争辩就此展开：除了超新星遗迹，还有超大质量黑洞。

黑洞辐射

能量达到艾电子伏特（1 艾电子伏特 = 10^{18} 电子伏特）的银河系外来源宇宙线也是一个复杂的谜团。作为宇宙最强天体，伽马射线暴或许能对这些宇宙线进行加速。这种光子暴发现象发生于巨型恒星坍缩或者双中子星并合（产生黑洞或者一颗中子星）之时，发生于星系碰撞产生大量恒星时的星暴星系内，或者活动星系核内。

活动星系核是目前已知的最强永久性天体，光度接近 1000 个星系的光度之和。1980 年，天文学家林登贝尔（Donald Lynden-Bell）和马丁·里斯（Martin Rees）提出了一个离奇的想法：如果活动星系核的中央存在一个超大质量黑洞呢？由此产生的模型认为，数十亿倍太阳质量的黑洞是这些“类星体”产生的原因。该模型已经得到证实。所谓“类星体”，是指看起来“类似恒星的”天体。黑洞吸积物质，而物质在此过程中发出强烈的辐射。在黑洞周围超强磁场的影响下，一部分物质向外喷出，形成强烈的相对论性等离子体喷流：磁场好似一个准直仪，将物质集中于长长的喷流之中。喷流尾端的波瓣发出强烈的无线电波，因此得名“射电星系”。波瓣的长度可达 100 万光年，超过活动星系直径的 10 倍：半人马座 A 是离我们最近的射电星系，它的波瓣在天空中占据 10°，是月球的 20 倍。

在喷流中得到加速的相对论性电子产生了强烈的射电辐射。那么，质子是否也在喷流中得到了加速？该问题至今悬而未决。可以肯定的是，由于在辐射过程中，电子的速度迅速下降，能够传递的能量极少，所以喷流中一定存在一些负责向波瓣输送能量的质子。然而，目前的观测尚无法证实它们的存在。

事件视界望远镜接收的特殊信号

CTA-102 位于 80 亿光年外的飞马座内。20 世纪 60 年代，人们通过它发出的射电信号发现了它。1965 年 4 月 12 日，苏联科学院院士、天体物理学家卡尔达舍夫（Nikolai Kardashev）基于这些可变信号，宣布发现了“一种Ⅱ型至Ⅲ型地外文明存在的确实证据”，进而轰动全球：飞鸟乐队（The Byrds）甚至为其创作了一首歌！如果这些文明不在太阳系内，那么它们的发展程度至少能让它们控制这个星系。因此，人们有没有接收到一些智慧信号，甚至交流意愿？

由于从 CTA-102 的活跃核部发出的喷流指向地球，所以如今它被识别为“耀变体”，即一种熊熊燃烧的类星体。狭义相对论效应增强了其发出的辐射的能量和强度。至于卡尔达舍夫，他的认真毋庸置疑。在射电天文学领域，他发明的超长基线干涉测量技术使人们得以观测 CTA-102 及其他遥远的射电源。不仅如此，事件视界望远镜（Event Horizon Telescope）还运用这一技术对黑洞进行了观测并拍摄到壮观的图像。

CTA-102 不仅发出射电信号：喷流中的一些粒子发出的辐射能量更高，达到伽马射线的水平，从而“暴露”了自己的存在。在短短几分钟的喷发中，这些粒子偶尔获得加速，光度剧烈变化。如果我们假设这些变化的来源相同，那么观测到的变化时间和最大速度（即光速）将限制发射区域的大小并确定喷流速度的下限。因此，发射区域可能小到只有几个光时，而粒子的运动速度则接近光速。2016 年至 2017 年，人们曾观测到 CTA-102 几次壮观的喷发活动：在数周的时间里，它是天空中最明亮的伽马射线源，就连非专业的天文爱好者都能看见它并对它赞叹不已，而事实上，这束光的发出时间甚至比太阳系的形成时间还要早。

20 世纪 90 年代，CGRO-EGRET 在吉电子伏特能段探测到大约 70 个活动星系核。如今，Fermi-LAT 识别出 3000 多个这样的活动星系核，其中最远的活动星系核的红移达到4.3，也就是说观测到的现象形成于100多亿年前。得益于该望远镜的超大视场和巡天模式，人们几乎能够不间断地跟踪活动星系核的辐射情况。研究人员在太电子伏特能段探测到近80个活动星系核，其中大部分距离我们较近，红移小于1，也就是说射线的发出时间距今不足100亿年。观测的精度越来越高：费米任务原本最多持续10年，但是它先延长至2018年，随后又延长至2020年，而且可能还会延长。

超高能宇宙线

因此，活动星系核就是一台巨型宇宙加速器。人们甚至猜测俄歇天文台探测到的超高能宇宙线正是来自距离地球最近的活动星系核，比如半人马座A。这些射线的能量超过10^{20}电子伏特，非常罕见：位于阿根廷潘帕斯草原的俄歇天文台占地3000平方千米，200个配备测量工具的纯水储罐有规律地间隔放置。10年间，该天文台探测到7条超高能宇宙线，它们再现了超高能宇宙线穿过大气层时产生的大规模次级粒子簇射。和预测不同，这些超高能宇宙线常常由铁原子核构成，而不是简单的质子。然而，它们并非总能带来真正的天文发现，特别是它们与宇宙微波背景辐射的相互作用限制了邻近宇宙的可观测视野：即使一些粒子通过加速获得了更高的能量，但是随着它们与沿途的光子发生相互作用，能量将有所降低。从1.6亿光年外发出的系外辐射，其能量不会超过10^{19}电子伏特：我们无法接收到这些粒子。另一个困难是磁偏转和带电宇宙线的多重相互作用：追溯其源头的线索尚未厘清。

向中微子求助？

如何得知活动星系核能否将宇宙线加速到超高能级？中微子或许能够为我们带来解谜的钥匙。事实上，以强子为例，质子在喷流中得到加速，并与强大的辐射场和稠密的气体云发生相互作用，产生次级 π 介子。随后，这些 π 介子衰变为伽马射线和中微子。为了试图观测这些来自宇宙的中微子，人们开展了 3 个实验，分别是南极附近的“冰立方”探测器（IceCube）、地中海内的立方千米中微子望远镜探测器（KM3NeT）和贝加尔湖内的千兆吨体积探测器（GVD）。这些望远镜基于相同的原理：为 1 立方千米大小的冰体或水体配备仪器，以探测其中的宇宙中微子通过相互作用产生的切伦科夫光。为此，光学探测器被放入玻璃球中，构成光学模块。十多个光学模块搭载在一条线缆上，形成一条仪表线。随后，100 多条这样的线缆被放入冰中或水中，让这些光学模块在 1500 米至 3500 米的深处开展工作。

中微子是一种寿命非常短暂的粒子，它们中的大部分在穿越地球时不会发生相互作用。这是被探测到的少量宇宙中微子的主要优势：由于电荷为 0 而且相互作用微弱，所以中微子或许能够指明它们的来源。尽管人们在 2017 年以前就已经探测到许多高能中微子（能量超过 60 太电子伏特的有 60 个），这证明来自银河系外的中微子流确实存在，但是大部分关于其源头的研究毫无成果：既没有观测到它们聚集在天空中的某一区域，也没有发现它们与已知天体存在联系。

2017 年 9 月 22 日，“冰立方”探测到 1 个能量为 290 太电子伏特的中微子。它的发射源在空间上与耀变体 TXS 0506+056 重合。该耀变体位于猎户座左肩，距离地球超过 50 亿光年。在发现该中微子后的 1 分钟内，“冰立方”自动向全球天文学家发出预警，公布坐标，目的是寻找可能的信号源。Fermi-LAT 望远镜和 MAGIC 望远镜同时对这个发射源进行了观测。通过分析“冰立方”的历史数据，人们发现该望远镜曾在 2014 年至 2015 年观测到来自同一方向但能量更低的中微子。期待已久的宇宙中微子源终于出现。数据建模结果表明，该耀变体只能将粒子加速至 10^{18} 电子伏特。因此，能量最高的宇宙线的源头仍然是个谜。

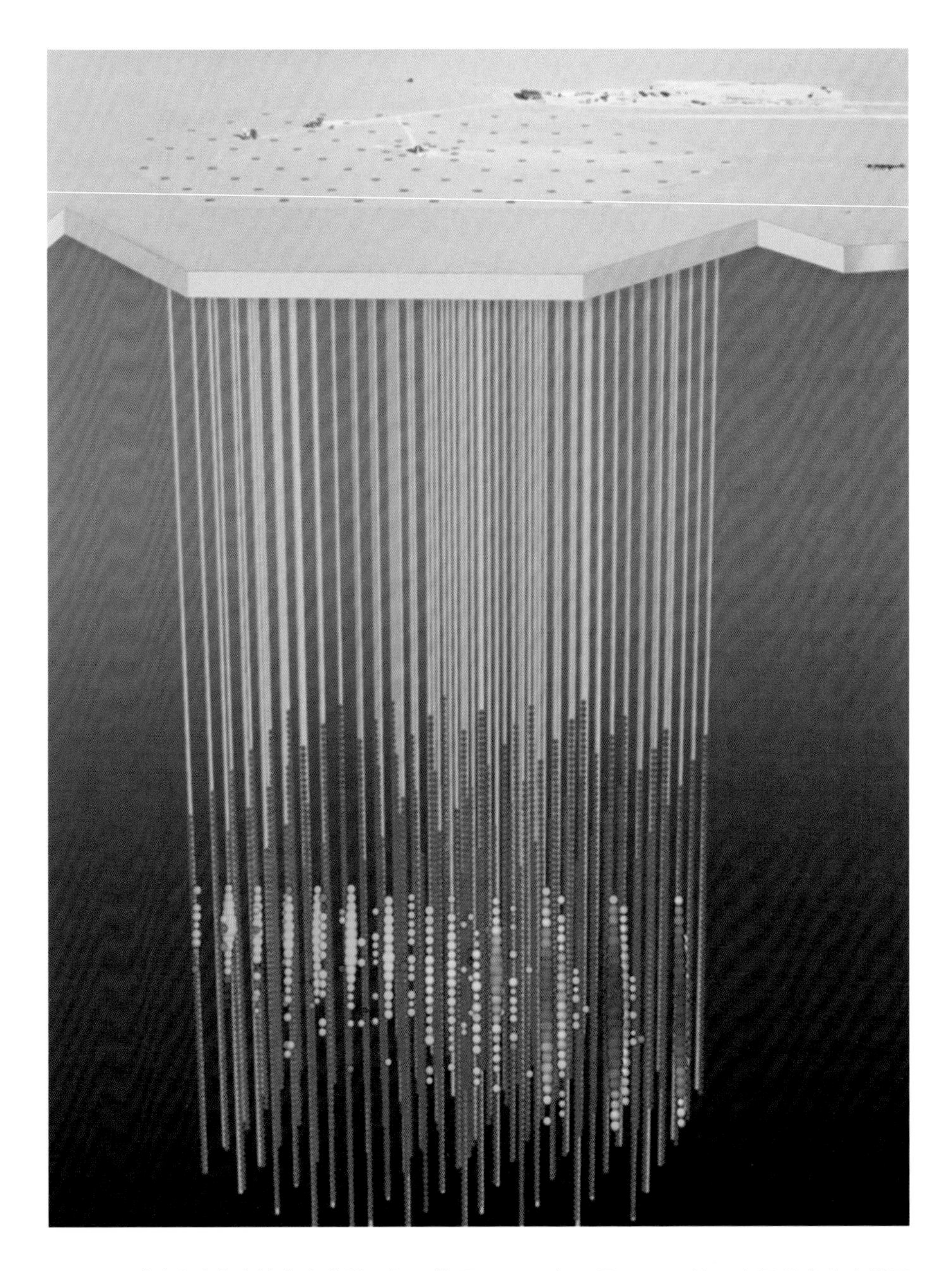

图 3.12 “冰立方”内的宇宙中微子相互作用。2017 年 9 月 22 日，位于南极的宇宙中微子探测器“冰立方”探测到一个由猎户座内某耀变体发出的宇宙中微子。Fermi-LAT 望远镜和 MAGIC 望远镜观测到与该中微子同时发出的伽马光子

另一种背景光

自古以来，所有恒星从形成到湮灭，发出的光构成了一种弥漫性背景光，即河外背景光（EBL）。这种由恒星发出的光保留了恒星和星系的演化痕迹，为宇宙模型提供了一些限制。它是继宇宙微波背景辐射之后第二强的背景光，强度大致为宇宙微波背景辐射强度的 5%。与宇宙微波背景辐射不同的是，河外背景光覆盖 0.1 微米至 1 毫米范围内的所有波长。但是，这种背景光很难直接进行分析：来自太阳系的光干扰了这些信号。

1967 年，古尔德（Robert J. Gould）提出了一种限制河外背景光的方法：观测其对遥远天体发出的超高能伽马射线的吸收情况。2006 年，H.E.S.S. 将该方法投入实践，首批观测结果表明，河外背景光吸收的活动星系核伽马信号少于预期：至少对伽马射线而言，宇宙比想象的更透明。此后，MAGIC、VERITAS 和 Fermi-LAT 等望远镜对更远处的伽马射线源进行了更精确的测量。如今，我们对河外背景光有了更加精确的认知。组成河外背景光的红外线比可见光多得多：可见光子和红外光子的比例为 1∶115。在这些红外光子中，一部分来自星系本身，另一部分来自光子与星系尘埃的相互作用。根据宇宙微波背景辐射，宇宙中光子总数的估算结果为 10^{90} 个。它们构成了存在于宇宙的所有光。

精确测量

对河外背景光的精确认知为基础物理学测试开辟了道路。比如，与新粒子有关的过程可能会影响伽马射线在宇宙学距离上的传播。伽马射线与“轴子”之间的振荡便是其中之一。轴子是暗物质的一种候选粒子，目前人们只能确定它的特征范围。

另一个测试涉及洛伦兹不变性破缺：核实是否无论光子的能量如何，速度都保持不变。一些量子引力理论预测，当光子穿过某种“量子泡沫”时，速度会发生变化。2014 年 6 月，H.E.S.S. 对马卡良 501（Markarian 501）星系爆发的观测表明，当前洛伦兹不变性受到的最强限制之一来自活动星系核。此类星系的核部强烈地向外发射紫外线，这是它们的特征。马卡良 501 是其中最明亮的天体，它的能量超过 100 吉电子伏特。2014 年 6 月 23 日夜间至 6 月 24 日，该星系发射了大量光子。探测结果显示，这些光子的通量变化很大，能量范围为 1—20 太电子伏特。此次测量并未发现光子速度发生了任何变化。

甚高能伽马射线与河外背景光的相互作用在一定程度上导致河外空间中正负电子对的生成。它们在宇宙微波背景辐射上传播，发出能量较低的次级伽马射线。因此，我们或许可以用活动星系核发出的伽马射线来限制星系际磁场的强度。星系际磁场是宇宙形成的残留物，它参与了星系的形成。事实上，在次级伽马射线发射前，该磁场会令正负电子对偏离最初的方向。耀变体 PG 1553+113 是一个双黑洞系统，按照 Fermi-LAT 和 H.E.S.S. 的观测结果，人们推断星系际磁场的强度应当超过 10^{-16} 高斯，但是远弱于星系磁场的强度。

伽马光子的暴发

作为光度极高的爆炸现象。伽马射线暴产生自宇宙中最惨烈的灾难。长暴的持续时间超过 2 秒，意味着一颗质量很大的恒星生命的终结：与超新星相比，这种恒星质量更大，属于极超新星！短暴的持续时间不足 2 秒，见证了中子星并合形成“千新星”：两颗中子星并合产生的重元素发生放射性衰变，形成强烈的辐射。这两种伽马射线暴均能导致质量数倍于太阳质量的黑洞在超相对论性粒子的“烟花”中诞生。

“瞬时辐射”结束后，粒子喷流将与在超新星爆发前喷射出的物质发生相互作用，形成“余晖”，持续数日。余晖的波长较长，覆盖红外、光学和紫外等波段。它的强度将在数周甚至数月的时间里逐渐减弱。在对余晖的观测中，人们发现了核合成的特征：光谱中出现了通过“快速中子捕获过程”合成的重元素发生放射性衰变的特征谱线。在这一过程中，原子核转化为“更重”的不稳定元素，而该过程所需的极高中子密度只存在于超新星爆发阶段。

如今，只有喷流朝向地球方向的伽马射线暴可以被探测。斯威夫特（Swift）天文台、费米-伽马射线暴监视系统（Fermi-GBM）和未来的天基多波段空间变源监视器（SVOM）等专门用来观测这一现象的空间望远镜大约每天能在千电子伏特至兆电子伏特的能级上探测到1次伽马射线暴，而这正是大部分伽马射线暴的发生范围。10年间，Fermi-LAT望远镜探测到近200次能量超过30兆电子伏特的伽马射线暴。可见，我们的宇宙充满了大灾难。

伽马射线暴的极高光度使其适用于超远距离的宇宙观测。那里发生的事件可能对甚高能宇宙线进行了加速。和耀变体一样，这些射线的传播也能用来限制河外背景光的强度。它们的频率介于X射线与伽马射线之间，传播距离极远，能以独特的方式对光速不变性进行检验。

最近，研究人员首次从地面探测到伽马射线暴。它们或处于瞬时辐射阶段（MAGIC探测到的190114C伽马射线暴），或处于余晖阶段（H.E.S.S.探测到的180720B和190829A伽马射线暴）。这些期待已久的探测结果有力地限制了喷流粒子的加速和发射机制模型。甚高能光子的探测使我们能够估算喷流的速度。这些光子的速度应当足够快，使其能够逃离爆炸发生地附近的高辐射区。2017年8月17日，一场短暴再次引起了人们的注意：两颗中子星的并合不仅在NGC 4993星系内产生了短暴，留下了明显的千新星印记，还以引力波的形式被LIGO和Virgo探测到（GW 170817引力波事件）。一个属于“多信使”天体物理学的新时代就此拉开序幕！

探测伽马射线的大型地面望远镜网络切伦科夫望远镜阵列（CTA）、SVOM卫星、大型中微子望远镜的补充线缆、加入KAGRA并进一步优化的LIGO和Virgo、进一步优化的俄歇实验、望远镜阵列项目等已有或在建的仪器或将带来新的观测成果。只有结合多个信使带来的观测结果，才能最终建立一个关于宇宙线的“标准模型”，从而认识这些发生在宇宙中的壮观景象。

勺子中的月亮

2017 年 8 月 18 日，推特上的一条推文泄露了“天机”：“LIGO-Virgo 发现了一个新的引力波源和一个光学对应物。你将对此惊叹不已！”

就在前一日，世界标准时间 12：41：04，LIGO-Virgo 记录了一个引力波信号。1.7 秒后，多台伽马射线望远镜在长蛇座的一个椭圆星系内观测到一场近 2 秒的伽马射线暴。就在这天快要结束的时候，研究人员在天空的同一区域探测到千新星的光信号。数日间，其发出信号的波长范围覆盖射电至 X 射线。70 多台分布在世界各地和太空中的望远镜参与其中，它们得出了一致的结论：这是人类首次观测到两颗中子星并合发出的引力波。从该事件中获得的大量信息加深了人们对这些黑暗天体和极端条件物理学的理解。

至于那条推文，发布者得克萨斯大学奥斯汀分校的惠勒（John Craig Wheeler）删除了它，并为自己没有遵守合作项目的信息披露协议而道歉。

当恒星爆炸时

中子星犹如一只生活在宇宙空间的凤凰，从死亡恒星的灰烬中诞生。那些质量超过太阳质量 8 倍的恒星“无情地”燃烧着自己的核燃料，它们的灰烬主要由铁原子构成。这种原子不参与热核聚变，而是堆积成恒星核。

当恒星核的质量达到太阳质量的 1.4 倍左右时，引力施加的压力足以令原子中的电子在原子核上坍缩。电子是自旋为 1/2 的粒子，根据泡利原理，它们不能处于相同的量子态：因此，它们在原子中占据不同的轨道，赋予原子体积，形成“简并压力”。当引力大于这种量子力时，电子与原子核中的质子发生相互作用，产生中子和中微子。1/10 纳米（10^{-10} 米）大小的原子变成了一堆飞米（10^{-15} 米）大小的中子，这一过程在刹那间迅速增强。于是，恒星核脱离外层，恒星的残余部分和它的行星系统将永远消失在难以捉摸的黑洞深处。

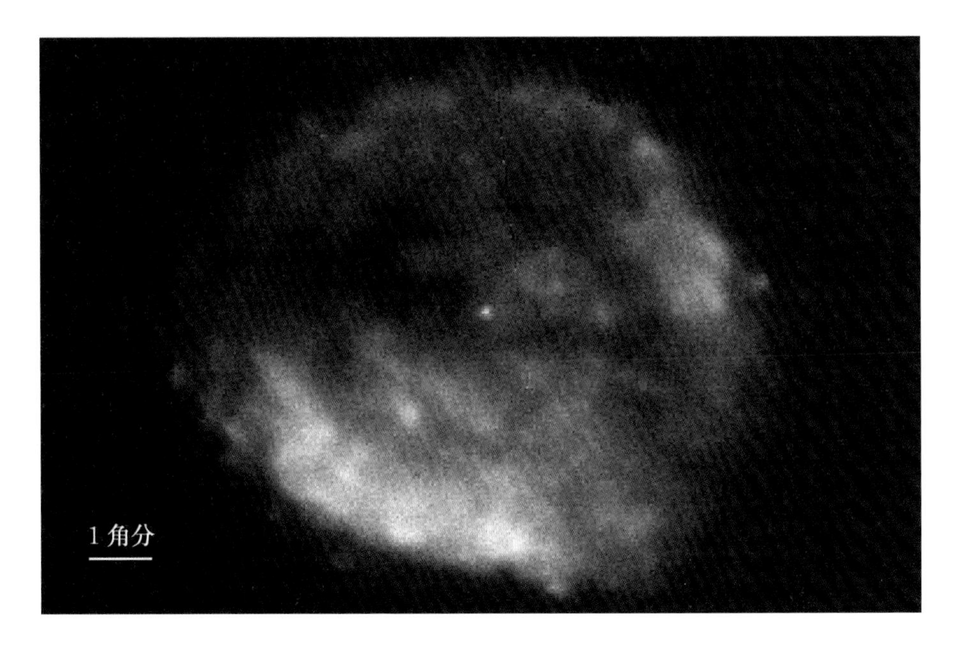

图 3.13　2000 年前恒星爆炸留下的残骸（RCW103 超新星遗迹）。2005 年，欧洲空间局的 X 射线多镜面任务-牛顿卫星（XMM_Newton）拍下了这张照片。中间的蓝点可能是一颗直径仅为 20 千米的中子星

但是，对于质量不到太阳质量 15 至 20 倍的恒星来说，根据一种尚未完全查明的动力机制，在自由落体时，原子核之间的强相互作用足以扭转坍缩的方向，使物质回弹。该过程产生的冲击波强烈地对抗着坍缩累积的引力能。发生热核聚变的恒星外层无法承受这种能量，因此发生爆炸。一些物质散落在宇宙中，这些尘埃将参与构建新的恒星和行星系统。

恒星爆炸非常剧烈，光度相当于 1000 亿颗恒星光度的总和，也就是一整个星系的光度。参宿四是猎户座最耀眼的恒星，距离地球大约 650 光年。当

它经过爆炸成为超新星时，一连几日，即使在白天也能看到这一事件。当然，这是爆炸发生650年后的事情了！

携带信息的中微子

1987年2月24日，世界标准时间7：35，日本神冈探测器2号（Kamiokande Ⅱ）在13秒内探测到12个反中微子，美国尔湾–密歇根–布鲁克黑文（IMB）探测器探测到8个反中微子，苏联巴克桑（Baksan）探测器探测到5个反中微子。几个小时后，研究人员在距离地球仅16.8万光年的大麦哲伦云中探测到SN1987A超新星。这是人类第一次运用现代天文仪器观测到近地超新星。

神冈探测器观测到的12个中微子分属两次暴发：第一次暴发持续2秒，观测到9个中微子；9秒后发生了第二次暴发，持续3秒，观测到3个中微子。虽然一共只观测到25个中微子，但是根据估算，产生的中微子总计10^{58}个。这些观测结果证实了理论模型的预测：坍缩过程积累的引力能大约为10^{46}焦耳，其中99%以中微子的形式释放，剩下的1%以闪电的形式释放。

如今，深层地下中微子实验（Dune）、顶级神冈探测器、1千吨氦与铅观测站（Halo1kT）等大型国际项目正坚定地期盼着新的探测成果：按照理论家的估算，此类事件平均每50年就会在我们的星系中发生一次。当然，随着仪器的灵敏度越来越高，能够探测的区域越来越远，获得发现的可能性越来越大。

理论上说，能否从中微子信号中提取出与超新星的性质或属性有关的基本信息，这完全取决于能否可靠且精确地建立一个关于中微子与致密物质之间相互作用的模型，而且这些物质常常是非均质的。特别是，产生初始中微子的基本过程，即原子核对电子的捕捉，也发挥了作用，这使其成为众多通过研究无穷小的物理学（核反应）和研究无穷大的物理学（大尺度流体力学）将两个无穷联系起来的途径之一。

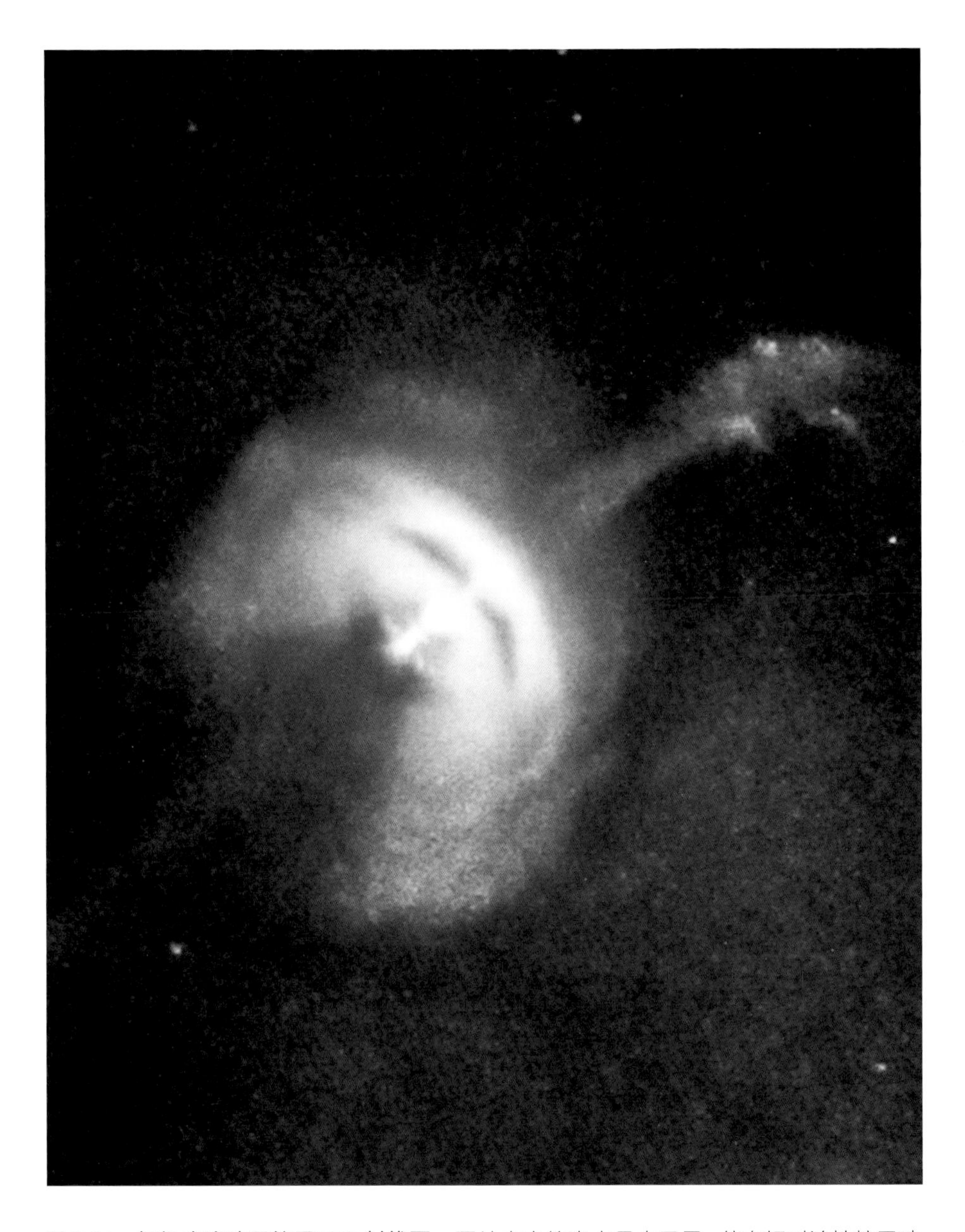

图 3.14 船帆座脉冲星的星云 X 射线图。图片中央的光点是中子星，伴有相对论性粒子喷流。受冲击波影响，该星云的纵向长度约为 1 光年（或 10^{13} 千米）

参与恒星生成的粒子

巨响过后，超新星爆发留下了什么？一是超新星遗迹，它们形成的壮观星云将在数千年后消逝在星际空间之中；二是中子星，这种小型致密暗星体的质量是太阳质量的 1 至 2.5 倍，但是直径仅为十多千米，也就是说舀 4 小勺中子星放入茶杯，相当于倒入一个完整的月亮。

1932 年，查德威克（James Chadwick）发现了中子。据说，就在当晚，朗道（Lev Landau）提出了存在主要由中子构成的高密度恒星的设想。然而，巴德和兹威基在 1934 年才引入“超新星”的概念，并假设超新星是向中子星过渡的中间状态。当时，该假设主要是一种设想，因为这些中子的来源仍然还是个谜：事实上，宇宙主要由氢元素构成，而中子是一种不稳定的粒子，它在几分钟后就会转化为质子。

发出射电波的“小绿人”

乔瑟琳·贝尔（Jocelyn Bell）的出现改变了一切。这名剑桥大学的博士生师从类星体研究者休伊什（Antony Hewish）。1967 年 11 月，贝尔在记录中发现了一些周期性的射电信号。这些信号间隔 1.33 秒，非常有规律，但是人们从未在发出这些信号的太空区域观测到任何光源。她的导师几乎不相信这一发现，而且观测受到了很强的干扰，因此该天体被命名为 LGM-1 号（小绿人）。该发现激起了大众的好奇心。贝尔曾表示，媒体向她的导师请教物理问题，却只问她交过几个男朋友。1974 年，休伊什和赖尔（Martin Ryle）凭借这一发现获得了诺贝尔奖。

在脉冲星被发现后，天文学家霍伊尔和戈尔德（Thomas Gold）对这些射电波的潜在发射机制进行了说明：由于极强磁场的存在，快速旋转的中子星向外发出射电波。不过，该磁场的两极和中子星的旋转轴不在一条直线上。作为宇宙最强磁场，它使恒星的辐射沿自转轴附近的磁场线传播。于是，脉冲星看起来像一座灯塔。通过测量脉冲周期，可以得知恒星的旋转周期。

目前，人们发现了 3300 多颗脉冲星，其中转速最快的脉冲星的信号发射周期为 1.56 微秒。这些恒星在赤道处的转速为光速的 1/4，这可以用角动量守恒来解释：所有恒星都在旋转，当它的体积缩小为原来的 10 万分之一时，转速将提高至原来的 10 万倍。同理，一位滑冰者在旋转时会让手臂靠近身体，使转速更快。此外，旋转产生的巨大离心力并未将脉冲星撕裂，这证实了脉冲星的密度应当比原子核的密度更大。

随着时间的推移，脉冲星的脉冲频率越来越低，原因在于射电波带走了能量。通过转速的下降，可以估算被辐射带走的能量大小，进而估算脉冲星表面的磁场强度。和角动量一样，磁通量也是守恒的。由于脉冲星的大小改变，磁场强度也会发生变化。一颗磁场强度为 100 高斯的恒星会变成一颗磁场强度为 10^{12} 高斯的中子星。一些中子星的磁场强度甚至能够达到 10^{15} 高斯，我们称之为“磁陀星”（Magnetar）。1000 万至 1 亿年后，脉冲星的转速非常慢，不再发出射电信号。纵观 130 亿年的宇宙发展史，99% 的脉冲星已经死亡。

脉冲星、磁陀星、X 射线联星、软伽马射线复现源……尽管天文学家按照辐射的特征对它们进行了分类，但是它们都是中子星，只是所处的生命阶段和环境不同。

虽然还有许多有待查明的问题，不过研究人员认为，磁陀星是爆炸成超新星前高速旋转且拥有强大磁场的恒星，而软伽马射线复现源则是拥有较强磁场的年轻中子星。至于 X 射线联星，其中的一颗“普通”恒星围绕一颗中子星做轨道运动，同时物质被后者吸积。

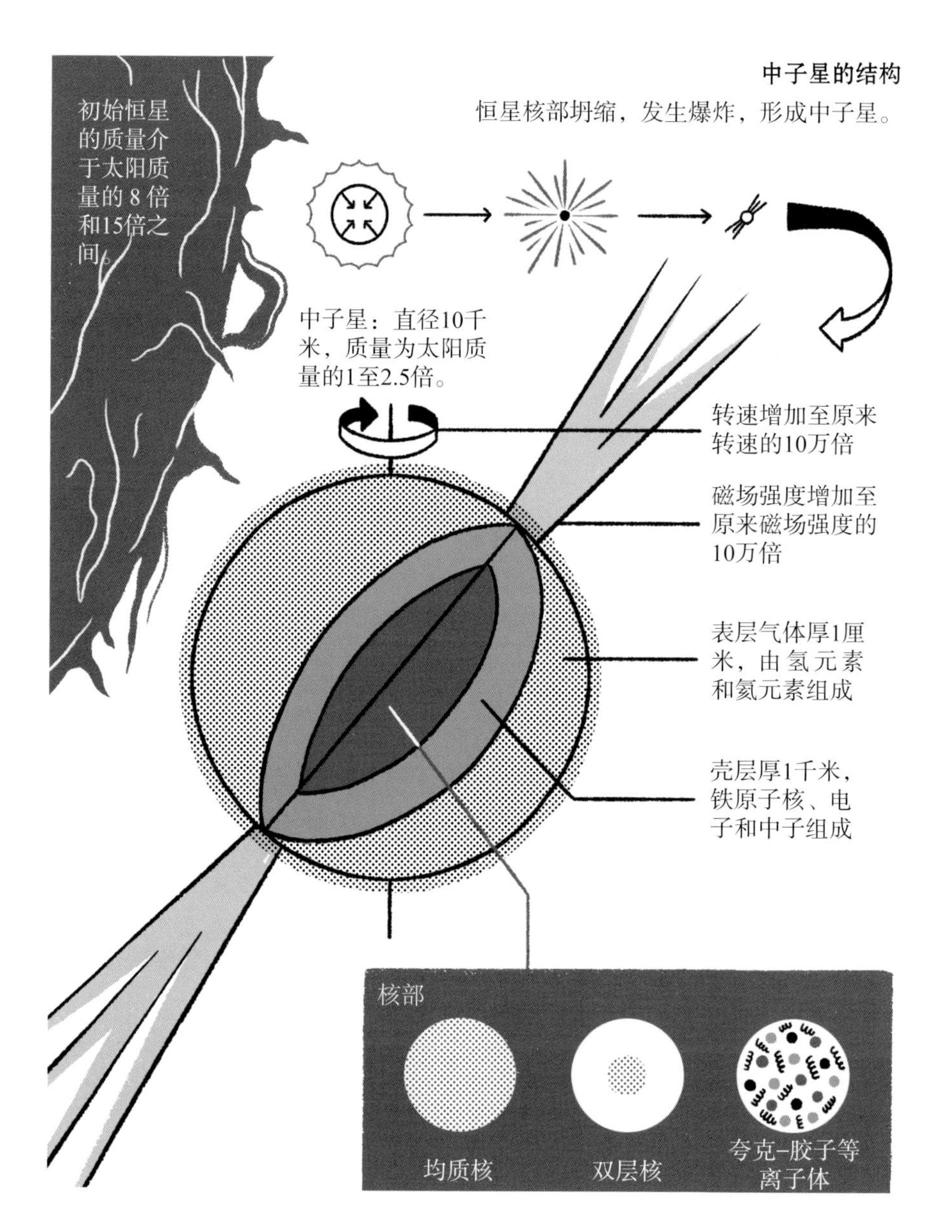

图 3.15　关于中子星的已知信息。中子星由质量介于太阳质量 8 倍和 15 倍之间的恒星坍缩而成。它们的直径为十多千米，最终质量是太阳质量的 1 至 2.5 倍，密度相当于将月亮压缩至 1 或 2 立方厘米大小的物体。恒星的剧烈坍缩使旋转速度提升至原来旋转速度的 10 万倍，磁场强度也提升至原来磁场强度的 10 万倍。在 1 厘米厚的表层气体之下，铁原子核组成的壳层包裹着核部，而核部的构成仍处于假设阶段

在奇特的恒星核部

按照目前已知的信息，中子星至少包含 3 层。第一层是气态大气，厚度至多数厘米，主要由氢元素和氦元素构成，漂浮在约 1 千米厚的固态“壳层”之上。外壳（几乎）由普通物质构成：铁原子核和镍原子核按照晶体结构排列，形成固态等离子体，电子在其中穿行。当深度超过 100 多米后，结构变得较为奇特。在一连串元素层上，中子的数量越来越多。若在地球，由于没有中子星的高密度环境，这些元素或许很快就会衰变。接着是核部，它的结构引发了激烈的讨论：一种受强相互作用支配的量子等离子体，与核反应相比，它的质子、电子、中子处于平衡状态？一种处于超流体状态的夸克-胶子等离子体？还是一些未知的粒子？

物态方程为中子星模型的构建提供了框架。该方程将密度、压力、温度等平衡参数联系起来。它的不同形式对应了关于中子星核部物质性质的不同假说。因此，可以估算物态方程的核物理模型将直面观测结果的检验。

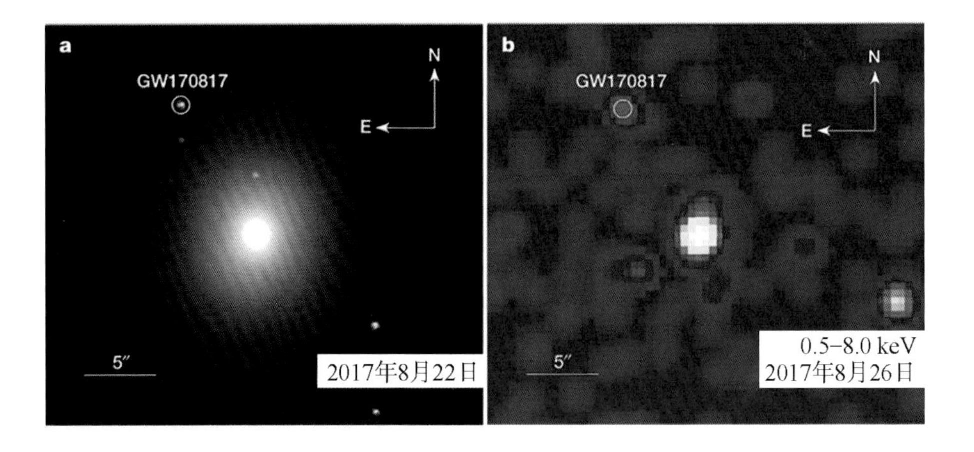

图 3.16 观测千新星。2017 年 8 月 18 日，全球 70 多家天文台通过探测两颗中子星并合时发出的引力波，观测到这颗千新星。左图为哈勃望远镜在可见光波段观测到的千新星。右图为并合发生数日后，钱德拉卫星在 X 射线波段观测到的千新星

例如，许多中子星处于双星系统内，它们的伴星要么同样是中子星，要么是可以运用标准天文学方法跟踪其轨道运动的“普通”恒星。依据开普勒定律阐释伴星的运动轨迹，并用广义相对论加以修正，就可以估算出中子星的质量，精确度可达几个百分点。然而，平衡原理指出，针对给定的射线，天体的质量只由其组成部分施加的内部压力决定。由这些观测结果可知：奇异粒子（K 介子、超子）在中子星核部的贡献必须在 10% 以上。

引力波带来的信息

2017 年 8 月，通过观测中子星并合时产生的引力波和相关电磁信号，研究人员获得了大量的测量数据。

大量地面望远镜在可见光波段进行观测，证实了千新星设想。因此，我们可以确信，在中子星并合的过程中，合成了比铁更重的元素。核部的中子迅速被构成固体外壳的铁原子核捕获（快速中子捕获过程）。并合产生的极高密度和温度使这些捕获能够产生，同样的过程也存在于超新星事件中。

至于引力波信号，它在并合发生前最后几秒的形态表明两个相距极近的大质量天体因为潮汐效应发生了变形，其程度取决于恒星物质的压缩性，这为恒星的组成部分提供了有价值的线索。挑战主要在于恒星核部的夸克和胶子可能解除了禁闭，形成夸克–胶子等离子体。此类等离子体曾存在于宇宙诞生之初，可以在 LHC 的大型离子对撞机实验中生成。但是，夸克和胶子之所以在中子星内部向等离子体转变，或许并非因为温度达到了粒子在 LHC 内撞击产生的极高温度，而是因为密度超高。因此，中子星核部等离子体的属性或许与在 LHC 中研究的等离子体的属性很不一样。

对千新星信号的早期分析结果表明，撞击前，每颗中子星的质量大约为太阳质量的 1.4 倍，半径为 11 至 15 千米。与质量相比，两颗中子星的估算半径相对较小，可用于推断恒星核部的密度，进而得出夸克和胶子解除封闭的可能性。在不远的将来，人们有望获得更多的观测结果，可能会得出与中子星核部成分有关的确切结论。一旦该问题得以阐明，我们将能借助对物态方程的准确剖析，讨论一些更加基础的问题，比如各种替代引力理论的可行性等。

在这个关于超致密物质的庞大研究项目中，两个无穷长期共存，互为补充。在“无穷小”方面，法国卡昂大型重离子加速器（GANIL）、德国达姆施塔特反质子和离子研究装置（FAIR）、俄罗斯杜布纳重离子超导同步加速器（NICA）进行的重离子撞击实验将接近中子星并合后的密度和温度。此外，还有一些关于核物质的实验室实验，比如对铅原子核电荷半径的测量、原子核的集体运动以及可靠性不断提升的关于原子核的从头计算法等。这些实验形成的模型越来越精确，它们将直面宏观世界的大量观测结果：LIGO-Virgo-KAGRA 通过新的观测活动获得的与并合事件有关的更多观测数据，中子星内部成分探测器（NICER）对 X 射线的组合分析结果以及爱因斯坦望远镜对因并合而严重变形的超大质量中子星发出的引力波的观测结果等。

拉尼亚凯亚，我们的家

“宇宙结构学”是一门关于宇宙地图绘制的古老学科，与天空的呈现紧密相关。它试图回答一个简单的问题：我们位于宇宙的什么位置？我们所处的行星系统和它的恒星即太阳位于猎户座旋臂内。猎户座旋臂是银河系这个庞大的螺旋星系的旋臂之一，距离银心3万光年。但是，从更大的尺度上看，我们属于何种宇宙结构？

该学科不仅对我们在宇宙中的位置感兴趣，也对我们在宇宙中的移动非常关注。地球以30千米/秒的速度沿太阳周围的轨道运动，而太阳则以220千米/秒的速度加入猎户座旋臂的轨道运动之中。那么，我们所处的银河系本身怎样运动？是什么导致了这些运动？

河外宇宙结构

星系并非均匀地分布在宇宙中，而是构成了一些集合：星系群只包含几个星系，星系团则包含数千个星系。星系团组合成超星系团，而超星系团是宇宙中已知的最大结构。物质的形成始于密度场内微小的原始波动。密度场的结构被称为“宇宙网”，绳结处是星系团等致密天体。丝状物将这些“绳结”连在一起，其间是片片真空。

为这个网状结构绘制地图的工作看似简单，只需根据星系发出的光确定质量，并运用哈勃定律根据红移确定距离即可。然而，困难重重：星系发出的光只照亮了很小一部分物质，因此，绝大部分物质是“暗物质”，我们对其性质一无所知。此外，谱线在光谱上的移动会因为星系在星系团中沿轨道运动的

图 3.17　艺术家眼中的银河与麦哲伦云

动力机制等因素发生畸变。不仅如此，还有一个观测上的难题：我们位于螺旋星系的主平面，而星系中的数千亿颗恒星和大面积致密尘埃云遮盖了大部分河外空间。

那么，如何得知我们处于哪种结构之中？星系群、星系团、超星系团、绳结、丝状物，还是宇宙网间的真空？宇宙结构学的一个新分支基于对星系速度的研究，使该学科发生了革命性的变化。该分支从人类想要了解银河系运动速度的愿望中诞生并发展，使我们得以用一种新的视角看待我们在宇宙中的位置。

宇宙流

在动力方面，星系受到两个截然相反的现象的影响。根据哈勃定律，宇宙膨胀赋予星系退行速度，这种速度从宇宙大爆炸保留至今。与之相反的是引力，即一种基本的吸引力。每个星系都处于周围所有天体产生的合力的影响之下。如果能够测量星系的距离和总速度，就能推断它的“本动速度”，从而获得与正在发生作用的引力和现有结构有关的信息。这些结构可能被隐藏起来，比如位于银河系的暗区。在那里，银河系厚厚的尘埃云阻碍我们观察其背后和附近可能发生的事情。通过分析所有物质的本动速度，我们能够绘制宇宙流的分布图。所谓“宇宙流”，是指物质从低密度区流向高密度区。

星系的距离及其本动速度可以通过不同方法进行估算：方法有 6 种，一个星系最多用 3 种。2008 年发布的首个星系目录包含 1300 万光年内的近 1800 个星系；2022 年发布的目录则覆盖整个天空，包含 10 亿光年内的 55 000 个星系。

三维展示技术可以使速度场及其衍生（比如密度场）可视化，人们可以用该技术研究宇宙流的分布。速度场常常用一组流线来表示，它们要么交于一点，即引力源，要么离开某个确定的速度场。至于密度场的可视化，最好的方法是等值面重建。它标明了不同场值的位置。场与场之间可以进行比较，它们也可以与外部信息源进行对比，比如星系目录，它提供了基于光谱线偏移情况估算的星系距离。

本区域宇宙

我们所处的银河系是一个螺旋星系。一群作为其卫星星系的矮星系沿不同轨道绕银河系运转，比如16万光年外的麦哲伦云。在我们附近的宇宙地图上，拥有与银河系相似特征的仙女星系占据着“主角”的位置。这两个相隔250万光年的星系构成了一个密切联系的整体，二者之间的吸引力超过了宇宙膨胀的影响。它们和它们的矮星系群一起组成了“本星系群”，至少这两个巨大的主星系将在数十亿年后并合成一个庞大的椭圆星系。我们所处的本星系群和周围的星系群，比如M81星系群、1400万光年外的半人马座A星系群，共同组成了一个被称为“本星系墙”的扁平结构。在更大的尺度上，本星系墙继续延伸，囊括12个大型星系，被人们比喻为“巨星理事会”。

这片狭窄的宇宙区域之所以被压扁和拉长，是因为它受到两种强大的本地作用的影响：“本地空洞”的斥力和室女星系团的引力。本地空洞是一个巨大的宇宙空洞，它的密度低于宇宙的平均密度。由于宇宙流的方向是从低密度区指向高密度区，所以物质从空洞流出。作为本地空洞的边界，本星系墙位于该区域的边缘。在本地空洞的排斥下，本星系墙获得了259千米/秒的速度。至于室女星系团的引力，它为本星系群贡献了185千米/秒的速度，远低于其1200千米/秒的退行速度。长期以来，室女星系团被视为银河系所属的“本超星系团”或“室女超星系团”的核心，但必须指出的是，银河系不会撞上该星系团：在这一尺度上，宇宙膨胀的影响更大。

在距离银河系更远的地方，还有一些新的结构。在1.55亿光年外，半人马星系团和其他多个星系团构成了一个被称为“巨引力源”的区域。它是银河系及其邻近星系速度的主要来源。

拉尼亚凯亚超星系团，我们的家

1958年，天文学家沃库勒尔（Gérard de Vaucouleurs）首次提出了超星系团的概念：一个超星系团由多个相邻的星系团构成。在超过50年的时间里，人们对这个模糊的概念知之甚少。仅含有一个星系团（室女星系团）的本超星系团和6.5亿光年外包含28个星系团的庞然大物沙普利聚合体都被视为超星系团。超星系团的大小差别很大。沃库勒尔所指的本超星系团的直径为4000万光年，而后来发现的包含武仙超星系团和后发超星系团的星系巨墙则横跨约5亿光年。总之，一些超星系团包含其他超星系团，一些超星系团构成宇宙网的节点，比如长蛇-半人马超星系团，还有一些超星系团构成宇宙网的“丝线”，比如孔雀-印第安超星系团、英仙-双鱼超星系团等。

2014年，得益于一张本动速度的测量结果图，超星系团的概念终于清晰起来。该图表明，存在一个复杂的结构，其中的宇宙流汇聚于一个引力源。于是，一条天然的界线就此形成：在界线内，宇宙流向巨引力源附近集中；在界线外，宇宙流向其他引力源集中，而这些引力源与后发超星系团、英仙-双鱼超星系团、沙普利超星系团等已知结构有关。人们将存在宇宙流汇集现象的三维空间称为“吸引域”。物理过程很好地体现了这个概念的特征，而这次的发现促使人们用这一概念对超星系团进行了定义。

为了向波利尼西亚的航海家和天文学家借助星星和洋流进行导航的传统致敬，我们所在的超星系团被命名为拉尼亚凯亚（Laniakea）。它由两个夏威夷语单词构成，分别是Lani（意为天空）和Akea（意为广袤）。从宇宙地图上看，一条明显的界线穿过拉尼亚凯亚周围的空洞，将我们与附近的沙普利超星系团、英仙-双鱼超星系团等“大陆”分隔开来，犹如一条将不同流域隔开的分水岭。

在常见的宇宙地图上，拉尼亚凯亚超星系团内的星系排布延续了宇宙网的结构，条条“丝线”汇聚于一个“节点”。该“节点”位于半人马星系团内，被称为巨引力源。在这些“丝线”中，有一条名为孔雀-印第安超星系团。人

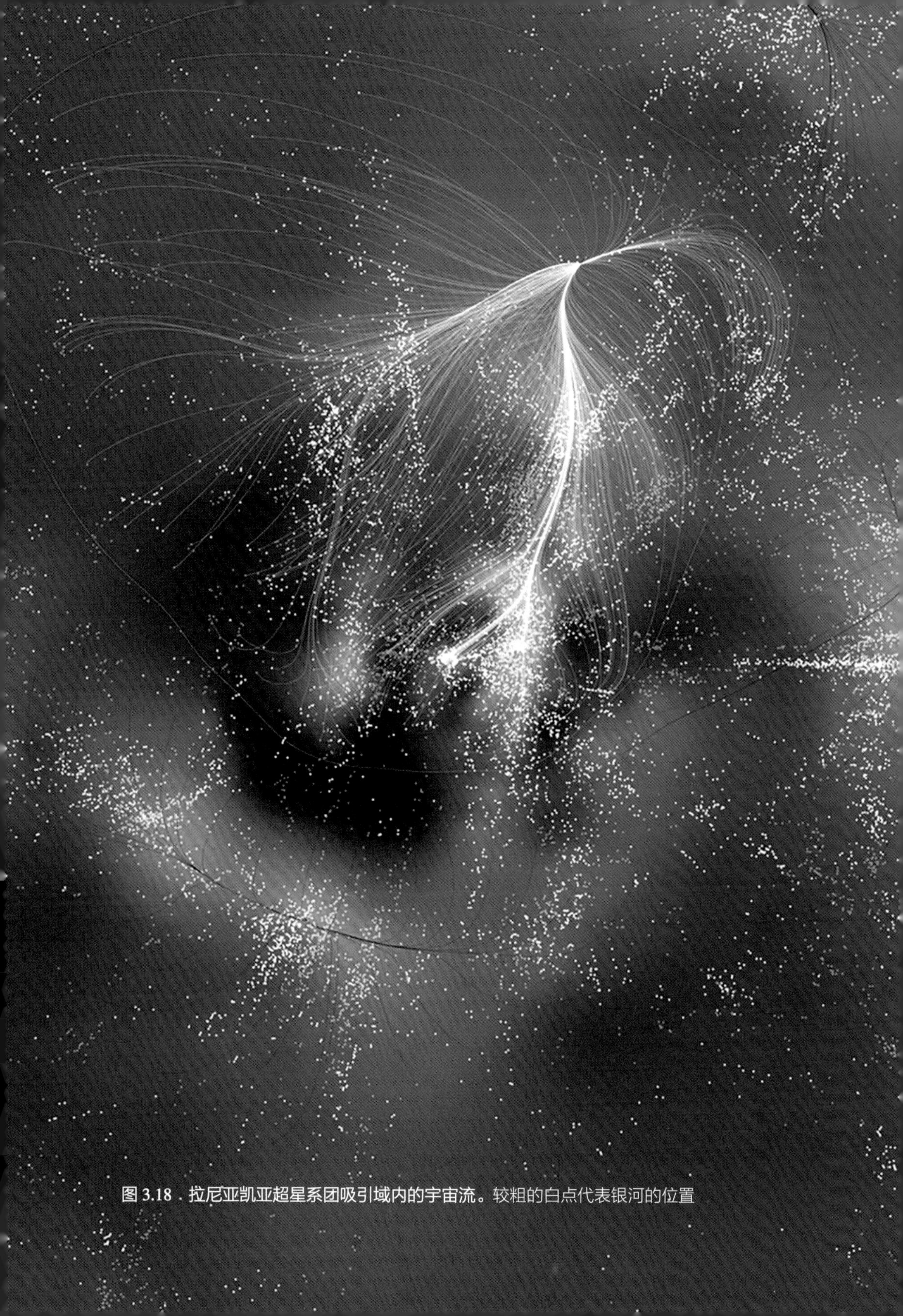

图 3.18．拉尼亚凯亚超星系团吸引域内的宇宙流。较粗的白点代表银河的位置

们曾经认为它是一个独立的超星系团，但事实上，它只是拉尼亚凯亚超星系团的一个边缘结构，宇宙流沿着它向巨引力源移动。此外，宇宙流地图还表明，暗区问题已经得到解决：我们可以绘制这个不可观测区域的地图，尤其是孔雀-印第安超星系团的完整图像。这条“丝线”穿越暗区，到达巨引力源。拉尼亚凯亚超星系团的特征直径为5亿光年，总质量（含暗物质）估计达到太阳质量的 10^{17} 倍。我们所处的银河系位于这一超星系团的边缘，靠近拉尼亚凯亚超星系团与相邻的英仙-双鱼超星系团的分界线。

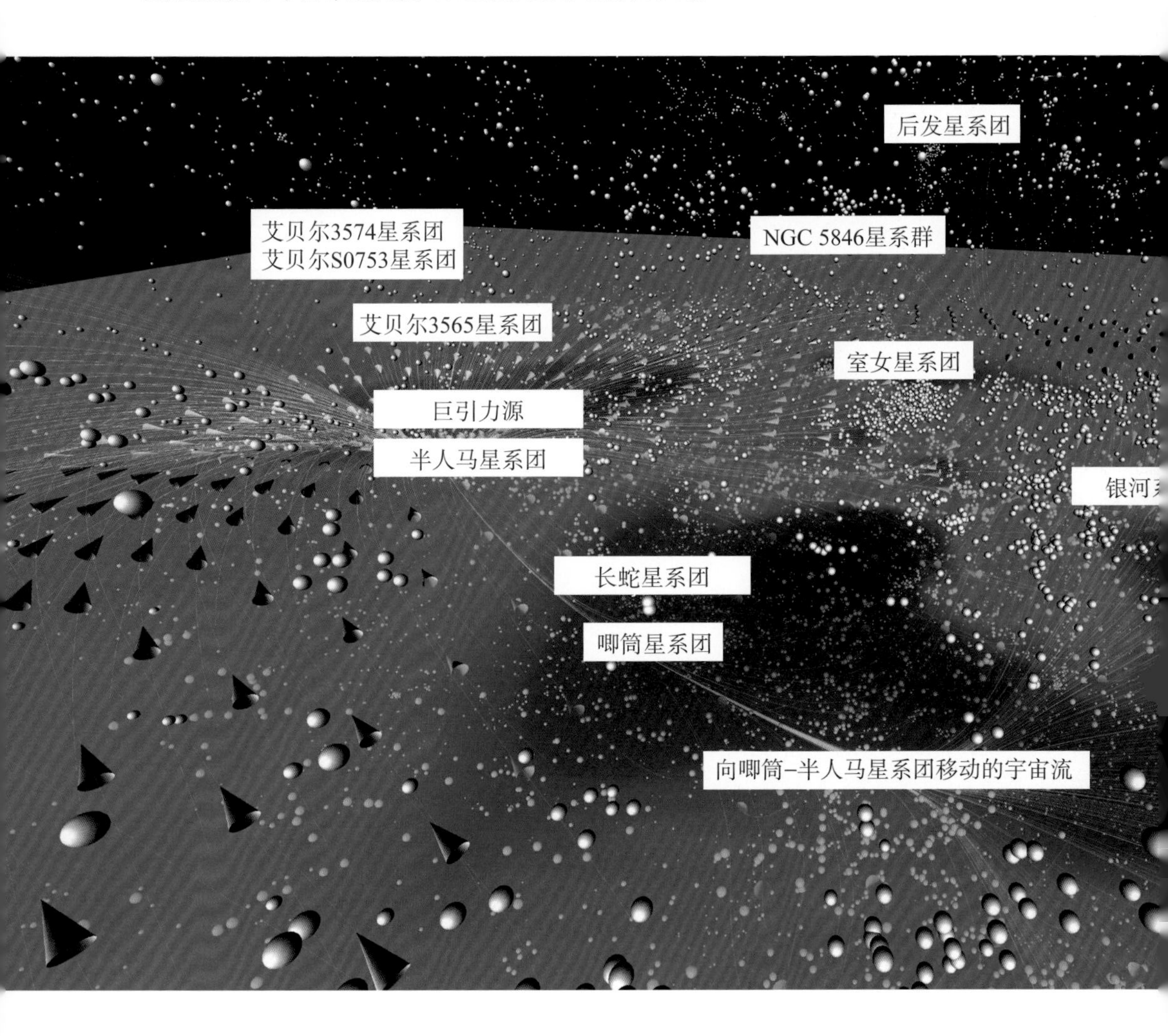

宇宙地图

随着拉尼亚凯亚超星系团边界的发现，关于宇宙流的研究颠覆了人类对自身在宇宙中所处位置的认知。此外，我们还获得了一些别的重要成果，尤其是我们在宇宙中的速度。关于宇宙地图的研究仍在进行，包括运用平方千米阵列射电望远镜（SKA）的两个先导项目即南非米尔卡鲁阵列望远镜（MeerKAT）和澳大利亚宽视场平方千米阵列探路者长波段遗迹全天盲巡天（WALLABY）的全新多天线射电望远镜以及智利4米多目标光谱望远镜（4MOST）上搭载的多光纤光谱仪进行观测活动，进而分析星系目录。下一个10年，宇宙地图的范围将扩大至现在的5倍。

另一条研究思路是运用Ia型超新星获得引力速度场，不过以这种方式得到的结果的精度有待证实，更重要的是测量点的密度可能不够。但是，如果该方法可行，我们或许就能对目前无法触及的更远区域进行探测。因此，实验势在必行。

图3.19 宇宙流。白色球体标记了星系的位置，银河系被标出，室女星系团尤为明显

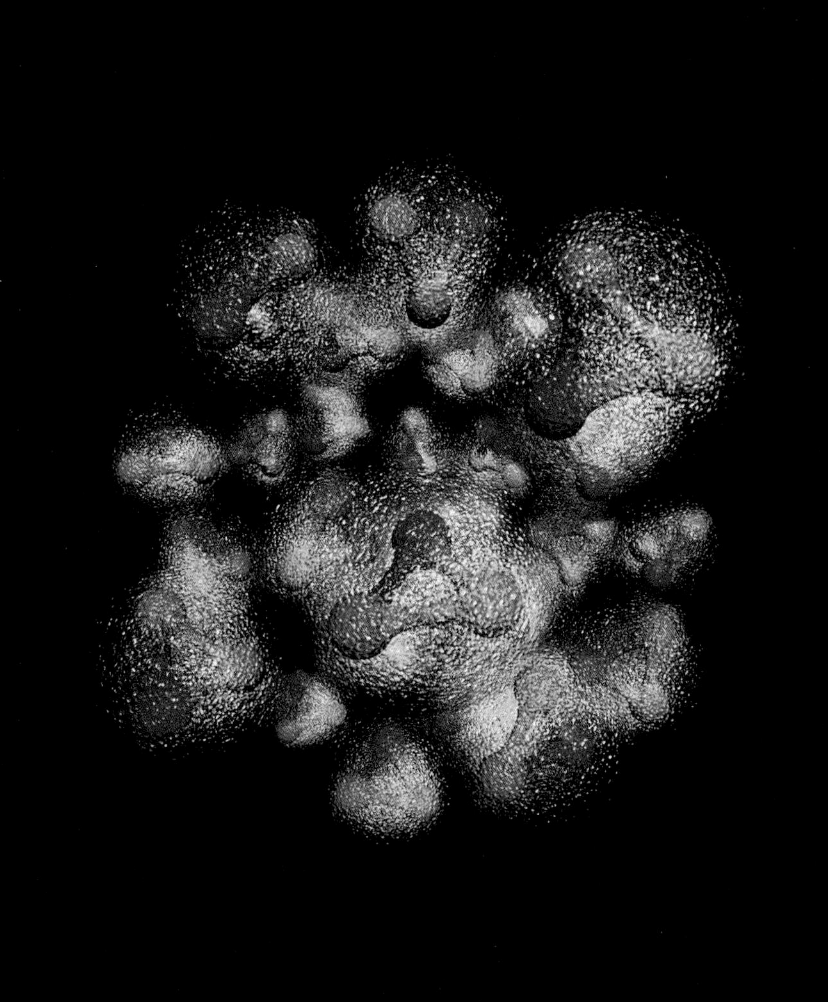

4 强力帝国

◀

图 4.0　硅原子核的夸克结构。硅原子核包含 14 个质子和 14 个中子。每个质子或中子由 3 个夸克组成，周围是由虚粒子构成的量子云。“禁闭”在质子或中子中的夸克通过交换胶子携带的色荷发生相互作用

难以捉摸的质子

质子是原子核的组成部分，由夸克、胶子等基本粒子构成。胶子就像“信使”，由它传递的力使夸克彼此吸引，并将它们“禁闭”在复合粒子即“强子”内。发生夸克禁闭的原因是当代物理学的基本问题之一，它使质子成为一个稳定的粒子，为稳定宇宙奠定了基础。

在物质的核部漫游

电子散射揭示了质子的内部结构。由于电子是没有内部结构的基本粒子，而且只能通过电磁力发生相互作用，所以它们是理想的探测粒子。1953年，斯坦福直线加速器开始产生200兆电子伏特的电子束。为了使用这台加速器，霍夫施塔特（Robert Hofstadter）前往帕洛阿尔托定居。和卢瑟福（Ernest Rutherford）一样，霍夫施塔特也以原子核为轰击对象，不过能量高得多。1956年，轰击对象改为维纳斯（Eva Wieners）设计的氢气或氘气。“霍夫施塔特散射”是弹性散射，也就是说，质子在与电子发生相互作用后仍然完好。霍夫施塔特用一个包含“形状因子”的公式来解释测量结果，并从中推断质子的属性：它的直径处于飞米量级，电荷集中于中心，有磁矩。这些研究成果使霍夫施塔特获得了1961年的诺贝尔奖。

十几年后，在斯坦福直线加速器中心（SLAC）内，电子的能级大幅提升。加速器的长度接近3千米，电子的能量达到7至17吉电子伏特。在该能量水平上，质子在发生相互作用后解体，这一现象被称为“深度非弹性散射”（DIS）。在比约肯（James Bjorken）提出预测之后，弗里德曼（Jerome

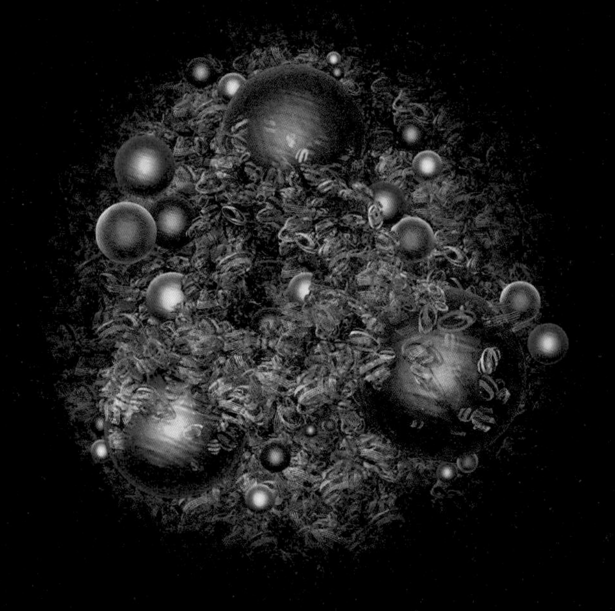

图 4.1　质子的结构。此图通过艺术手法展现了质子内部夸克（球体）和胶子（螺旋体）的无序结构

Friedman)、肯德尔(Henry Kendall)和泰勒(Richard Taylor)通过测量深度非弹性散射，使质子的内部组成部分(即“部分子”)现身。这些基本粒子被识别为“夸克”，茨威格(Georges Zweig)和盖尔曼(Murray Gell-Mann)都曾经假设过它们的存在(盖尔曼获得了1969年的诺贝尔奖，弗里德曼、肯德尔和泰勒获得了1990年的诺贝尔奖)。

这些测量加上后续在美国和欧洲进行的实验确定了部分子的动量，即“部分子分布函数”(PDF)。1991年，位于德国电子同步加速器中心(DESY)的首台电子-质子对撞机即强子-电子环加速器(HERA)开始获取数据并测量大能量范围内的部分子密度，这对了解质子结构非常重要。

至于质子的另一个组成部分——胶子，它在正负电子对撞中被发现。1978年夏季的会议是一次交流研究成果的年度盛事，它公布了DESY正负电子串联环形加速器(PETRA)的Pluto实验中产生的一些粒子径迹。当大部分图片显示2个电子产生2个夸克喷注的时候，人们第一次在一张照片中看见3个喷注的产生，这正是胶子存在的迹象。

如今，量子色动力学(QCD)将强相互作用描述为夸克和胶子之间的交换。

“自旋危机”

质子及其基本组成部分均具有自旋，它是粒子的一种量子属性，可以用自旋数来表示。在量子体系内，自旋只能取整数或者半整数：夸克的自旋是1/2，胶子是1。至于质子，它的自旋也是1/2，由夸克的自旋(ΔQ)、胶子的自旋(ΔG)和它们在质子内的旋转即轨道角动量(L)组成。构成质子的夸克和胶子可以朝同一个方向旋转，也可以向相反方向旋转，从而对整个质子的自旋产生正面或负面的贡献。由于自旋和能量一样是守恒量，所以质子的自旋可以表示为$1/2=\Delta Q+\Delta G+L$。

在SLAC发现夸克之后，深度非弹性散射实验继续进行。20世纪80年代，CERN欧洲μ子合作项目和SLAC的物理学家成功地从中推断出夸克对质子自旋的贡献，发现其远低于预期，仅为 30% 左右，而此前人们普遍认为夸克作出了主要贡献。一场“自旋危机”就此掀起。

于是，人们开始关注胶子的贡献。为了弄清楚这一点，物理学家使用纽约附近的相对论性重离子对撞机（RHIC），让两束极化质子发生碰撞。这种质子束的特征是质子的自旋方向已经确定，要么向上，要么向下。因此，我们可以将自旋方向相同的质子束的碰撞与自旋方向相反的质子束的碰撞进行对比。通过测量两种情况下相互作用产生的粒子数量差（“同向”碰撞减去“反向”碰撞），可以推断出胶子自旋与质子自旋的对齐程度，进而得出 ΔG。螺旋管径迹探测器（STAR）和开创性高能核相互作用实验（PHENIX）探测器使用 RHIC 产生的质子束，得出了相同的结论：胶子自旋对质子自旋的贡献与夸克自旋对质子自旋的贡献相同，也在 30% 左右。

那么轨道角动量（L）的情况如何？这一测量要难得多。

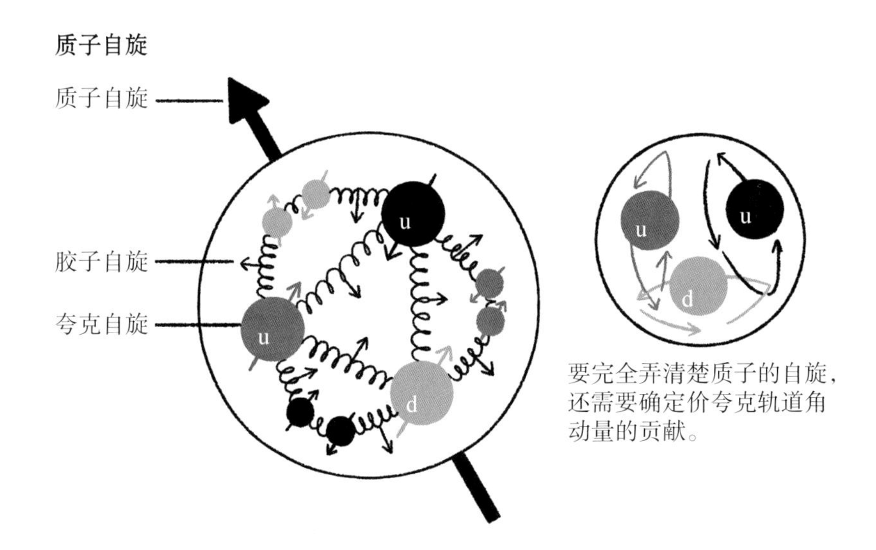

图 4.2 质子自旋的构成。理论上，质子的自旋由 3 部分构成：组成质子的 3 个夸克的自旋，连接夸克的胶子的自旋以及夸克和胶子的轨道角动量，也就是它们在质子内部的运动。多个实验表明，夸克自旋对整体自旋的贡献约为 30%，胶子自旋的贡献约为 30%。确定轨道角动量的贡献是当前的测量活动尤其是在美国杰斐逊实验室进行的实验的终极目标

三维质子

20 世纪 90 年代末，为了从多个维度描述质子的部分子结构，人们引入了一种新的函数，即广义的部分子分布（GPD）函数。GPD 展示了不同量子状态下部分子之间的关联性，可以解释为携带一定纵向动量的部分子在横向位移平面的分布情况。因此，同时知道纵向动量和横向位置，一方面能够对质子进行层析成像，另一方面能够将 GPD 与夸克或胶子的角动量联系起来。由于 GPD 可以用于估算夸克的轨道角动量，而轨道角动量是解决"自旋危机"的重要一环，所以确定 GPD 能够解决这一问题。

在实验中，只要撞击的能量足够大，我们就能通过电子在质子上的散射获得 GPD。当电子和质子在碰撞中交换的动量远大于质子的质量时，将会发生这种"硬相互作用"。事实上，交换的动量越大，反应的分辨率越高。低能弹性散射只能对质子进行整体探测，而能量较高的散射可以揭示其内部结构。

此外，要完全还原其中的相互作用，还需识别所有的最终粒子。在包容性反应中，被还原的只有反应的总量，比如产生的所有粒子的能量总和。与这种反应相对的反应被称为排他性反应。深度虚拟康普顿散射（DVCS）是能够得出 GPD 的最简单的排他性反应过程。在 DVCS 中，电子与质子的 1 个夸克发生相互作用，向其转移了自己的大部分动量，而该夸克则在"回到"质子前发出 1 个高能光子。其间，质子和电子的动量和能量发生改变。于是，我们最终获得 3 个粒子：1 个电子、1 个质子和 1 个光子。鉴于"有效截面"（表征粒子发生给定反应的可能性）非常小，所以必须运用高强度的电子束，才能产生足够的排他性反应，并且充分运用 GPD 蕴含的丰富信息。

美国弗吉尼亚州杰斐逊实验室（JLab）的高强度极化电子加速器"连续电子束加速器装置"（CEBAF）非常适宜发生此类反应。除了 DVCS，它还可以研究介子（由 1 个夸克和 1 个反夸克组成的束缚态）生成过程中的 GPD。在此类排他性反应中，除了初始电子和质子，还产生了 1 个介子。

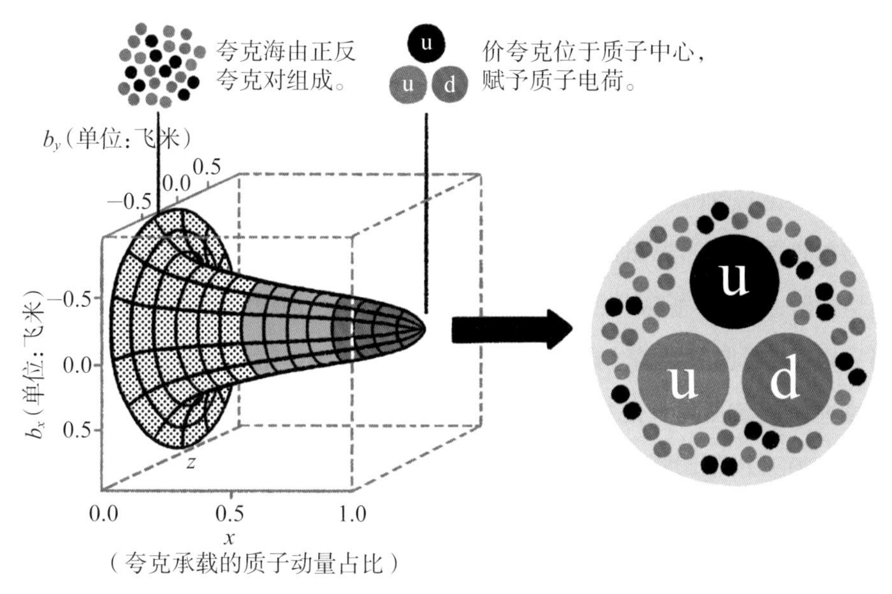

图 4.3 质子层析成像图。这张通过极化电子轰击质子得到的质子密度分布图展现了质子的结构。中心处有 3 个“价夸克”，它们组成了质子的电荷而且速度最快；周围是向边缘散落且速度慢得多的“海夸克”，这些正反夸克对不断出现和消失

基于杰斐逊实验室 A 栋 CEBAF 加速器的研究成果和 B 栋连续电子束加速器大接受度谱仪（CLAS）借助极化粒子束和非极化目标进行的 DVCS 实验结果，质子的结构得到了非常详细的探测。质子由 2 个上夸克和 1 个下夸克构成。这些“价夸克”决定了强子的性质。它们聚集在质子中央，速度最快。至于“海夸克”，它们是一些正反夸克对，从量子的不断产生和湮灭中诞生。它们的速度较慢，向质子的“边缘”散落。于是，这些测量结果形成了第一张质子层析成像图。

杰斐逊实验室通过 DVCS 获得的 GPD 测量结果还使人们根据夸克到质子中心的间距，首次估算出它们对质子施加的压力分布。人们发现，在距离中心不足 0.6 飞米的区域内，排斥压力极大，达到 10^{35} 帕斯卡，是中子星中心压力

图 4.4 用于研究质子的探测器。在美国杰斐逊实验室，研究人员用电子束轰击固定目标，以研究质子结构。B 栋的连续电子束加速器大接受度谱仪实验，可以获得质子的三维层析成像图

的 10 倍；而在远离中心的地方，则存在连接压力（或禁闭压力）。

至于质子自旋的最后一块拼图，即轨道角动量对自旋的贡献，目前还没有找到：接下来，研究人员将对不同的可观测量进行测量，并实施一个由多个实验组成的复杂研究项目。

胶子的作用

量子色动力学的计算非常困难。与强相互作用相比，其他相互作用非常弱以至于可被视为微小的扰动，它们的计算可以通过一系列越来越精确的近似进行。但是，在量子色动力学中，由于强相互作用在短距离内非常强，所以如果我们想要了解质子的结构，那么这种方法并不适用。20 世纪 70 年代以来，一种非常复杂的计算方法得到发展，那就是“格点量子色动力学”。最初，人们研发了专门的计算机，一些与信息巨头的合作项目推动了“超级计算机”的进步。如今，人们希望通过量子计算机的使用获得重大进展。

有了这一方法，加之知道了夸克的质量，我们发现夸克之间的胶子交换赋予了质子 99% 的质量，也就是说常规物质 99% 的质量由胶子交换产生。胶子之间的相互作用会对该交换产生影响。因此，查明胶子在强子中的排列方式为了解物质打开了一扇重要窗口。

JLab 的实验、DESY 的“使用强子 - 电子环加速器进行自旋测量”（HERMES）实验以及 CERN 运用“普通 μ 子和质子结构与光谱装置”（COMPASS）进行的测量，直接对夸克在强子中的结构进行了探测，并根据它们的自旋和动量提供了越来越精确的夸克分布信息。然而，人们对胶子的分布却知之甚少，原因在于常用的电磁探测器不会与它们直接发生相互作用。特别是，胶子在核子内的动量分布无法直接测量，只能通过间接参数进行推测，而它们对模拟质子相互作用和使用 LHC 进行精确测量来说却非常重要。

运用强子-电子环加速器进行的 H1 和 Zeus 实验表明，和其他强子一样，质子内也存在大量动量极低的胶子。我们将动量的测量下限降得越低，发现的胶子越多：它们会分裂成能量更低的胶子。这种胶子密度的提高不会在强子中一直持续下去，应该会出现一种新的动力机制，使胶子的数量减少。该现象被称为饱和，它是强子物质的一种全新属性。目前，人们尚未观察到胶子饱和的任何迹象。不过，一台新的电子-离子对撞机（EIC）将于2030年前在美国布鲁克黑文实验室建成，可以对胶子进行深入研究。这台高强度的对撞机将凭借极化粒子束与多样化的离子和能量，成为世界上唯一能够更好地了解夸克和胶子的机器。

引人入胜的核世界

核素图犹如一张手绘地图，由大约3000个原子核构成。这里有1个稳定谷，有较多的质子或中子形成的群山，有难以跨越的边界和尚未探索的“奇异”区域，可能还有一个有待发现的幻数岛！要确定它们的位置，需要两个坐标：质子数和中子数。对于中性的原子而言，质子数和电子数相同。电子数决定了元素的化学性质。质子数和中子数之和等于原子核的质量。

从稳定谷出发

原子的中央是原子核：在相关图片中，质子和中子常常在球状的原子核中结合在一起，电子在其周围做轨道运动，犹如地球周围的卫星。虽然这种图片能够帮助我们了解许多过程，但事实并非如此。100年的核物理研究表明，原子核非常复杂，存在许多未解之谜。

这个飞米级的物体仅由质子和中子两部分组成，但是至少有3个基本相互作用在其中发挥了作用：电磁相互作用、强相互作用和弱相互作用。电磁相互作用使带电质子之间产生斥力，超过1个质子就会阻碍原子核的形成。但是，在短距离上，核子（质子和中子）之间的强相互作用又能确保原子核的聚合。

强相互作用是构成核子的夸克与胶子的“色荷”之间相互作用的产物。它的作用距离很短：超出飞米的量级即原子核的大小，影响就不会被感知。强相互作用主要确保质子和中子的聚合，它的残余效应使质子和中子处于原子核内并决定了原子核的构成。

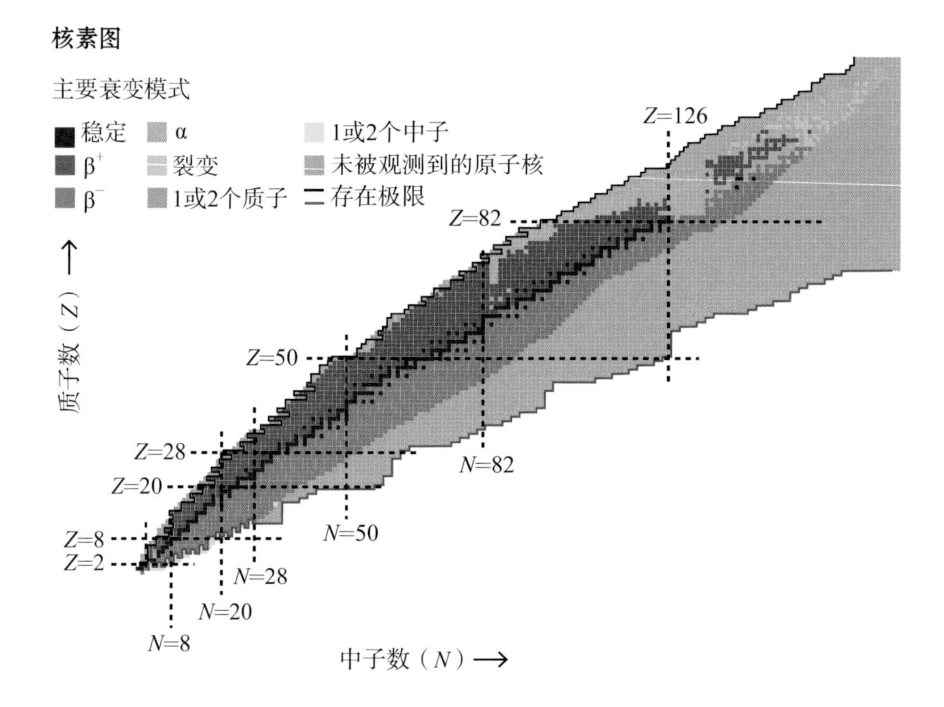

图 4.5 核素图与主要衰变模式。同位素用根据质子数（Z）和中子数（N）确定的方格表示。虚线对应的质子数或中子数为幻数。自然存在的稳定原子核用黑色表示，而其他颜色则指出了主要的衰变模式。实线代表原子核的存在极限，即中子滴线（红色）和质子滴线（黑色）。灰色方格为模型预测其存在但尚未在实验中被观测到的原子核。中子（质子数为 0，中子数为 1）虽然也存在于图中，但是它不能形成严格意义上的原子

至于弱相互作用，它的作用距离只有强相互作用作用距离的 1/100（10^{-17}米），会影响夸克的“味”：比如，它能通过将下夸克转化为上夸克，使中子转化为质子并释放 1 个电子和 1 个反中微子或者反过来，释放 1 个正电子和 1 个中微子。这样，它就让一个原子核变成了另一个原子核。最后，根据泡利不相容原理，核子的量子性质禁止同一种粒子处于相同的量子状态：我们可以参照电子在原子核周围不同轨道上的排布，建立一个由连续的质子层和中子层构成的原子核模型。

地球上存在 257 个天然的稳定原子核。乍看之下，它们沿核素图的对角

线分布，质子数和中子数相近：这里就是稳定谷。两侧是它们的同位素（质子数相同，中子数不同），化学性质相同，但是原子核的凝聚力很弱：这些同位素不稳定，会发生衰变。

在山中行走

在如今已知的原子核中，大部分原子核不稳定，会通过不同的放射过程发生衰变。即使在基态中处于静止状态，它们最终也会发生转化：炼金术士的古老梦想成为现实。一种原子核变成另一种原子核的方法是释放一个粒子：要么是氦-4核（α 衰变），要么是电子（中子变成质子），要么是正电子（使质子变成中子的 β 衰变）。当核子离开它原本的轨道时，原子核处于激发态：核子可以通过释放光子（γ 衰变）改变轨道，使原子核退激。另一方面，拥有大量核子的原子核会发生变形，直至裂成体积更小的原子核——这就是核裂变。

跨越极限

同位素的质子数相同，但是中子数不同。根据模型，二者的数量均有上限：一旦超过上限，原子核将立刻释放一个质子、中子、α 粒子或者发生裂变。要能称得上“原子”，原子核必须至少存在 10^{-14} 秒，这样才有时间形成电子云。如今，研究某些处于“存在极限”外的原子核并非不可能，但是这些原子核的状态不稳定，而且寿命极短（$\approx 10^{-21}$ 秒），只能以“共振”的形式短暂存在。它们是将原子核当成飞秒尺度上开放的量子系统进行研究的唯一实验场。超过这一时间尺度，原子核就很难算得上一个凝聚体，这是因为它的运动（比如振荡和旋转）无法在更短的时间内进行。

当携带正电荷的质子之间的斥力远大于质子和中子承载的强力时，中子数较少的原子核将触及它的存在极限。多条同位素链的存在极限已经得到了实验测量。研究人员近期还在存在极限附近观察到新的放射形式，比如同时释放 2 个质子。尽管苏联理论物理学家戈利丹斯基（Vitalii Goldanskii）和泽利多维奇（Iakov Zeldovich）早在 20 世纪 60 年代就已经进行了预言，但是人们直到 2002 年才观察到这些现象。法国大型重离子加速器（GANIL）和德国重离子研究中心（GSI）的研究团队在铁原子核上发现了这些衰变现象。铁元素拥有 26 个质子，在已知的 28 个同位素中，只有拥有 19 个中子的同位素表现出这种特殊的衰变。此后，研究人员又在锌元素和镍元素上观察到这种衰变。

丰中子原子核的存在极限距离稳定谷较远。该极限可以通过核模型算出，但是实验认知却少得多。比如，直到 2017 年，氟原子核和氖原子核的存在极限才得以确定，从而令人类能够更加精确地估算原子核的数量。理论上，原子核的数量可以达到 8000 个左右。

然而，人们还观察到一些例外。比如，与预测的存在极限相比，观察发现丰中子氧同位素的存在极限出现得异常早。于是，与最后一个稳定同位素（氧-18）相比，拥有 6 个* 质子的氧同位素只能再增加 6 个中子，而拥有 7 个** 质子的氟同位素却可以比它的稳定同位素多 12 个中子！这种异常现象出现的原因反映出三体系统力的重要性：3 个核子之间直接发生的相互作用并不是两两相互作用的结果。

不是球体

因此，质子和中子可能有数千种组合。但是，它们都遵循相同的排布原则，那就是尽可能降低核子相互作用产生的系统能量。长期以来，原子核被想

* 原文是 6 个，但是氧原子核应该拥有 8 个质子。——译者

** 原文是 7 个，但是氟原子核应该拥有 9 个质子。——译者

象成质子和中子组成的水滴。事实上，它具有极强的多样性和复杂性：出人意料的是，只有少量原子核呈现近似球体的形状，大部分则与橄榄球、南瓜、梨、茶碟或者花生较为相似。这种形状上的多样性反映出原子核中的核子具有集体行动的能力。甚至，一个原子核可能存在多种形状。

此外，核力还有助于在原子核内形成一些次级结构，即核子团簇。一个著名的例子便是由 6 个质子和 6 个中子组成的碳-12（^{12}C）。它的第一个激发态表现为 3 个 α 粒子的结合体，每个 α 粒子由 2 个质子和 2 个中子构成。1954 年，霍伊尔在关于恒星核合成的研究中预言了碳-12 的这种在当时仍处于未知状态的共振态：这是碳-12 原子核的一种激发态，寿命极短，大约只有 10^{-17} 秒，随后它衰变为 3 个 α 粒子，这与稳定的碳-12 基态正好相反。这种特殊的状态被称为“霍伊尔态”。事实上，它对逆反应非常重要，即铍-8（^{8}Be）和 1 个 α 粒子通过聚变形成碳-12。因此，霍伊尔态是其他几乎所有元素的源头，有助于了解恒星的生命周期和它们的分解与衰变。

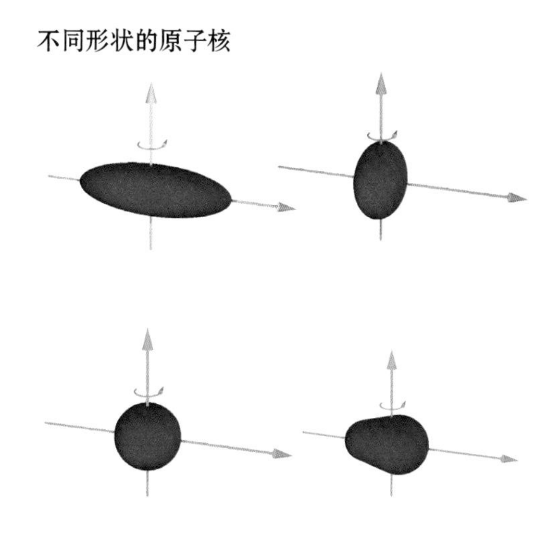

图 4.6 可能的原子核形状。除球形外，高度变形的原子核可能呈雪茄形、圆盘形或者梨形

晕核

这些原子核的排布均表现出核子饱和的特征：当我们远离原子核的中心时，核子密度首先保持不变（估算值为 10^{38} 个 / 立方厘米），随后突然向表层坍缩。但是，在存在极限附近，一些原子核没有遵守这一规则。对原子核半径的测量结果表明，一些较轻的原子核和较重的原子核几乎一样大。

在这些奇异核中，致密的中央核周围包裹着某种密度极低的中子云，后者代表远离原子核的中子存在的可能性。人们将这种原子核称为“晕核”。

这是一个惊人的发现。我们原以为这种原子核非常不稳定，但是如今多个此类原子核被发现，比如氦、铍、锂、碳的一些同位素。然而，这种平衡只是暂时的。举个例子，只需从碳 -22（^{22}C）中取出一个中子，形成的碳 -21（^{21}C）就

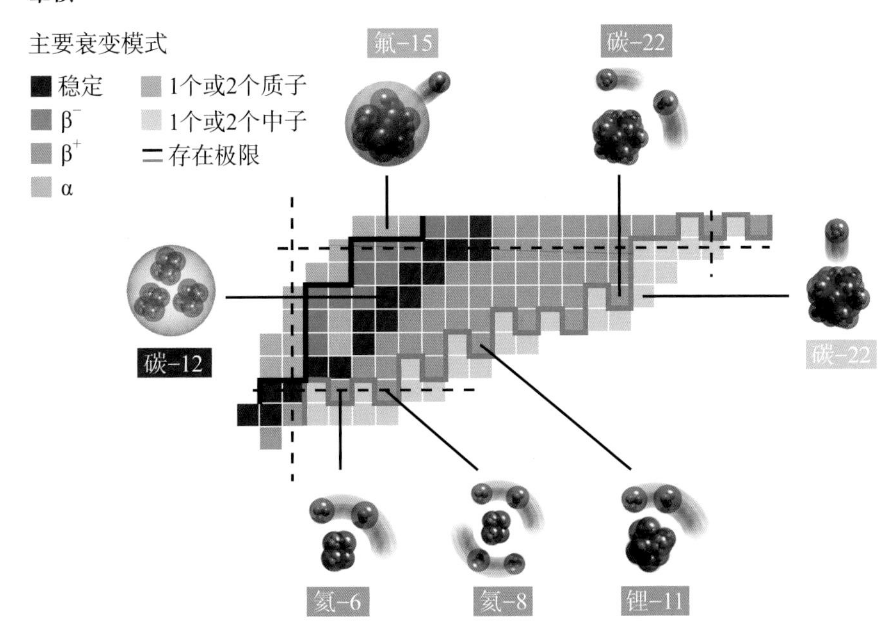

图 4.7　轻核。该图是核素图的下部，加入了由中子或质子构成的聚合体或晕结构等非典型结构的插图。这些图形展示了比氟（原子序数为 9）的同位素更轻的原子核的核子空间排布

会立刻释放一个中子，发生衰变。这反映出支配这些原子核的平衡非常脆弱。

这些实验发现对原子核的建模发起了挑战。目前，研究才刚刚起步，但是这些奇异核已经证明，原子核的结构非常丰富，而且当量子系统内的核子之间联系微弱时，将出现一些超出基础物理认知的现象。

从幻数液滴到壳层结构！

为了解原子核属性的多样性并对它们的内部结构和存在极限进行描述和预测，必须建立一些理论模型，从而根据原子核的组成（质子数和中子数）描述它们的属性。很快，人们尝试建立起原子核的液滴模型。这个由质子和中子组成的液滴可能会发生形变。该模型再现了原子核的整体属性，同时也出现了一些奇怪的现象：拥有特定质子数或中子数的原子核比质子数或中子数略多或略少的原子核更加稳定。质子数或中子数是“幻数”（2、8、20、28、50、82、126）的原子核比它们的“邻居”稳定得多。

这一观察结果表明，核子和原子内的电子一样，也是分层排布的量子粒子。该模型于1949年提出，延森（Hans Jensen）和格佩特-梅耶（Maria Goeppert-Mayer）因此获得了1963年的诺贝尔奖。格佩特-梅耶是第二位获得诺贝尔物理学奖的女性。她自1929年完成博士论文后开始工作，但大部分时间都没有报酬。直到1960年，她才成为加州大学圣迭戈分校的教授。

如今，幻数核与壳层结构是我们了解原子核的基石。然而，近期关于某些奇异核的研究表明，幻数并非像我们想的那样一成不变。问题主要出现在轻核的研究之中。这些轻核的质子与中子组合同具有稳定原子核特征的质子-中子组合很不一样。在其他极不稳定的原子核中，人们发现了存在新幻数的明显迹象。实验观察表明，形成壳层结构的某些核力组分无法从稳定核的属性中轻松推出，但是它们的行为却在某些奇异结构中得到加强，从而能够更好地被观察。

幻数和核子轨道能量并非只是细节：如果不了解核子的运动，就无法了解原子核。虽然壳层结构在描述现象和预测稳定核的实验结果方面非常有效，但是它的预测能力有时仍然比较有限，而且主要适用于局部研究。比如，我们无法建立一个适用于整张核素图的质子–中子相互作用数学函数模型。但是，找出模型的错误，从而进一步优化模型的预测能力，这依然非常重要。

探索远离山谷的世界

远离稳定谷，原子核的多个属性会发生变化，比如核密度、核力与静电力的平衡等。掌握这些变化有助于建立一些模型，从而解释已经观察到的原子核或者预测尚未观察到的原子核。不过，从理论上看，这困难重重。核子之间并非只存在两两作用，还有一些涉及多方的相互作用，而它们无法直接进行计算。因此，人们参照原子核电势场中的电子和太阳周围引力势场中的行星，假装将核子置于原子核的某一势场中，对其受到的集体作用进行建模。二者的明显区别在于，势场源于核子的存在，而且相关的核力没有解析形式：它无法用已知的数学函数来表达。

那么，我们能否建立一个“通用的”核力公式，使其适用于所有原子核，无论是拥有 1 个中子和 1 个质子的氢同位素原子核还是拥有超过 250 个核子的最重原子核？它能否直接从强相互作用即量子色动力学衍生而来？我们能否精确地回答量子多体问题，而不是使用大量的近似？

这是因为我们需要对相互作用的多个物体的行为进行描述，至少是大致的描述。在牛顿力学中，当相互作用只涉及两个主体时，问题较为简单。一旦主体达到 3 个或以上，严格来说，问题将变得无法解决。庞加莱第一个指出了这一问题。“N 体问题”同样存在于量子物理领域，当我们试图描述包含数十个质子和中子的原子核时，就会遇到这一问题。

回归本质

大量关于奇异核的实验成果不断推动理论的发展，揭示了三体力的重要性，比如描述丰中子氧同位素或者核子间弱联系的影响等。最近几十年，这些领域取得了重大进展。理论家正试图以强相互作用本身为基础描述核相互作用：基于夸克和胶子建立原子核模型。现在，我们可以对核子数较少（十多个）的原子核进行精确计算。计算机计算能力的持续提升促进了这些进展的取得。

在此过程中，深度学习等人工智能技术的创新为物理学家提供了工具。如今，它们能够在庞大的核数据库中发现一些过去未能发现的作用，或者提升模型的预测能力。不仅如此，计算机和量子计算也是一条路径。随着能力的提升，它们或许能够解决核子数较多的原子核的N体问题。现有的普通计算机只能精确地处理粒子数较少（一般是10至20个）的复合系统。现在，我们需要知道的是，量子计算技术能否在不远的将来获得需要的精度，而当前的挑战之一在于控制量子噪声。

寻找奇异核！

过去几十年，第一代放射性核素加速器为核物理学家开辟了一条关于“奇异核”的研究之路。此后，这一关于未知领域的研究使人们发现了一些新现象，挑战了我们主要基于稳定谷附近的原子核的研究建立的认知。虽然人们只知道几十条同位素链上的原子核的存在极限，但是在核物理学家看来，对核素图的探索和精准建模的能力仍然拥有令人兴奋的前景。

从全球来看，德国重离子研究中心的反质子和离子研究装置、美国密歇根州立大学的稀有同位素束流装置（FRIB）、日本理化学研究所（RIKEN）的放射性同位素束流工厂（RIBF）、法国大型重离子加速器的在线放射性离子产生系统 2 号（SPIRAL 2）、意大利莱尼亚罗国家实验室（LNL）的奇特物种选择性生成（SPES）、CERN 的高强高能同位素大质量分离器在线装置（HIE ISOLDE）等新一代大型核物理设施都将用于产生更多的奇异核。通过扩大可以触及的奇异核范围和实施更加精确的研究，我们将有可能对这个飞秒级的世界进行探索，从而有朝一日掌握解读整张核素图的基本规则。

图 4.8　用于研究原子核结构的高级伽马跟踪阵列（AGATA）探测器。原子核在退激时释放的伽马光子是研究原子核结构及其动力机制的强大探测器。AGATA 凭借高分辨率和高敏感度成为一个有力的工具。它将安装在大型重离子加速器、反质子和离子研究装置等欧洲大型奇异粒子束装置周围，用于不同的测量活动

尚未分配的数字

“118”是法国查号台的号码，是威尼斯市内岛屿的总数，也是目前门捷列夫元素周期表中化学元素的个数。不过，这纯属巧合。但是，我们能否更进一步？一个原子核可以集中多少个质子和中子？这个问题相当于询问可能存在多少种化学元素。毕竟，没有原子核，就没有原子。

放射性扰乱元素次序

20 世纪初，地球上的大部分天然元素已经为人们所知。其中，最重的元素是铀元素，它拥有 92 个质子。这些元素在不同表格中进行分类，这些表格展现出元素已知的物化属性具有周期性的特征：比如它们的化学活性、导电性、电离能等。其中，最有名的表格如今仍在使用，那就是俄国化学家门捷列夫（Dimitri Mendeleïev）于 1869 年建立的元素周期表。当时已知的 63 个元素在表格中按照元素质量从小到大排列，同一列的元素拥有相似的化学性质。这种分类方式非常有效，可以对尚未发现的剩余元素进行预测：一些空着的格子等待人们的补充。元素位置由字母 Z 决定，它出自德语 Zahl，意思是原子序数。后来，一些新元素逐渐被发现，它们的化学性质与表格的预测非常相似，包括一些稀有气体元素和稀土元素。

1898 年，贝克勒耳（Henri Becquerel）与皮埃尔·居里（Pierre Curie）和玛丽·居里（Marie Curie）夫妇共同发现了放射现象，推动了一些不稳定的新元素的发现。这些元素略微扰乱了元素周期表建立的次序。事实上，在铅元素和铀元素之间，只剩 7 个空着的格子。然而，人们在数年间发现了许多新的放射性物质。于是，化学家索迪（Frederick Soddy）于1913年建立了同位素的概念，用于指称那些原子质量不同但化学性质相同的放射性物质。

1913年，莫斯莱（Henri Moseley）为元素周期表建立起真正的主线。他的X射线衍射实验赋予原子序数 Z 物理意义：2年前，卢瑟福发现了原子核，而事实上，原子序数 Z 就是原子核所带的电荷数，并且它后来又与构成原子核的质子数产生了联系。这样，人们就可以借助新的量子力学知识解释填补电子层这一化学行为的周期性。1919年，阿斯顿（Francis Aston）发明的谱仪可以根据元素的电荷和质量将它们分开。得益于这一发明，同位素的概念扩展至非放射性物质。1932年，查德威克发现了中子，最终使人们将同位素的概念解释为质子数相同的原子核内存在不同数量的中子。

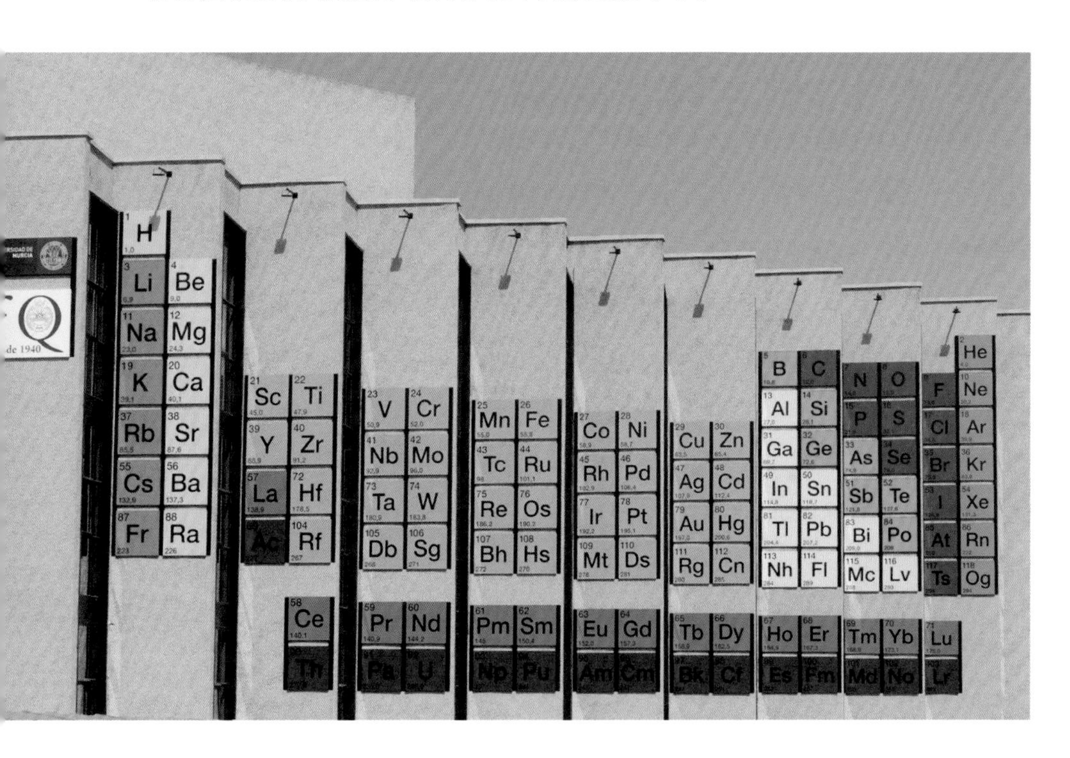

图 4.9　世界上最大的化学元素周期表。它位于西班牙穆尔西亚大学，系设计师巴坦（Eduardo Batan）为该校化学系建立50周年所作

中子与寻找超铀元素

中子的发现，尤其是1934年由伊雷娜·居里（Irène Curie）和弗雷德里克·约里奥（Frédéric Joliot）完成的人工放射性的发现，掀起了一场对比铀更重的元素即超铀元素的追寻。费米率先声称通过使用慢中子轰击铀靶，合成了拥有93个和94个质子的人工放射性元素。此前，他曾用这一技术对元素进行辐照，引发了人工嬗变。尽管1938年授予他的诺贝尔奖提到了新元素的产生，但事实并非如此。1935年至1938年，多个团队试图再现并理解费米的实验结果：比如巴黎的伊雷娜·居里和萨维奇（Pavel Savitch），柏林的哈恩（Otto Hahn）、莉泽·迈特纳（Lise Meitner）和施特拉斯曼（Fritz Strassmann）。由于无法从化学角度区分生成的元素，他们不得不承认：没有产生任何比铀更重的元素，但是，产生了比铀更轻的原子核。这完全是误解。1939年，莉泽·迈特纳和她的侄子弗里施（Otto Frisch）找到了问题的答案：被铀元素吸收的中子并没有使原子核的1个中子变为质子，而是使原子发生了裂变，产生了2个较轻的原子核。事实上，德国化学家兼物理学家诺达克（Ida Noddack）自1934年研究费米的成果后就提出了这一观点，但是她未能将其理论化或者用实验加以证明。因此，哈恩当时觉得这个观点“很荒谬”。

1940年，麦克米伦（Edwin McMillan）在伯克利用氘核辐照铀靶，终于生成了第一个超铀元素。氘核是由1个质子和1个中子构成的复合离子，能量和强度均大于费米使用的中子。麦克米伦在轰击的产物中发现了一种寿命为2.3天的同位素。他和致力于通过化学手段将这个古怪的同位素分离出来的埃布尔森（Philip Abelson）共同将这种同位素命名为“镎”（neptunium）（原子序数为93），这个名字来源于比天王星更远的海王星（Neptune）。随着第二次世界大战的爆发，麦克米伦放弃了这些研究，投身于雷达、声呐等系统的研发和曼哈顿计划之中。他的合作伙伴西博格（Glenn Seaborg）发现了“钚”（plutonium）元素（原子序数为94），这个名字取自比海王星更远的冥王星（Pluton）。1951

年，麦克米伦和西博格共同获得诺贝尔化学奖。

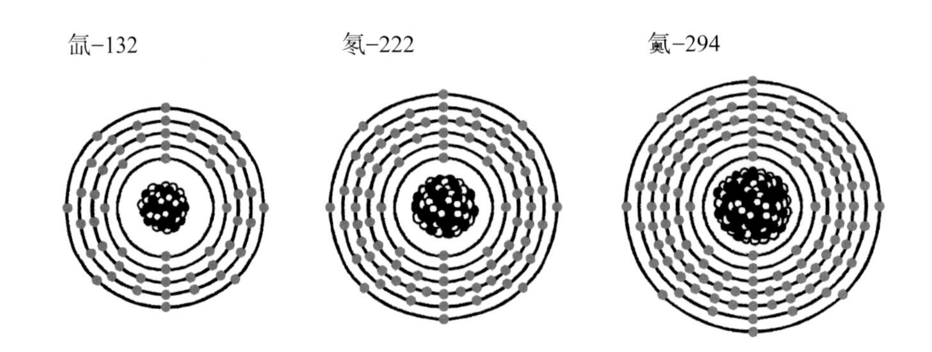

图 4.10 电子云与原子核示意图。得益于化学元素模型的建立以及由质子和中子组成的原子核和电子云，一些重大进展成为可能。电子云根据各层的填充情况，赋予元素化学属性。比如，鿫（5 层）、鿬（6 层）、鿭（7 层）等稀有气体的电子层被“填满”，因此它们的化学性质应该较不活泼

新的次序

麦克米伦和埃布尔森已经证明镎元素和铼元素（原子序数为 75）在化学性质上存在显著差异。然而，根据当时门捷列夫元素周期表的构想，二者应当拥有相似的性质。于是，西博格对表格进行了整理，增加了一行放射性元素，即锕系元素。从锕元素（原子序数为 89）开始，这 15 个重金属元素都是 20 世纪 40 年代发现的新元素：镅（原子序数为 95）、锔（原子序数为 96）、锫（原子序数为 97）、锎（原子序数为 98）等。研究人员用位于伯克利的强力回旋加速器产生的氘核束或 α 粒子（2 个质子、2 个中子）束对越来越重的超铀元素靶进行辐照，获得了这些元素。

1952 年，吉奥索（Albert Ghiorso）通过分析世界上第一枚热核炸弹常春藤麦克（Ivy Mike）在太平洋中爆炸后的放射性残骸，发现了锿元素（原子序数为

99）和镄元素（原子序数为 100）。铀元素先迅速捕获 15 个或 17 个中子，再发生一连串 β 衰变，从而产生了这两种元素。该过程与恒星核合成类似。

拥有 101 个质子的元素是最后一个先通过辐照生成再通过化学分离识别的元素：无论从使用的 α 粒子束的强度（每秒 10^{14} 个粒子）、目标的特殊性质（10 亿个具有放射性的锿-253 原子），还是从对反应产物使用的新离析技术（反冲技术）来看，这都是一场实验壮举。所谓反冲技术，是指目标原子和粒子束中的原子通过聚变产生的原子核冲出目标，落在一张薄薄的金箔上，随后在酸中溶解，目的是进行化学分析。这是第一个借助子元素的裂变性质进行识别的元素。冷战期间，为纪念门捷列夫，西博格的团队将该元素命名为“钔”（原子序数为 101）。

热核聚变

从钔开始，新的放射性元素的寿命越来越短，因此应当在生成后迅速识别。当时使用的技术之一便是让元素通过反冲离开生成它们的目标靶，进入气体并在其引导下向探测器和计数器移动。将原子核引向探测器大约需要 0.1 秒：为了让原子核的存在能够被识别，它的寿命不应短于这一时间。随后，研究人员使用一种名为“遗传相关”的技术对新元素进行识别：重元素之所以不稳定，是因为它拥有大量质子，而这些质子会诱发 α 粒子持续释放，直到形成一个携带已知标记且足够稳定的原子核。在这种情况下，我们有可能回推出最初的那个原子核。然而，如果原子核同时裂变成多种较轻的原子核，这种办法就不适用。

20 世纪 50 年代末和 60 年代初，锘元素（原子序数为 102）和铹元素（原子序数为 103）就是这样被发现的。在伯克利，人们运用重离子直线加速器（HILAC）产生的硼离子束和碳离子束进行实验。这台全新的重离子直线加速器可以对介于氦离子（He^{2+}）和氩离子（Ar^{13+}）之间的离子进行加速，而且强度足以令其与锕系目标发生相互作用。与此同时，U300 回旋加速器在位于杜布纳的联合原子核研究所（JINR）投入使用。这个东欧版的核子研究中心也开始对超镄元素进行研究。离子束在目标上发生的反应被称为“熔合蒸发反应”，这是因为当粒子束中的原子核与目标原子核发生聚变反应时，产生的原子核处于激发态。为了回到基态，它们先使较轻的粒子（最常见的是中子）“蒸发”，然后使伽马光子蒸发。

瑞典诺贝尔研究所率先宣布了锘元素的发现。然而，美国和苏联的两个实验室却驳斥了这一发现。当时，它们正处于激烈的竞争之中。不过，这使研究成果得到了细致的复核。十多年后，锘元素的存在才毫无争议地得到了证实。

当新元素的发现获得了国际纯粹与应用化学联合会的认可且该元素至少有 3 个寿命超过 10^{-14} 秒的原子核时，发现者便有权为该元素命名。冷战期间，命名之争引发了一场“超镄元素之战”。和所有战争一样，这场争论也波及了其他团队。直到 1991 年柏林墙倒塌后，得益于一支由物理学家和化学家组成的国际研究团队，“和平”才得以恢复。

新的幻数模型

20 世纪末发展起来的液滴模型将原子核视为均匀的带电液滴，但是从理论上说，它无法预测铹元素之后的稳定原子核的存在。当原子核的表面张力无法抵消核内大量质子间的强大电斥力时，原子核就会立刻裂开。

20 世纪 40 年代末，格佩特-梅耶和延森通过研究建立了原子核的壳层模型，并获得了 1963 年的诺贝尔奖：格佩特-梅耶因此成为历史上第二位获得诺贝尔物理学奖的女性。令研究人员感到好奇的是，一些原子核的质子数和中子数是“幻数”（2、8、20、28、50、82、126），它们比相邻的原子核稳定得多。这一发现提醒人们核子属于量子粒子，并且按照模型的预测，它们像原子中的电子一样分层排布。这些量子效应赋予原子核额外的结合能，使其面对裂变时能够保持相对稳定：人们重新燃起了发现新元素的希望，对超重原子核的研究就此开始。

在寻找实验室生成的新元素的过程中，铲成为第一个通过子核（锘核）的X射线识别的元素。20世纪60年代末至70年代初，伯克利和杜布纳的研究团队合成了𨧀（原子序数为105）和𨭎（原子序数为106）。

"冷"核聚变

1976年，杜布纳的奥加涅相（Yuri Oganessian）宣布，运用铬和锰的重离子轰击铅靶和铋靶，合成了拥有107个质子的𨨏元素。这一新技术向稳定目标发射较重元素的粒子束，可以产生激发能级较低、在反应中存活率较大的原子核，这就是"冷核聚变"。请注意，不要把该技术与使氘元素变成氦元素的"冷核聚变"混为一谈。后者曾于1989年登上报纸头条，但是目前仍然存在争议。

1981年，一支参与寻找超重核的新队伍证实了𨨏的发现：它就是1969年于达姆施塔特成立的德国重离子研究中心。安布鲁斯特（Peter Armbruster）、明岑贝格（Gottfried Münzenberg）和霍夫曼（Sigurd Hofmann）组成的团队运用全新的全粒子直线加速器（UNILAC）产生的高强度粒子束，进一步完善了冷核聚变技术。这台加速器能够对介于氢和铀之间的所有离子进行加速，而它们经过的电磁分离器，也就是重离子反应产物分离器（SHIP），可以对飞行中的产物进行分离，并将超重核引向硅半导体探测器，从而识别它们的连续放射性衰变链及其后代的特征。

于是，𨨏成为重离子研究中心的研究团队通过冷核聚变产生的第一个元素。他们用这一技术发现了𨭆（原子序数为108）、鿏（原子序数为109）、𫟼（原子序数为110）、𬬭（原子序数为111）、鿔（原子序数为112）等元素。从一个新元素到下一个新元素，后者发生冷核聚变的可能性只有前者发生冷核聚变可能性的1/10。日本理化学研究所的森田浩介（Kosuke Morita）团队将该方法推向了极限，他们用了差不多 10 年的时间成功地从锌束原子核和铋靶原子核之间的冷核聚变反应中识别出 3 个鉨原子（原子序数为 113）：2003 年识别出第一个，2005 年识别出第二个，2012 年识别出第三个。

钙束革命

奥加涅相和他的导师弗廖罗夫（Georgi Flerov）又想出了一个好办法。他们用含有超多中子的钙-48（^{48}Ca）粒子束绕过了冷核聚变的物理限制。作为双幻数钙元素，钙-48 拥有 20 个质子和 28 个中子，相当稀有，在天然钙元素中的占比仅为 0.2%。要形成粒子束，必须使它的占比超过 60%。

在杜布纳，新的回旋加速器 U400 对每秒发出 4×10^{12} 个粒子的高强度钙-48 粒子束进行加速，并用它们轰击介于镎和锎之间的锕系元素。该实验通过所谓的“热”核聚变，合成了鉨（原子序数为 113）、𫓧（原子序数为 114）、镆（原子序数为 115）、𫟷（原子序数为 116）、石田（原子序数为 117）、氭（原子序数为 118）等元素。事实上，第一个发现 113 号元素的是日本团队，他们直接合成了该元素，而杜布纳的俄罗斯团队则率先通过镆元素的 α 衰变观察到该元素的存在。

通过热核聚变产生的超重原子核的衰变链以后代的裂变结束，这是此类原子核的特征。有时，这些同位素在通过新元素的放射性衰变产生前，从未被人知晓。为了识别它们，必须研发一些灵敏的低能 X 射线探测装置，因为这些 X 射线是元素的“指纹”。尽管杜布纳关于𫓧、镆、𫟷、石田的研究成果已经在重离子研究中心和伯克利得到了证实，而且探测到的 α 粒子的能量指明了发出原子核的身份，但是对这些新元素的电荷数和质量的精确识别并非没有引起争议：一支美俄联合团队早在 2003 年就宣布生成了镆元素，但是直到 2015 年该元素才得到承认。

如今，在化学性质已经得到研究的元素中，𫓧（原子序数为 114）的质量最大。在门捷列夫元素周期表中，它和铅位于同一列，这说明它应该具有重金属元素的行为。然而，由于超重原子核所带的正电荷非常多，所以带负电荷的电子的速度可以达到光速的80%，使它们的运行轨道有别于较轻元素的特征轨道。于是，𫓧可能具有稀有气体的性质，而不是重金属的性质。同理，如果能够生成足够多的鿫元素，那么模拟鿫元素电子云的相对论性效应，会发现电子云呈弥漫性分布，这赋予了这个“稀有气体”较强的化学活性并使其在常温下处于固体状态。

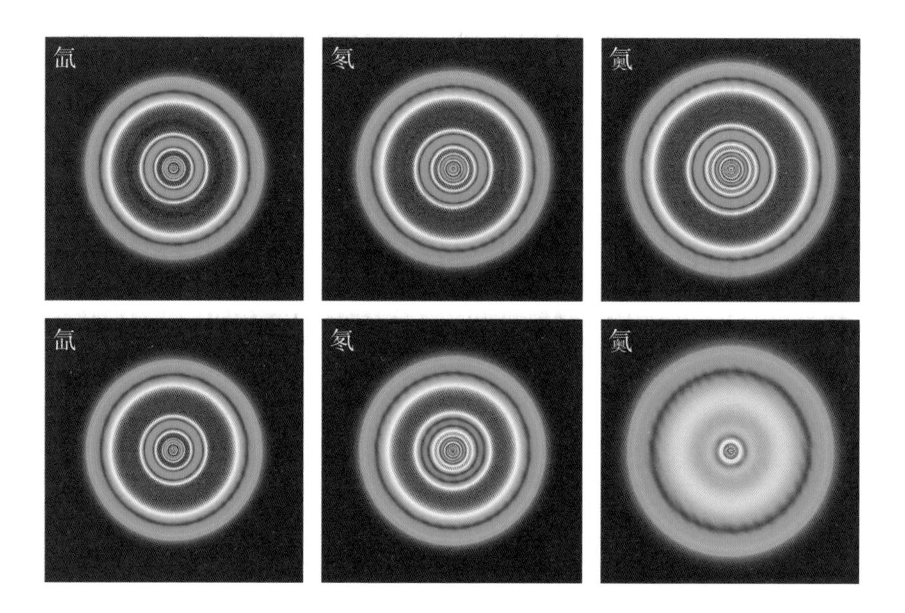

图4.11 模拟稀有气体的电子云结构。重核的电磁力使电子速度接近光速，理论预测指出了电子的局域化概率。上面3幅图是不考虑相对论性效应的情况下电子的局域化概率，下面3幅图则是考虑相对论性效应的情况下电子的局域化概率。对重元素来说，二者差别很大。因此，鿫核周围的弥漫性电子云应该赋予该元素不同于稀有气体的化学性质：较强的化学活性以及在常温下处于固体状态

2019年被称为“国际化学元素周期表年”。这一年，7个周期全部被填满，其中已知的最重原子核为鿫。它共有294个核子，其中118个是质子。要生成

3 个氭原子核，需要用钙束撞击锕靶 1080 个小时。氭元素的发现进一步提升了使用比锎更重的元素靶的可能性。这些元素靶在美国橡树岭国家实验室的高通量反应器内生成。对像锫（^{249}Bk，原子序数为 97）、锎（^{249,251}Cf，原子序数为 98）这样极其特别的同位素而言，几十毫克的制备费用就高达 1000 多万欧元！因此，我们目前最多只能生成几微克锿元素（原子序数为 99）：要突破这一限制，需要再次转变制备方法。

继续前行

研究人员使用比钙-48 更重的粒子束，通过热核聚变开始了合成 119 号和 120 号元素的尝试。在德国重离子研究中心和日本理化学研究所，研究人员试图用高强度的钒（^{51}V）粒子束撞击锔（^{248}Cm）靶。在杜布纳联合原子核研究所新的超重元素工厂（SHE-Factory）中，人们准备用钛（^{50}Ti）粒子束或铬（^{54}Cr）粒子束合成新元素。为了获得每秒发出数万亿个粒子的高强度粒子束，他们使用了斯特拉斯堡休伯特·居里安多学科研究所（IPHC）合成的具有挥发性的有机金属化合物分子。借助这些化合物，钛的同位素可以轻松地被电子回旋共振（ECR）离子源的等离子体吸入，从而在那里进行电离——与用接近 1700℃的高温加热钛元素使其蒸发并将其注入 ECR 离子源等离子体的“传统”方法相比，这是一个巨大优势。为了进一步提高强度，IPHC 在超重元素工厂和大型重离子加速器的在线放射性离子产生系统 2 号中研发了一个微型感应炉，可以在 ECR 离子源核部附近 2500℃的高温下运转。随后，研究人员使用重离子加速器将以这种方式生成的粒子束的能量提升至额定值，从而对稀有的锕系元素靶进行轰击。

这些实验之所以要求使用的元素靶能够承受如此高的实验强度和长时间的辐照，是因为钛发生聚变的可能性至少比钙发生聚变的可能性低 1 个数量级，相当于每发出 5×10^{19} 个粒子才产生 1 个原子核。

根据预测，拥有 119 个和 120 个质子且核子总数介于 295 和 298 之间的原子核的半衰期与探测所需的 1 微秒临界值非常接近。至于那些质子数超过 120 的元素，它们的存在时间非常短，甚至不足以让其穿过分离器：一些幽灵原子蒸发得无影无踪。此外，虽然在不同模型中的差异很大，但是元素在自发裂变前的存在时间必然会随着原子核质量的增大而缩短。极其短暂的寿命将给核素图和元素周期表加上实验极限。对质子数巨大的原子核而言，某些形状或许能尽可能降低其受到的库仑力，比如环形核和气泡核，不过目前这只是一种推测。

那么，尽头在哪里？预测周期表的最后一个元素并非易事：当质子数超过 130 时，原子核的存在时间很可能极其短暂，甚至难以称得上是一个拥有能够赋予其化学性质的电子云的原子。此外，量子电动力学给出了估算结果：当原子序数约为 173 时，由于某些电子的结合能超过了建立正负电子对的下限，原子将变得不稳定。

图 4.12　超重核工厂。在杜布纳联合原子核研究所，一个新的超重核工厂于 2019 年投入使用。按照设计，这台加速器产生的钙-48 粒子束每秒可发出 10^{18} 个离子，它的强度是其他装置强度的 10 倍。此外，这台加速器还可以产生更加奇异的粒子束，比如钛-50、铬-54 等

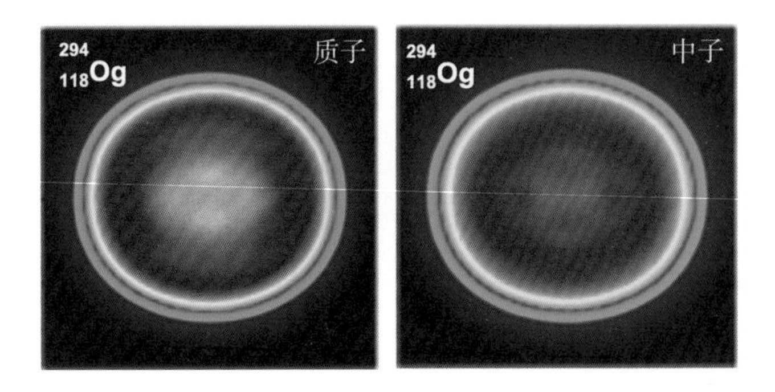

图 4.13 极端条件下的原子核。关于极端质量和电荷条件下超重核结构的理论预测指出，可能存在特殊的或非典型的核结构。比如，理论模型预测，受电斥力影响，在氮-294（$^{294}_{118}Og$）原子核的中央，质子密度较低（左图），这种原子核被称为“气泡”核，它的内部密度大大降低。至于中子的密度，人们并未观察到类似的情况

稳定岛之梦

强相互作用保证了原子核的稳定性。这种极短程力与质子间的电斥力相反。结合能随着核子数的增加呈线性变化，而电斥力则随着质子数的平方变化而增强：根据初步预测，原子核越重，寿命越短。

另一个影响稳定的因素是中子的数量：它参与强相互作用并且可以消除质子间的电斥力。因此，要建立稳定的超重原子核，需要大量中子。但是，目前生成的同位素的中子数都不多，属于丰中子超重核的大片区域仍未得到探索。此类原子核可能在恒星内的快速中子捕获过程中生成，该过程最后产生的丰中子超重核的裂变属性有助于使较轻的元素在宇宙中大量存在。因此，超重元素或许源自天体物理灾难。它们可能存在于宇宙线之中，甚至地球之上。不过，相关研究目前还没有得出结果。

最后，核子的量子性质使幻数附近的元素具有稳定性。在壳层模型中，每一层均拥有一定数量的空位，它们将逐渐被质子和中子填满。当一层被填

满时，原子核将拥有特殊的稳定性，与稀有气体的化学惰性有些类似。比如，铅-208（^{208}Pb）拥有 82 个质子和 126 个中子，属于双幻核，它的质子层和中子层都已经被填满。铅-208 是目前已知的最重的稳定核。

继 126 之后，下一个幻数可能是 184。因此，理论上可能存在一个拥有 126 个质子和 184 个中子的双幻核。不过，人们对质子的数量存疑：考虑到电斥力和所需的大量中子，下一个质子幻数可能小于 126。于是，人们提出了多个数字（比如 114、120）。可见，研究的对象可能不止一个数字，而是一座广袤的岛屿。幻数之所以不止一个，是因为质子和中子所在的轨道具有简并性。因此，幻数对应被占据的低简并度轨道，周围是高简并度轨道。于是，𫓧（原子序数为 114）成为稳定岛的首个元素。不过截至目前，人工生成的𫓧原子核最多只有 175 个中子。

提高超重核中子数的可能途径之一是使用更加奇异的锕系元素靶，从而在一开始就拥有更多的中子，或者试图识别更加稀有的反应路径。于是，通过聚变反应产生的原子核不仅释放几个中子以降低温度，还释放了一些带电粒子（比如质子和 α 粒子）。如今，一种备受争议的方法是使用另一种反应：多核子转移（MNT），即让粒子束中的锕系离子与锕系元素靶的原子在可以发生大量核子交换的条件下产生相互作用。

在壳层量子效应的帮助下，其中一方接近铅-208 双幻核，"迫使"另一方获得质子和中子，形成丰中子超重核。理论预测及德国重离子研究中心、法国大型重离子加速器和美国阿贡国家实验室运用较轻元素进行的初步测试均带来可喜结果：此方法可能产生新的超重同位素，甚至可能触及假设中的稳定岛。

稳定岛上的原子核可能拥有很长的寿命，甚至与地球同龄。有些人希望发现一些化学性质未知的新材料，而这种可能性促使一些物理学家在陨石、宇宙线和地球上的一些矿石中寻找可能存在的痕迹。不过，目前暂未成功。在实验室中，这些同位素的预测寿命越来越长，可能需要新的识别方法，因为通过放射性衰变链追溯原子核的遗传相关技术可能不再适用。于是，人们考虑

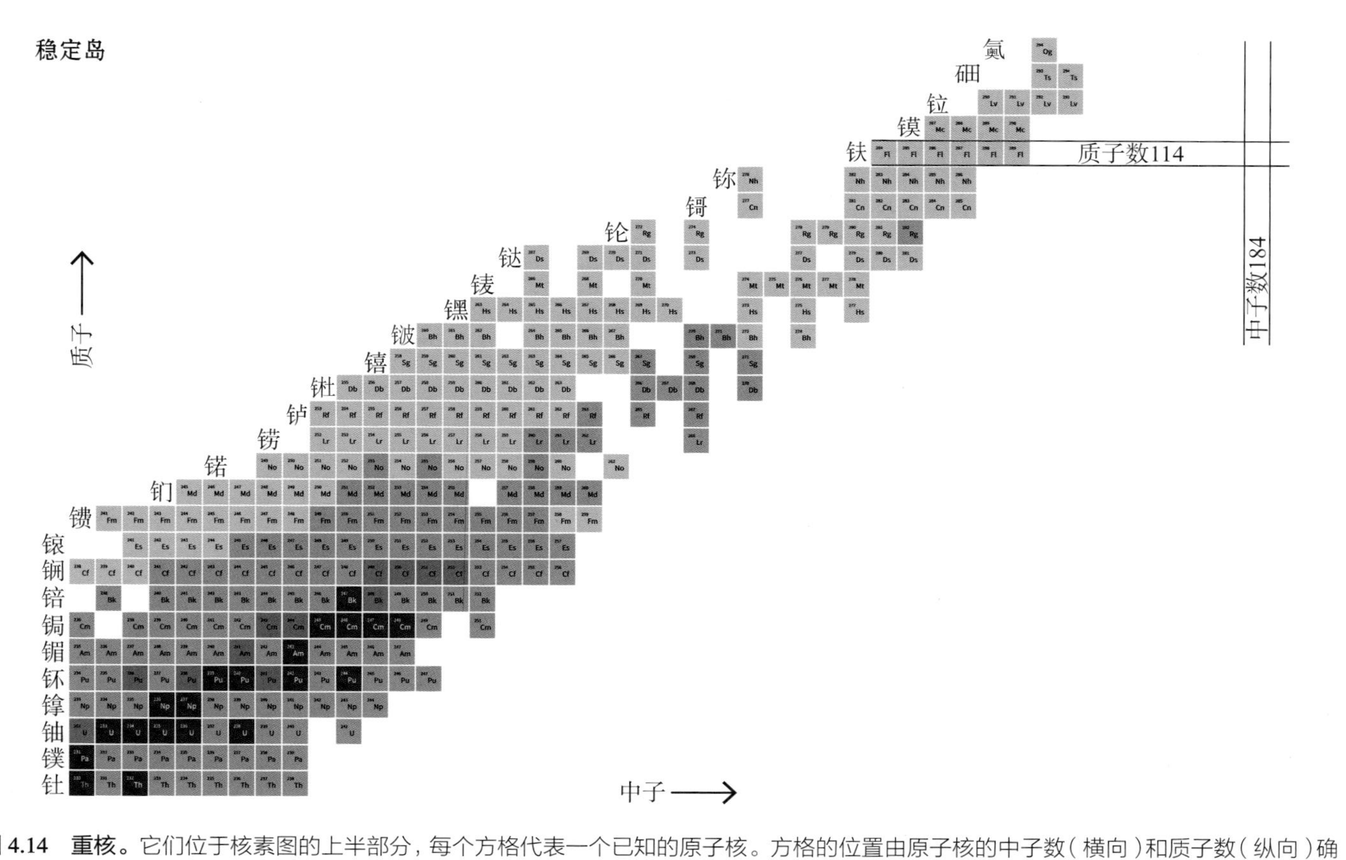

图 4.14　重核。它们位于核素图的上半部分，每个方格代表一个已知的原子核。方格的位置由原子核的中子数（横向）和质子数（纵向）确定，标有对应的元素符号（从钍元素到氮元素）。方格的颜色代表其测得的寿命（颜色越深，半衰期越长）。代表质子数为 114 和中子数为 184 的两条线确定了稳定岛的潜在位置，其周围的原子核的寿命可能比已经观测到的同位素的寿命长得多

图 4.15　大型重离子加速器的超级谱仪-分离器 S3。该装置用于筛选和识别超导直线加速器发出的重离子束与目标靶之间通过反应产生的原子核，特别是研究重原子核、超重原子核以及质子数和中子数几乎相同的原子核的结构

使用彭宁离子阱或者多反射飞行时间质谱仪对质量进行精确测量。此类装置已经安装于德国重离子研究中心和日本理化学研究所，并且准备在法国大型重离子加速器上安装。如果产生的原子核处于亚稳定状态并且它的寿命超过分离器的飞行时间，就可以对其退激时发出的 X 射线进行探测，从而识别它的原子序数。

日本理化学研究所的羽场宏光（Hiromitsu Haba）致力于鿏元素的追踪。用他的话说："我们已经进入寻找超重核的新阶段，这不仅体现在化学领域，还体现在技术和方法领域。"我们可以观察到多少种新同位素和新元素？谁是核子数最多的原子核？目前，无人能给出答案。然而，即使我们掌握超重元素宏观量的可能性微乎其微，了解核子和电子在这些电荷数和质量极大的系统内的排布方式仍有助于我们形成描述物质的方法。

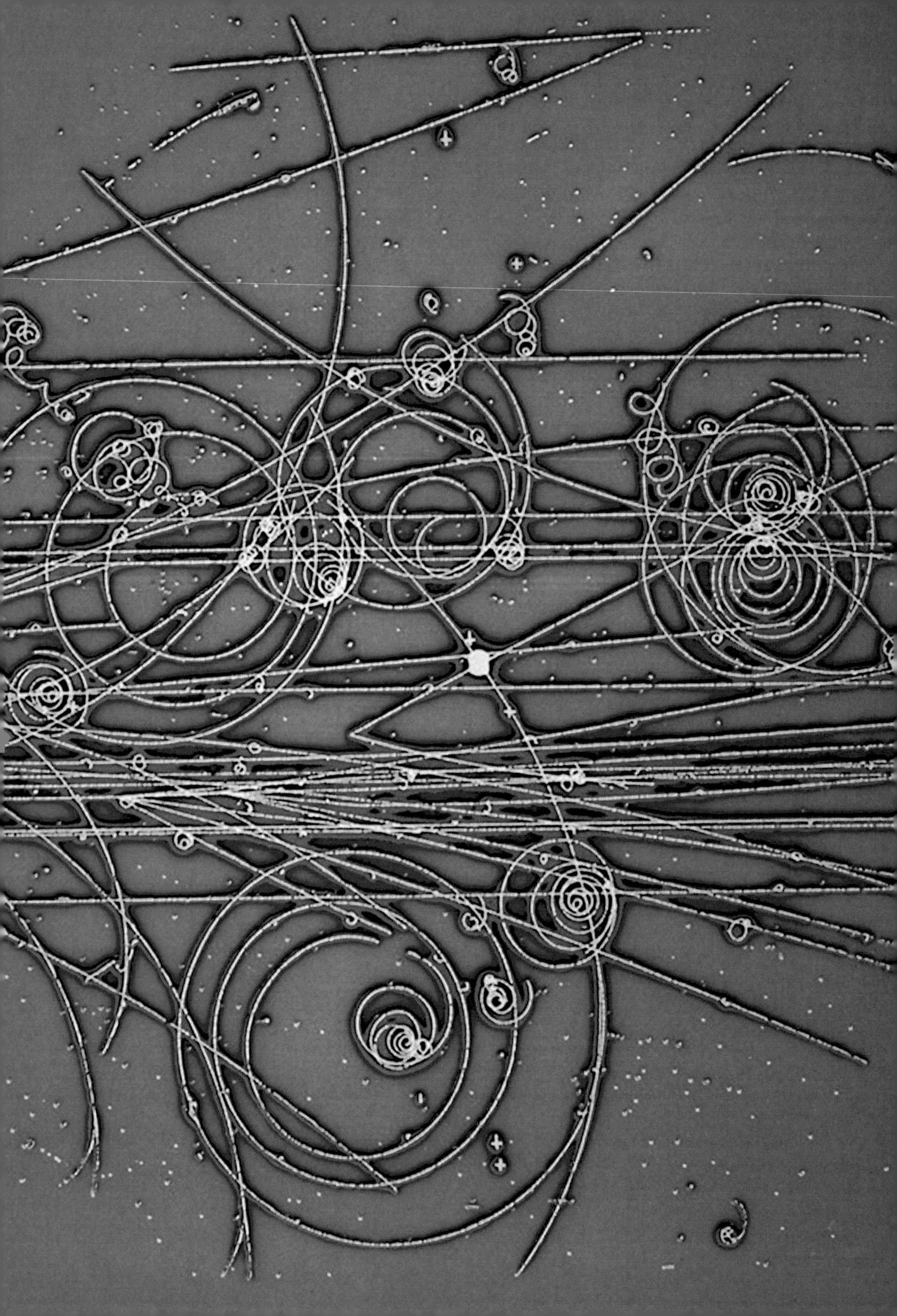

5 非常问题，非常手段

◀

图 5.0　20 世纪 50 年代，气泡室的使用使粒子径迹可视化。1960 年，CERN 的首个气泡室建成，直径仅 32 厘米的它拍摄了一束能量为 16 吉电子伏特的负 π 介子产生的粒子喷注图像

柏拉图大教堂

在 CERN 的 LHC 投入使用前，我们举办了一场以“看见粒子”为主题的科学节活动。一名年轻的女中学生热情满满，毫不犹豫地花了 2 个小时，搭乘公共交通工具前来参观我们的实验室。结果令她很失望！她本想亲眼看见电子和夸克：然而，作为观测无穷小的“显微镜”，粒子物理探测器无法直接观察到这些粒子，只能反映它们留下的特征印迹。

和柏拉图洞穴内的影子一样，物理学家看见的只是无穷小留下的径迹。他们需要基于这些径迹还原粒子世界。因此，研究员和工程师的全部智慧就体现在如何用淹没在大量信号中的短暂低振幅信号探测这些径迹。我们能否在未看见粒子的情况下了解这些粒子？

从卢瑟福到 LHC

第一个包含粒子物理实验元素的实验可以追溯到 1909 年，卢瑟福从中发现了原子结构。他使用了一个 α 粒子放射源、一个将被 α 粒子穿过的目标靶和一台带电径迹探测器：带正电的 α 粒子将在硫化锌屏幕上留下光信号，研究人员用裸眼即可对其进行观察和计数。在这场历史性的实验完成后，短短几年内，人们知道了所有能使粒子与探测器发生相互作用的物理过程。

自粒子物理学诞生以来，探测器拍摄的照片令人着迷，而且它们的发明者常常被授予诺贝尔奖。比如，1927 年，查尔斯·威尔逊（Charles Wilson）凭借云室获得了诺贝尔奖；1960 年，格拉泽（Donald Glaser）凭借气泡室获得了诺

图 5.1 超导环场探测器（ATLAS）是 LHC 上最大的探测器。这张照片拍摄于该探测器建造之时：远处，量能器正在被放入 8 个用于产生环形磁场的空心磁体线圈之间

贝尔奖。此外，这里还要提一下布劳(Marietta Blau)。这位奥地利女物理学家率先在核乳胶中观察到粒子径迹，不过她的研究因战争而中断。拥有同样遭遇的还有乔杜里，她率先在印度观察到 π 介子的径迹。最终，鲍威尔(Cecil Powell)和他的团队完成了关于 π 介子的研究，并获得了1950年的诺贝尔奖。20世纪30年代，人们开始了火花室的研发。该装置由一系列被施加了高压的极板组成，电离粒子在极板间产生火花，并通过拍摄的照片得到研究。

在电离过程中，穿越物质的带电粒子或者光子将使原子的电子云释放1个电子。早在20世纪初，皮埃尔·居里和玛丽·居里就已经用上了早期的电离室。1911年，盖革计数器开始研发。当电离粒子引起放电时，计数器便会发出具有代表性的噼啪声。人们可以用静电计读取探测器中央的细丝产生的信号。至于中子或其他中性强子，它们与被穿越物质的原子核发生相互作用，引起次级电离。该现象是现代探测器的基础。如果电子云中的电子没有被释放，只是被激发，那么人们将会探测到闪光：这一现象在某些晶体或者无机物中尤为常见。1934年发明的光电倍增管如今仍在使用，它可以将光子转化为电信号，从而将不同探测器组合起来，并在晶体管发明之前就引入了能够从信号中筛选出某些特殊信号的逻辑电路。

1992年诺贝尔奖得主夏帕克(Georges Charpak)于20世纪60年代末发明的多丝正比室改变了粒子物理学的面貌。这台探测器不像盖革计数器那样用一根细丝测量带电粒子的通过情况，而是用数百根甚至数千根安装在充满气体的空间内的细丝进行测量。当时，该装置可以为还原粒子的飞行径迹提供较高的计数速度、简单且迅速的分析以及极高的分辨率。电子技术的发展实现了信号的自动分析。20世纪70年代，粒子物理学成为微电子技术发展的动力之一。20世纪80年代以来，信息技术的飞速发展、移动通信技术、微芯片的大规模制造先后推动了探测器的进步，掀起了物理探测器的第二场革命：引入了微电子和可编程电路。人们可以对占地几十平方米、拥有数亿条电路的探测器进行极其精细的划分(使用50微米 ×50微米的衬垫)，尤其是相当于手机摄像头的硅探测器。

如何观测和识别粒子

1973 年安装在斯坦福直线加速器中心斯坦福正负电子非对称环（SPEAR）对撞机上的马克 1 号（Mark-1）探测器是世界上第一台“现代”探测器。当时的想法颇具创意：围绕相互作用点建造一台尽可能密闭的探测器，多种探测手段接连使用，像洋葱一样层层叠叠。它的最终目标是清楚地测量和识别相互作用产生的所有粒子。

磁场使带电粒子的径迹发生偏移。沿着径迹设置探测区，可以测量粒子的电荷和动量。很明显，动量越大，偏移程度越低，因此能量粒子的测量精度有限。那么，这个带电粒子究竟是电子、π 介子还是 μ 子？要回答这一问题，还需要一些额外信息，比如电离失去的能量、飞行时间的测量结果以及对切伦科夫光或者跃迁辐射的探测结果等。技术的选用则取决于研究的对象、进行的测量以及能量范围。

由于 μ 子几乎不与物质发生相互作用，所以要探测该粒子，只需将高度致密的材料置于运动轨迹之上并在后方增设探测区。对信号的测量结果说明了 μ 子的存在，而其他带电粒子则被拦下。当然，要证明这一点，必须将致密材料前后探测区的径迹联系起来。探测区可以多种多样（比如硅平面、气体探测器等），它们构成了径迹探测器。

与 μ 子相反，电子很容易与材料发生相互作用，失去能量并产生主要由光子和次级正负电子对构成的电磁簇射。事实上，前期为了只让 μ 子通过而放置的致密材料吸收了其他所有粒子。如果给它装上用于探测光线或者次级电离粒子的设备，那么它们就成了量能器，可以测量入射粒子的能量。有了能量的测量结果，结合带电粒子的径迹以及簇射在横向和纵向上的延伸形状，就可以识别出电子。如果簇射没有入射轨迹，就说明通过的粒子是光子，因为光

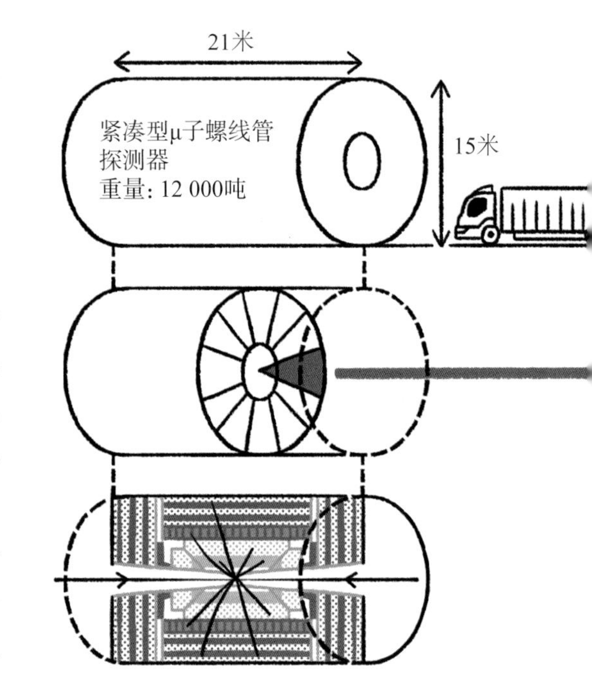

图 5.2 如何观察粒子碰撞。针对每一次碰撞，物理学家的目标是统计产生的各种粒子的数量、跟踪它们的移动，并找出它们的特征，从而还原整个过程。为此，探测器由多个探测层构成，每一层将提供特定的线索。以紧凑型 μ 子螺线管探测器（CERN 四大探测器之一）为例，在探测器的中央靠近碰撞点的地方有一台径迹探测器，负责记录带电粒子的径迹并测量径迹的曲率和粒子的动量。径迹探测器之后是用于测量光子、电子或正电子能量的电磁量能器，然后是用于测量强子（质子、π 介子、K 介子）能量的强子量能器，接着是超导螺线管，它的作用是使带电粒子的径迹弯曲，以达到区分不同粒子和确定动量的目的。紧凑型 μ 子螺线管探测器的外层则是用于识别 μ 子的 μ 子室

子是一种中性粒子。

至于相互作用产生的夸克和胶子，对它们的识别更加困难。事实上，人们从未直接探测到它们，而且它们很快就会通过强子化过程产生带电或者不带电的粒子，形成锥形喷注。与电子相比，要拦下这些会产生强子簇射的粒子，需要更多的材料。因此，致密材料大致分为两部分，一部分较薄，用于拦截电子 / 光子（即电磁量能器），另一部分则更加致密，用于拦截剩余的强子簇射（即强子量能器）。致密材料和信号探测技术的选用形成了多种搭配，也带来了许多技术上的挑战。

在相互作用产生的所有粒子中，最难识别的是中微子。它几乎不与物质发生相互作用。不过，如果其他粒子都得到了测量，就可以通过初始状态的特征和能量-动量守恒定律从总能量或缺失的横向能量中推导出一个或多个中微

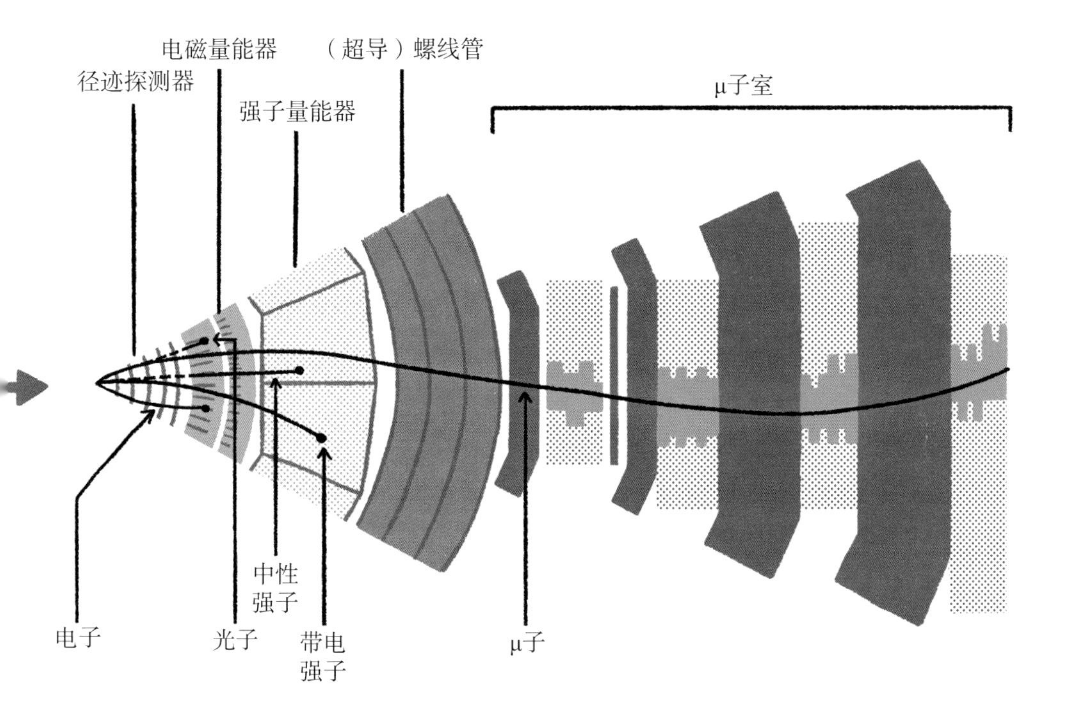

子的存在。

从识别和观察碰撞产生的粒子开始，不同的选择算法可以让我们从数十亿次碰撞中分辨出希格斯玻色子、Z 或 W 玻色子、顶夸克对等不同粒子的产生过程。

庞大的 LHC

如果你到了日内瓦，别忘了打听一下：如果 LHC 不在工作状态，那么你或许可以参观超导环场探测器（ATLAS）或者紧凑型 μ 子螺线管探测器（CMS）。几乎没有人会对这些顶级探测器不感兴趣。在 LHC 内，粒子束每秒相交 4000 万次，平均每次相交发生 60 次质子–质子相互作用，而且质子撞击时的能量巨大（目前已达到 13 太电子伏特），因此 LHC 必须拥有庞大的体积。这些探测器设计于1990年，但是直到2010年，人们才完成使用这些仪器所需的研发工作。

特别是，中子和带电粒子的高强度辐射需要研发相关材料和坚固耐用并能快速产生信号的微电子部件。为了建造径迹探测器，需要修建数百平方米的硅传感器，效果与手机摄像头的效果类似。此外，还需要在径迹探测器的外围设计和建造体积庞大的超导磁体，目的是产生能够精确测量带电粒子动量的磁场。虽然ATLAS和CMS两个实验采用的技术不同，但是性能相似。而且，使用的实验理念不同也有好处，特别是可以排除仪器误差导致的结果。

两个探测器的中央均为封闭的桶状结构，每一段被“塞子”塞住，将相互作用点完全包裹起来。桶部呈圆柱形，塞子呈圆盘状。ATLAS的首要特征是庞大的体积（长45米，高25米，相当于一栋8层建筑物）和8个巨型线圈。至于CMS，它“只有”21米长，15米高，但是它的重量（1.4万吨）和红色、蓝色、绿色、黄色等鲜艳的颜色令人印象深刻。

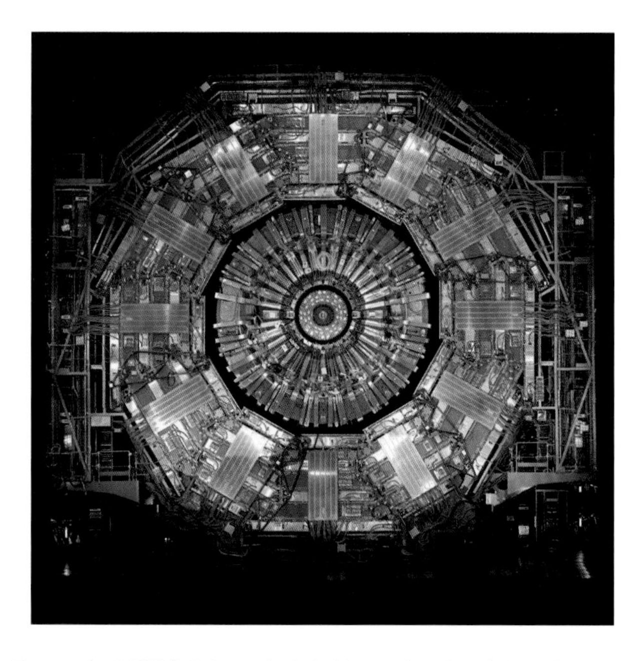

图5.3 CMS是LHC上最重的探测器。在这张剖面图中，浅褐色部分为径迹探测器，蓝色部分为插入螺线管中的量能器，周围则是磁场回转装置和μ子测量系统

两个探测器之所以存在如此明显的差别，是因为它们使用的磁体不同。CMS 运用一个 4000 吨重的超导螺线管，产生强度为 4 特斯拉的磁场。这根直径为 6 米的超导螺线管长 12 米，是世界上最大的超导螺线管。ATLAS 则采用双磁体系统，里层为螺线管，将径迹探测器裹在里面，外层则是标志性的环状空心磁体，其产生的磁场使 μ 子发生偏转。

为了查明相互作用点附近发生的事，两个实验使用了搭载分段式传感器的硅平面探测器。这些探测器要么是朝着某个方向的精细轨道，要么是小半径像素单元：在 ATLAS 或者 CMS 的数亿条电路中，这些探测器占了一半以上。这些“像素”探测器或者“棋盘”探测器是技术领域的珍宝，可以满足实验要求，尤其是在抗辐射性能和测量密度方面。每个像素单元的边长为几十微米，其中的小型电子器件通过比头发还细的小型焊球相连：它们是使探测器跟得上粒子束每秒相交 4000 万次的惊人速度并告诉人们像素单元在何时被触及的关键。

图 5.4　粒子径迹照片。像素探测器（图中为 ATLAS 实验使用的像素探测器）以半导体技术为基础。当带电粒子通过时，它们将产生可测量的电子-空穴对。像素探测器能以极高的精度探测带电粒子在距离相互作用点最近的地方的径迹

自 2029 年起，这些硅平面将被更换为抗辐射性能更好、厚度更薄的探测器（100 或 150 微米）或者电荷收集速度更快的三维传感器。不仅如此，到本世纪 20 年代后半段，LHC 将进入高光度阶段。届时，面对更高的质子撞击率，探测器的分段将更加精细。事实上，当 LHC 的光度提升后，质子束每次相交将发生 200 次碰撞，而现在的碰撞次数“仅”为 50 多次。此外，尚未用于 ATLAS 和 CMS 实验的单片式有源像素传感器（MAPS）将传感器和电子器件合二为一，实现了近乎透明且粒度更高的探测器。

一台手风琴和 75 000 个晶体

至于量能系统，两台探测器使用的技术差别很大。ATLAS 的电磁量能器属于“采样”型，其中的铅层和液氩层交替设置，前者负责将粒子拦下，使其转化为次级粒子簇射，而后者则用于收集电离信号。因此，量能器测量的只是产生的粒子簇射的能量“样本”，不过这足以精确计算入射粒子释放的总能量。20 世纪 90 年代以来，这项技术已经较为成熟，在许多实验中都有应用，而且长时间内稳定性很高，耐辐射的能力也很强。不过，要达到 LHC 的要求，信号的收集速度必须大幅提高。于是，人们提出了一个巧妙的想法，那就是将电磁量能器建成“手风琴”的形状，并使用信号收集速度足够快的电子器件。于是，人们又用了数年的时间建造这些部件（折叠成“手风琴”状的铅版和电极、低温恒温器等）并将它们组装起来。

至于 CMS 探测器，它的量能器是一座真正的水晶宫殿！这是一个全吸收型量能器，也就是说粒子失去能量后，将在同一个材料中产生可以被测量的信号。此类量能器对低能粒子的测量通常更为精准，主要的挑战在于研发并制造 75 000 个能够产生足够光线并且能够抵抗辐射的晶体。

图 5.5 ATLAS 的手风琴状量能器。这种“采样型”量能器由拦截粒子的致密材料（此处为铅）和敏感材料堆叠而成。这些敏感材料可以探测产生于致密材料的次级粒子簇射，从而测量入射粒子的能量。ATLAS 的量能器的特点在于它的“手风琴”形状，尤为紧凑且统一

这些钨酸铅（PbWO4）晶体在俄罗斯和中国生产。单晶呈条状，切面面积为 2 至 3 平方厘米，长 20 多厘米，和玻璃一样透明，但重量是玻璃重量的 4 倍。整个量能器拥有 75 848 个晶体，体积为 11 立方米，重 92 吨。不幸的是，由于端盖部分有大量粒子穿过，所以晶体的透明度越来越低。因此，从 2029 年开始，该量能器将被首个大型成像型量能器所取代。这一大胆的技术自本世纪前 10 年开始研发，将精细分割的硅平面与钨平面合在一起，交替放置，实现五维测量：位置（三维）、能量和时间。这样，人们将有可能“欣赏”一部关于粒子簇射生成的影片——虽然这部影片不会轰轰烈烈地上映，却能激起物理学家的巨大兴趣。

新的想法与突破性技术

要研发今后实验所用的探测器，从最初的想法到投入使用，需要 10 年至 20 年的时间，其间需要经过设计、原型机和建造等步骤。整个过程需要一直进行测试、复盘、性能评估，并据此提出修改意见等。持续研发新技术必不可少，一些没有明确目标的开发也很重要：人们常说，电灯泡的发明并非基于对蜡烛的不断优化。

像 CMS 的新量能器那样分段越来越精细、拥有数十亿条电路的探测器是目前的大势所趋。然而，为满足计算机、电话等产业的需要，微电子技术和光电子技术发展非常迅速，与我们漫长的设计周期基本不匹配。

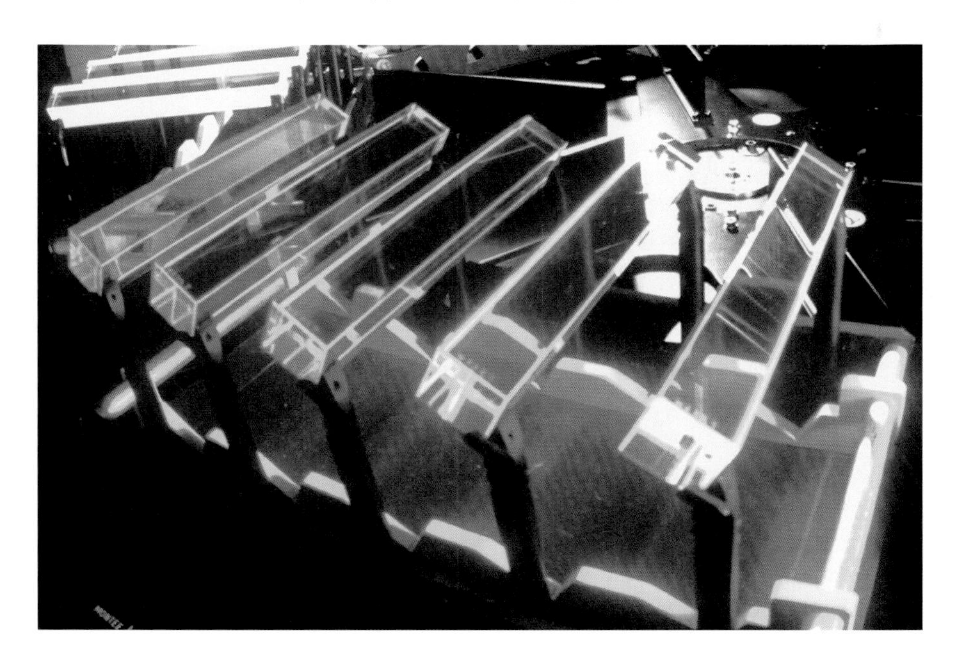

图 5.6　CMS 的量能器使用的 75 000 个晶体。由于密度较高，钨酸铅晶体可以将粒子拦下，使其在晶体中形成次级粒子簇射，而簇射中的光子能够穿过透明晶体并直接得到测量。产生的光量与入射粒子的能量成正比

如今，径迹探测器使用的硅平面上的像素单元越来越小。由于建立传感器和电子读出电路之间的联系已变得非常困难，所以硅平台的制造已达技术极限。互补金属氧化物半导体（CMOS）既包含灵敏的粒子传感器又包含读出电路，无疑是未来对撞机最有希望使用的探测器模式。不过，它们忍耐高强度辐射的能力还需大幅提升。此外，在发生大量撞击且径迹彼此重叠的环境下，此前几乎未得到利用的径迹时间测量或许能够开辟新的思路。因此，提高时间测量精度是一个挑战。目前，测量的精度大约为 30 皮秒（1 皮秒 = 10^{-12} 秒），而要运用五维算法（位置、时间、能量）并结合各次级传感器获取的信息还原粒子原貌，测量的精度需要提升至数皮秒。

探测器的充电部分、降温部分和信号提取连接部分均由惰性物质制成：粒子穿过时，探测器的上述部分不会产生任何信息、不会影响测量结果。研发低密度材料、微通道冷却系统和无线读取程序都是未来的技术路径。别忘了，这些成果还能降低探测器对环境的影响。

除了大幅优化现有技术，使用纳米技术或者量子探测器也能使探测技术发生革命性的变化，只要它们可以用在如此庞大的仪器之上。

在山中

当弗雷瑞斯隧道暂停通行十几分钟时，驾驶员们大概率不会想到，暂停通行的原因是在 6.5 千米处，一个研究团队正在通过 6 号防火避难所的金属门，而后方就是摩丹地下实验室（LSM）。该实验室是欧洲最深的地下实验室，岩石覆盖厚度达 1780 米（即 4800 米水当量）。同时，它也是全欧洲受天然放射现象影响最小的地方，宇宙 μ 子的通量最低，仅次于加拿大的萨德伯里中微子观测站实验室（SNOLAB）和中国的锦屏地下实验室（CJUL）。这两个实验室的深度相仿，分别为 6010 米水当量和 6720 米水当量。

在所有产生于高层大气的粒子中，宇宙 μ 子是影响稀有信号研究的背景噪声的最大贡献者。它们或直接或通过产生的次级粒子与探测器发生相互作用。在地面和海平面，每分钟每平方厘米大约有 1 个 μ 子通过，而在摩丹地下实验室，μ 子通量大约只有前者的 200 万分之一。

于是，摩丹地下实验室凭借抵御宇宙辐射的巨型天然屏障，为大量研究稀有事件且需要尽可能降低放射性背景噪声的粒子物理学实验提供了机会。该实验室建于 1982 年，一个名为“DVP”（质子寿命）的合作项目在那里放置了一台探测器，用于研究衰变。此后，摩丹地下实验室又进行了一些实验，通过直接探测研究暗物质或者通过测量无中微子双 β 衰变探测中微子的基本属性。一些实验甚至用于推定葡萄酒的年份。

图 5.7 摩丹地下实验室的入口。该入口位于弗雷瑞斯隧道中央，保蒙峰下，岩石覆盖厚度为 1780 米

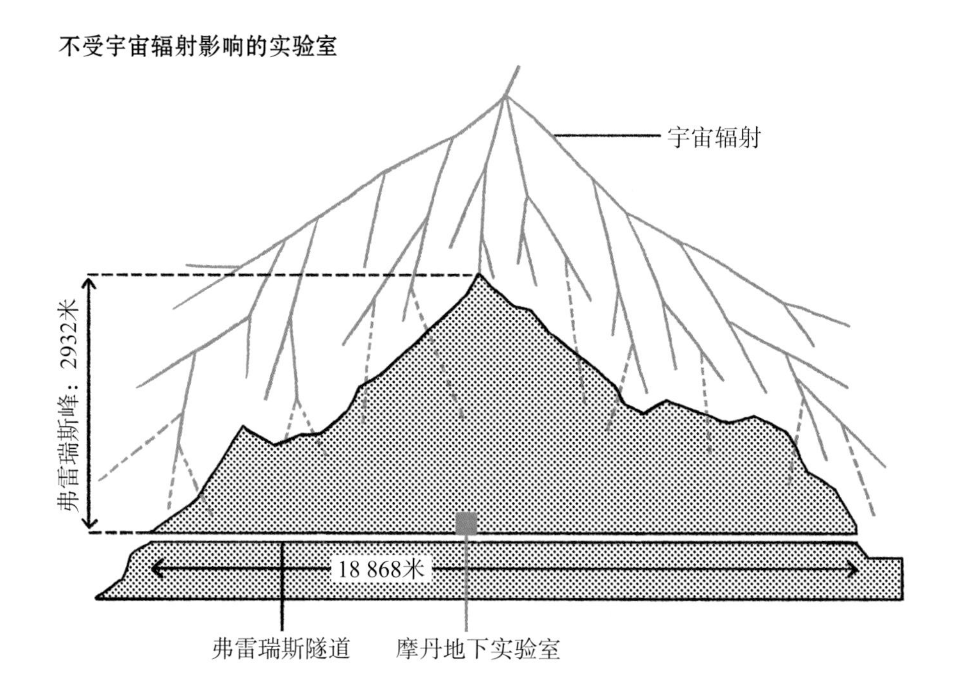

图 5.8 地下实验室。宇宙辐射持续产生背景噪声，干扰粒子物理实验。为了解决这一问题，人们在弗雷瑞斯峰下挖出了摩丹地下实验室。该实验室距山顶垂直距离 1700 米，几乎位于这条连接法国和意大利的公路隧道的正中间。在地表，平均每平方米落下的宇宙辐射粒子高达 800 万至 1000 万个，而在摩丹地下实验室，平均每平方米通过的宇宙辐射粒子只有 4 个

黑暗洞穴中的暗物质

估算星系团等天体质量的方法不止一种：要么研究它们的速度（“动质量”），要么研究它们发出的光能总量（“发光质量”）。然而，第一种方法估算的结果总是远大于第二种方法估算的结果。因此，一定存在我们看不见的物质，它们在宇宙物质中的占比达到 85%。目前，我们对这些暗物质几乎一无所知。

然而，恒星动力学研究明确指出：如果暗物质粒子的质量是质子质量的数十倍，那么它们应该在地球上随处可见，通量约为每秒每平方厘米100万个。因此，如果暗物质发生相互作用的可能性足够大，比如和中微子与原子核发生弱相互作用的可能性差不多，那么我们每年应该可以在每千克探测器内观察到数百个暗物质粒子，从而标志着暗物质的发现。

于是，人们产生了直接探测暗物质的想法。1985年，普林斯顿大学的古德曼（Maury Goodman）和威滕率先提出了这一想法。他们认为可以借助探测器的原子核，通过暗物质的弹性散射，实现对暗物质的探测：暗物质在探测器内与原子核发生相互作用，使原子核发生微弱移动，形成核反冲并释放可以被探测器测量的能量。由于该能量达到千电子伏特级别，而且当时已有大量对其敏感的探测器技术，所以人类首次探测和发现暗物质似乎近在眼前。然而，古德曼和威滕的论文已经发表了30多年，仍然没有实验探测到暗物质的存在。暗物质仍然是一个彻头彻尾的谜团。

虽然研究人员用了几十年都未能探测到暗物质的信号，但是这并未影响他们对这一神秘粒子的痴迷。如今，全球30多个实验和项目正在寻找它的踪影。虽然采用的方法和技术不同，但有一点是相同的：必须在地下实验室内进行，从而免受宇宙背景噪声的影响。事实上，这些实验的灵敏度很低，每年每吨探测器测量的暗物质事件不足1个。如此低的频率要求使用非常庞大的探测器，至少是吨级，而且背景噪声必须大幅降低，因此只能在矿井底部或者山体之下进行实验。

摩丹地下实验室内正在或将要进行的实验包括球形气体探测器新实验（NEWS-G）、摩丹的电荷耦合器件内暗物质实验（DAMIC-M）、地下实验室弱相互作用大质量粒子探测实验（EDELWEISS）等。它们使用的技术或者探测策略不同。EDELWEISS实验使用的低温锗（原子序数为32）探测器组安装在液氦稀释制冷机内，这是人类唯一掌握的能将温度降至20毫开（即绝对零度以上0.02摄氏度）的方法。弱相互作用大质量粒子一方面会使探测器内的原子核发生反冲，进而释放热量，另一方面会引发电离。这种假想粒子的质量及其发生相互作用的可能性决定了信号的强度。EDELWEISS 实验能够测量出不足 1 毫开的温度上升和数十个电子的电离，它们对应的能量释放仅为几十电子伏特。

为了达到这种灵敏度，必须尽可能保护探测器免受外界干扰的影响。除了庞大的岩体遮挡外，制冷机周围还有由铅和聚乙烯构成的巨大屏障，最大限度地降低环境中的放射性造成的背景噪声。低温探测器可以测量出非常微弱的能量释放，让 EDELWEISS 实验能够探测到所谓的"轻"暗物质模型，即质量小于质子质量的暗物质模型，而其他大部分实验都难以达到这种灵敏度。

意大利格兰萨索国家实验室的两台巨型实验装置"DarkSide"（黑暗面）和

图 5.9　制作 EDELWEISS 实验使用的热辐射测量仪。将电极置于锗晶体上，然后用 25 微米厚的超声波焊接线将电极连在一起并接入用于读取的电子器件。随后，将热辐射测量仪放入制冷机降温

“Xenon”（氙）也是如此。这间实验室是欧洲最大的地下实验室。两个实验分别用液氩和液氙作为靶材。为了探测所谓的“大质量”暗物质模型，即质量达到质子质量数十倍甚至数百倍的暗物质模型，人们专门对装载了超过 3 吨液氙的“Xenon1T”装置进行了优化。该装置的灵敏度非常高：暗物质与液氙发生相互作用的概率为每年每吨 1 次。于是，这些实验试图将靶材的质量提升至数十吨。

暗物质的风

然而，随着实验灵敏度的不断提高，物理学家们很快就会遇到最大的背景噪声：太阳中微子以及宇宙线和大气相互作用产生的中微子。这些地下实验室无法防范的中微子将干扰对可能存在的暗物质信号的探测并限制可以被探测到的暗物质的属性。再过几年，人们就将触及这块“中微子天花板”。

不过，突破天花板并非不可能！事实上，大量研究已经指出，如果能够同时测量入射粒子与探测器的原子核发生碰撞所产生的核反冲的能量和方向，就能区分宇宙中微子引起的相互作用和暗物质粒子引起的相互作用。这就是所谓的暗物质方向性探测。这个研究领域已经存在了十多年，在摩丹地下实验室进行的微型时间投影室阵列（MIMAC）实验便是该领域的先驱性实验之一。

该实验使用的时间投影室（TPC）装有十几毫巴的低压气体，人们可以对核反冲在其中留下的数毫米径迹进行三维成像。目前，MIMAC 实验尚无法与上文提及的大型实验相提并论。它的目标主要是研发新的探测技术并将其运用于数十甚至数百千克级的实验之中，从而在中微子天花板之上继续进行暗物质研究。其他技术也在研发之中，比如“黑暗面”实验使用的液氩时间投影室等。

除了能够在存在宇宙中微子的情况下准确鉴别暗物质的探测结果，测量核反冲的方向还能用于研究银河系周围暗物质晕的基本属性。从此以后，物理学家便能帮助天文学家实现暗物质的梦想，只不过圆梦的途径并非放置于高海拔地区的望远镜，而是深埋于地下的实验室。

寻找无中微子衰变

物理学家对中微子的性质仍抱有疑问。对该问题的回答远远超出了单纯构建粒子物理学标准模型的范畴，将给宇宙的起源和形成带来根本性的影响。由于中微子是一种质量不为零的中性费米子，所以存在两种截然相反的可能性：它要么是狄拉克费米子，要么是马约拉纳费米子。

如果中微子是狄拉克费米子，那么它和它的反粒子即反中微子存在差异；如果中微子是马约拉纳费米子，那么它和它的反粒子完全相同。幸运的是，弗里（Wendell Furry）于 1939 年提出的无中微子双 β 衰变可以彻底解决这一问题。双 β 衰变是一种非常罕见的放射性衰变，只有 30 多种原子核可能发生这种衰变：2 个中子同时衰变成质子，释放 2 个电子和 2 个反中微子。按照弗里的想法，当且仅当大质量中微子是自己的反粒子时，可能发生一种更加罕见的现象，那就是双 β 衰变的末态没有中微子，只有 2 个被释放的电子，它们分摊了反应的全部能量。该现象不仅能够证明中微子是马约拉纳费米子，还可以用于推测中微子的“有效”质量。

因此，研究双 β 衰变的目的在于巧妙地将虽然稀有但可能发生的过程和根本不可能发生的过程区分开来，从而推断中微子所属的费米子种类。实验的两个主要组成部分是：可能产生双 β 衰变的放射源以及能量分辨率高但背景噪声尽可能低的探测器。于是，和在暗物质实验中一样，地下实验室的重要性再次得到证明。

摩丹地下实验室很早就启动了寻找无中微子双 β 衰变的实验，比如垂直锗望远镜（TGV）、中微子埃托雷·马约拉纳观测站（NEMO）、中微子地下发光钼研究（LUMINEU）等。最新的两个实验，即超级中微子埃托雷·马约拉纳观测站（SuperNEMO）和运用钼进行的具有粒子识别功能的升级版稀有事件低温地下观测站（CUPID-Mo），采取的探测策略截然不同，需要在此详细说明，以展现物理学家的研究能力和创新能力。

正在安装的 SuperNEMO 包含多个组件，它的双 β 源（钼-100 或硒-82）通过物理方式与具有识别和测量末态电子能量功能的探测器隔开。该实验的目的在于明确量能器测出的能量是否与运用径迹探测器和磁场识别出的电子的能量一致，以及这些电子是否来自同一个释放源。精确地测量每个事件的拓扑可以核实发生的双 β 衰变是否释放了中微子并能有效排除残留的放射性背景噪声引起的事件。

至于 CUPID-Mo，它展示了稀有事件低温地下观测站（CUORE）未来的优化方向。它的放射源和探测器合二为一。钼-100（钼的一种同位素）晶体的温度被降至 20 毫开，以便测量双 β 衰变在晶体中释放的能量（热量）。探测器安装在 EDELWEISS 实验的制冷机内，目的是获得相同的低放射性环境。通

图 5.10　中微子的性质。释放 2 个电子但不释放中微子的原子核放射性衰变或许能够说明中微子是其自身的反粒子。SuperNEMO 实验通过硒-82 的衰变研究此类衰变。在示范阶段，人们使用的是涂有 7 千克硒-82 的黑色塑料膜。对衰变径迹的测量在丝室中进行

过同时测量闪烁释放的热量和光能，人们可以区分双电子信号和来自背景噪声的其他过程。

还有一些技术也在研发之中，比如运用不透光的液体闪烁体（LiquidO）进行的实验。

接下来就是耐心等待，积累大量双 β 衰变并寄希望于从中发现几起无中微子释放的事件。虽然 SuperNEMO 和 CUPID-Mo 在全球赫赫有名，但是它们都面临非常激烈的竞争：全世界至少有十几个大型项目正在使用不同的策略和不同的同位素展开研究。和直接探测暗物质一样，未来实验中使用的双 β 源将达到吨级，而且背景噪声将进一步降低，实验只能在地下实验室中进行。

海底半里

在土伦海域，有一座巨大的中微子观测站：立方千米中微子望远镜 / 深渊宇宙学振荡研究装置（KM3NeT/ORCA）。该观测站位于海平面以下 2500 米，相当于一个边长约 200 米、装有 60 亿升海水的立方体。它配备的设备可以探测来自宇宙辐射的天然中微子。

中微子的来源很多。宇宙中微子的来源包括类星体、耀变体、活动星系核等，能量从数太电子伏特到数拍电子伏特。至于大气中微子，它们是宇宙辐射中的质子与大气发生相互作用的产物，能量介于数百兆电子伏特和 100 多吉电子伏特之间。最后是太阳中微子，它的能量弱得多，只有数兆电子伏特。

宇宙线与大气发生相互作用产生的中微子通量很大：每天每平方厘米数万个。然而，这些粒子中的大部分在穿过物质时，仿佛物质根本不存在。许多中微子在穿越地球时甚至不会撞上地球分子的任何一个原子核。如此低的相互作用率使这种粒子的观测非常困难。但是，得益于宇宙来源中微子的巨大通量以及观测站中数十亿升配备探测设备的海水中包含的大量原子核，人们平均每天可以探测到数十个中微子。

海底的光

事实上，人们探测到的并非中微子本身，而是它与海水原子碰撞后释放的高速带电粒子发出的蓝光。当这些带电粒子的速度超过光在水中的速度时，将产生切伦科夫效应：光子的发出方式与超音速飞机冲击波的发出方式类似。

粒子径迹周围形成一个 42° 的光锥，随径迹移动，犹如船尾的涡流。这种光非常微弱，但是海底的黑暗使研究人员可以运用超感光传感器探测到它的存在。海底的海水非常纯净，因此切伦科夫光的光子可以沿着一条接近笔直的径迹移动几十米。

因此，间隔数米设置的传感器组成的传感器网络足以探测中微子引发的切伦科夫光。此类装置可以探测的范围非常大，而且价格适中。观测站的首个原型机即中微子望远镜天文学与深渊环境研究（ANTARES）装置位于KM3NeT/ORCA附近，已经运转了十余年，展示了此类海底探测器的可行性。

图 5.11　KM3NeT 示意图。这个涉及多个学科的地中海底研究设施位于滨海拉塞讷海域，距离海岸 40 千米

KM3NeT 的眼睛

观测站的基本部件是内置光传感器的玻璃球，球壁厚度足以承受 250 巴的水柱压力。1 条数百米长的线缆串起 18 个玻璃球，垂直入海。线缆顶部为浮标，底部为锚。海底分布着多条线缆，彼此间隔数十米。

球体之间的距离决定了可探测的中微子能级。间距越大，可探测的能量越高。除 ORCA 外，KM3NeT 科学合作项目还在西西里岛海域建造了第二个探测器，即深渊宇宙学天体粒子研究（ARCA）装置。如果说 ORCA 主要为探测大气中微子进行了优化，那么 ARCA 则聚焦于宇宙中微子的高能状态，而且它的光传感器间距将是 ORCA 光传感器间距的 4 至 5 倍。竣工后，ARCA 探测的水体相当于边长约 1 千米的立方体，水量达到 1 万亿升！

图 5.12 KM3NeT 的眼睛。KM3NeT 的光学模块包含数个光电倍增管，用于捕捉中微子在海水中产生的切伦科夫光。由于这些模块被置于水下 2500 米的地方，所以它们应当能够忍受约为地表压力 250 倍的压力

ARCA 探测的是恒星死亡引起的剧烈现象所产生的中微子。对它们的探测将使人们获得更多有关该现象的信息。至于运用 ORCA 进行的大气中微子研究，它可以用于测量此类中微子的神秘量子属性。

海底勘察

可见，一项技术可以用于研究两个完全不同的物理领域。在海底安装传感器线缆不仅是该技术的创新之处，也是一个真正的挑战。首先，必须找到合适的安装点。这个地方应当足够深，从而使探测器上方的水柱能够保护探测器不受宇宙辐射与大气发生相互作用产生的其他带电粒子的影响，毕竟这些粒子也会产生切伦科夫光。此外，这个地方还应该靠近海岸，这样能够尽可能缩短连接探测器所需的海底线缆的长度。最后，海水必须尽可能纯净，以减少光线的吸收。

通过大量勘察，人们确定了 ARCA 和 ORCA 的位置。ARCA 位于西西里岛小城波尔托帕洛迪卡波帕塞罗附近海域，深度 3500 米，距离海岸 100 千米；ORCA 位于法国土伦附近海域的平坦海底，距离海岸 40 千米，深度 2500 米。

细致部署

接下来，人们需要找到将连接传感器的线缆部署在海底的方法。他们想了一个巧妙的办法，那就是将线缆绕在金属球上，就像把线绕在线团上一样。这样，一根数百米长的线缆就缩小成一个直径 2 米的球体。多条线缆可以同时置于船桥之上，等待部署。

图 5.13 KM3NeT 入水。将 KM3NeT 的探测线缆和光学模块沉入公海

到了海上，人们在船上用绞车和 1 根数千米长的缆绳将这些串联着传感器的线缆一个一个放入海中，送往海底。配备的声呐系统可以对线缆的位置进行测量，精度约为几十厘米。在距离线缆入水点数米远的地方，船只精确移动，以便调整入水的位置。线缆到达海底后，一个海底机器人紧紧地抓住它的连接线，将其接入几十米外与陆地相连的接线盒。在确认线缆正常工作后，机器人打开金属球。缠绕球体上的锚绳具有固定的作用。金属球漂浮起来，展开串联着传感器的线缆，回到水面并回收利用。ORCA 实验将使用 115 条探测线缆，是 ARCA 实验使用线缆数量的一半。

上述操作需要非常细致。无论天气如何，线缆的展开必须井井有条：在水深 2500 米的地方绝对不能随意行事，毕竟一旦出现问题或者意外情况，干预的难度很大。由于不可能让人潜入这么深的地方，所以每次干预都需要借助遥控机器人。尽管试点项目非常出色，但是机器人的灵敏度毕竟有限，因此实施一些计划外的操作非常困难，甚至不可能进行。为了应对这些潜在的风险，准备工作必须非常细致。

发现中微子

安装完成后，探测线缆就可以开始收集数据了。确保探测器每周 7 天、每天 24 小时不间断地工作，这一点非常重要，毕竟一些事件，比如超新星的爆发，平均每个世纪只在银河系中发生一次，如果探测器在地球可以探测到这一稍纵即逝的信号的时候正好停止工作，那么物理学家将会多么失望！因此，数个团队轮番上阵，目的是让探测器尽可能在最好的状态下不分昼夜地收集数据。

数据被记录后，需要对其进行分析并第一时间基于光信号还原中微子的属性。要做到这一点，必须时刻掌握探测器的确切位置，因为它们会随着洋流移动。为了测量移动的情况，每个玻璃球都配备了一个小型声呐，可以时刻确定探测器的位置。

此外，还要过滤掉一些干扰探测的光信号，它们的来源包括宇宙线撞击大气时与中微子同时产生的带电粒子，海盐中的放射性同位素衰变时产生的高速电子以及一些生物。

来自海盐的光信号高度局域化，而且发出率恒定，可以用来控制探测器的效率。至于生物发出的光，它们的变化很大。当富含营养物质的水体穿过探测器时，信号发射率会大幅提高。不过，这些光信号也可以被过滤，因为它们同样具有高度的局域性。虽然它们在中微子研究中被视为干扰信号，但是对于研究海底环境来说非常有意义。

由于这些海底设施是唯一能够持续研究深海环境的平台，甚至专门部署了用于海洋学研究的仪器，所以在海底运用这些巨型探测器进行的科学探索规模非常庞大，可以为不同领域带来新的认知，比如恒星死亡、量子物理、深海环境等。

大海捞针

LHC 内的质子束每 25 纳秒（1 纳秒 = 10^{-9} 秒）相交一次，也就是说它们每秒相交 4000 万次。每次相交时，数个质子将发生碰撞。每台探测器每秒产生的数据量超过 10 太字节，比 2014 年之前互联网数据量的总和还要多。

LHC 搭载的探测器拥有超过 1 亿个信道，即电路，可以读取探测器内产生的信号。然而，只有部分（10% 至 20%）信道内有信号通过，而在这些信号中，只有一小部分可以被物理学家捕捉并进行分析。这些电子元器件、计算机、网络交织在一起，极速运转，而它们唯一遵循的就是我们希望探索的物理学。

变成字节的粒子

在 LHC 内，2 个质子发生碰撞，产生的粒子移动 7.5 米后，质子束中的质子团才发生下一次碰撞。因此，在产生的粒子穿过径迹探测器（探测器的组成部分，用于测量带电粒子的径迹）、量能器和 μ 子探测器（探测器的组成部分，用于测量 μ 子）前，质子团将发生 3 次碰撞。这些粒子在穿过探测器时，将与探测器发生相互作用并在触及的读出通道内产生电信号。这些信号穿过连接装置和将其引向处理电路的线缆所需的时间大约为 25 纳秒。

一开始，这些信号非常弱，表现为电荷的聚集或者电压的变化，需要将其放大并使之成形。随后，使模拟信号数字化，振幅通常采用 8 字节编码。但是，电路会受到噪声干扰，存在量子波动：当大量波动被记录时，它们的能谱将呈现正态分布（高斯分布），但是对某一时刻的波动而言，该噪声与信号重叠，可能较强也可能较弱。因此，第一步应当是尽可能区分仅有噪声的通道和既有噪声也有信号的通道。这一“清零”过程是减少数据量的第一步。

此外，当粒子通过时，探测器的每个通道和每条电路得出的结果并非完全一致。因此，应当进行校准，使各个读出通道得出相同的结果。为了确定每个通道的校准系数，人们设计了不同的系统，它们的方法都是先产生一个已知信号，然后再对比各通道得出的结果。

图 5.14 CATIROC（电荷与时间集成读出芯片）的集成电路图。该电路用于对信号进行预放大和数字化。芯片的面积仅为 2.8 平方厘米，可对 16 条通道进行无触发数据采集

作出决定

但是，面对如此大的数据通量，人们不可能对每次碰撞的情况都进行还原。因此，第二种处理方法旨在同时排除碰撞中产生的所有无用数据：它们要么是没有产生有用信号的碰撞，主要是一些已经为人熟知的过程，要么是一些和有用信号产生于同一碰撞但是对测量要研究的物理量无益的粒子。数据处理分步进行，每一步都比之前的步骤更加细致和准确。经过处理，数据量越来越小，最终达到可以长期记录并分析的水平。

第一步，通过对比相邻通道内的信号，迅速对信号进行粗略评估。如果相邻通道内也存在某一信号，那么可能会出现某一图案，它可能对应某种相互作用中需要研究的某种粒子。因此，如果电磁量能器多个相邻通道内的某个信号均超过某一阈值，就意味着可能存在电子或者光子。这些团簇的数量有多少？能量如何？聚集在哪里？这些问题的答案需要综合探测器不同部位的评估结果。人们将基于这些答案，运用算法决定是否保留与碰撞有关的信息。如果保留，将发出所谓的“触发”信号：该碰撞值得进一步关注，需要进一步处理。

不难想象，这一步需要多么细致：需要同步探测器不同部位的数据，运用不同部位的粒子到达时间以及传输不同信号的线缆长度。为了协调这些操作并设定粒子穿过探测器的节奏，需要一个精准的时钟。时钟的周期按照质子束相交的频率设置，每 25 纳秒发出一个信号：这是探测器的心跳。这些心跳应当非常准确，因为哪怕 1 皮秒的不稳定都足以影响测量的精度。

实时提纯

针对不同的实验和材料，数据处理的级别不同。在 ATLAS 和 CMS 等拥有庞大数据通量的大型实验中，数据处理的第一步按照既定的节奏在精确分配的时间内进行。第二步则拥有更高的自由度：我们所说的“高级触发”是指在大型计算机农场中快速还原和筛选事件。这两个事件筛选等级的区别在于反应时是否固定。此外，它们所用的设备也不同，前者使用的是专门开发的微电子电路、专用集成电路（ASIC）或现场可编程门阵列（FPGA），而后者使用的是搭载中央处理器或图形处理器的微处理器。对于大型强子对撞机底夸克实验、大型离子对撞机实验等数据通量较小的实验而言，得益于技术的进步，它们可以在实时数据处理中全程使用高等级的处理系统。

在探测器所在的洞穴附近，设有由数千台微处理器组成的计算集群，可以“在线”对事件的全部信息进行更加深入的初步分析。它的数据处理算法与

图 5.15　触发系统。 ATLAS 触发系统的中央处理单元负责收集来自不同的次级探测器的数据，以决定某个事件能否进入下一级筛选

“离线”数据处理算法非常相似，处理一个事件所需的计算时间从数毫秒到数秒不等。这一步包括识别被探测到的不同粒子，测量它们的能量，还原它们的径迹并根据数百个标志物对它们进行分类。比如，4 个电子、4 个 μ 子或者 2 个电子和 2 个 μ 子对应希格斯玻色子的衰变。因此，一些事件的子集是物理学家感兴趣的研究主题的预兆。最终，每个实验每秒记录的数据量减少至 10 吉字节，相当于每小时储满 10 个硬盘。

避免偏差

可见，在 LHC 产生的数据中，99.9% 以上的数据将被永久丢弃。

因此，设计、建造和操作数据采集和触发系统的团队责任重大。如何确保不遗漏任何一个有意义的事件，比如带来完全意料之外的新物理学的事件？如何避免使筛选出现偏差？校准中的任何一个失误都有可能引发选择效应，破坏测量的精度。数据同步中的任何一个失误都有可能导致错误的结论和虚假的发现。2011 年，CERN 实施了采用乳胶径迹装置的振荡项目（OPERA）。科学家们宣称发现了超光速中微子：事实上，这只是一个接线错误。

因此，必须核实、核实、再核实。在大型实验启动前，所有系统的鉴定、调试和投用通常需要至少 1 年的时间。在数据采集阶段，需要不断进行核实。此外，需要研发专门的模拟技术，目的是评估不同筛选等级的表现。在每一步数据处理中，需要保留一部分被舍弃的事件，以确保其中没有有用的事件。不仅如此，这些数据还将用于确定选择的有效性和纯洁性。必要时，它们还将用于推断修正系数。通常来说，“在线”筛选的标准要比最终分析的标准宽松一些，这样做是为了防止校准或同步带来的副作用，而它们的精读将在未来得到优化。

它是不是一个事件？如果是，那么数量有多少？

在理想情况下，当 LHC 的质子束相交时，2 个质子发生碰撞，探测器记录下相互作用产生的所有粒子。但是，实际情况却略有不同。首先，质子属于复合粒子。在如今的实验中，人们关注高能撞击。在此过程中，构成质子的 2 个夸克发生了相互作用。但是，未发生相互作用的质子残余部分也顺着质子束的轴线向探测器移动。虽然它们中的大部分会沿着质子束所在的真空管离开，但是仍有一部分会叠加在被研究的相互作用上。

由于质子束相交的速度过快，加之处理电路中的信号需要时间，所以在那些最常产生信号的通道内，一次相交产生的信号队列与下一次相交产生的信号队列彼此重叠。为了尽可能将影响降至最低，人们在电路设计阶段就采取了一些鉴别措施。

另一个难点是，为了提高 2 个质子发生目标相互作用的概率，人们让 2 个质子团发生碰撞，而不是让 2 个质子相撞。目前，每个质子团包含 1000 亿个质子！人们可以同时观察到 25 个相互作用。到了高光度大型强子对撞机阶段（本世纪 20 年代后半段），可同时观察到的相互作用数量将提升至大约 200 个。一些精妙的算法利用了这些相互作用的发生地点彼此之间略微存在一定距离的事实，将这些相互作用与主相互作用区分开来，或者评估它们对测量的影响。

可以优化

粒子物理学实验的难点之一在于它们的设计和施工相差好几年，甚至几十年。因此，必须考虑很久之后的电子技术水平、信息网络能力、计算及数据存储成本。比如，LHC 实验的初步设想可以追溯到 20 世纪 90 年代，建造在

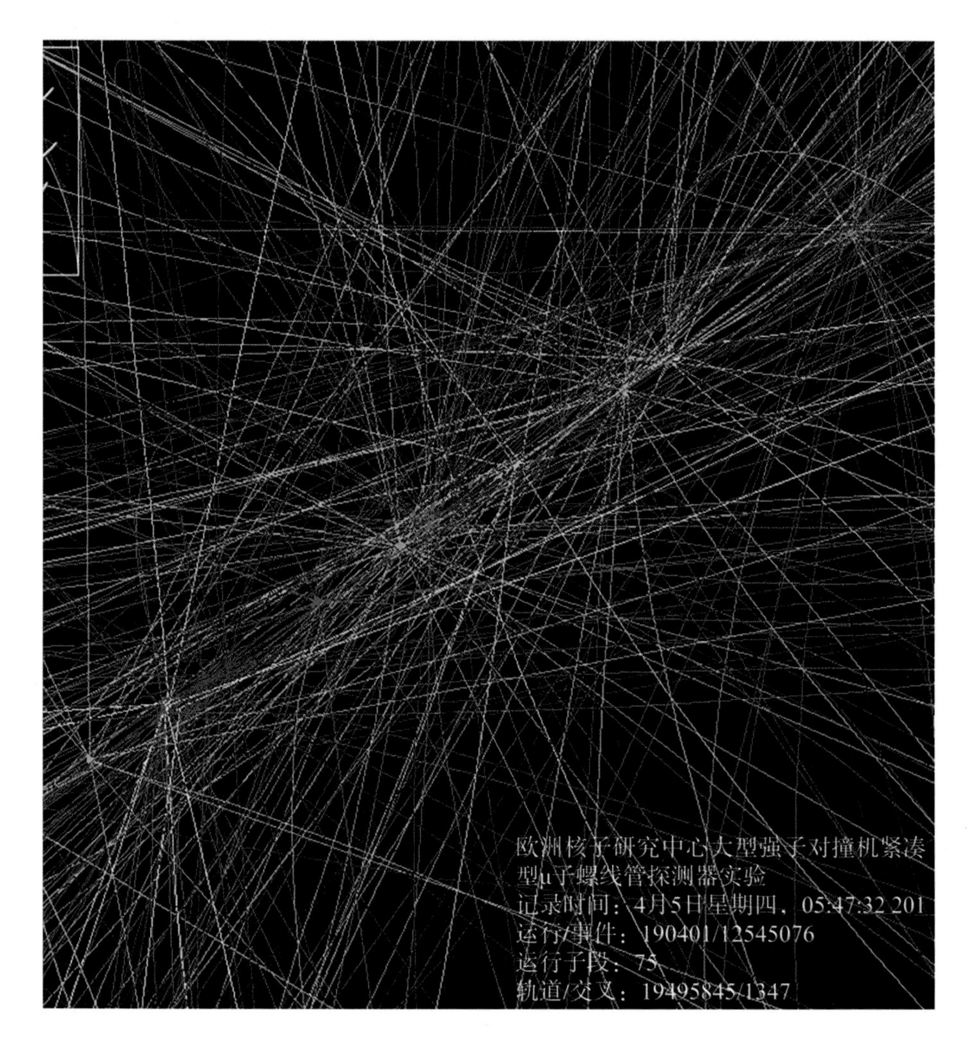

图 5.16 CMS 内的径迹可视化。该图反映了在碰撞中多个质子 – 质子相互作用重叠在一起，导致事件“叠加”。不同颜色的径迹来自不同的质子 – 质子碰撞点

21 世纪初，而第一批数据采集则在 2009 年。最初，人们计划每秒存储 100 多个事件；然而，随着存储和计算成本的下降，每秒存储的事件数达到 1 万个，提升了测量的可能性。幸运的是，数据采集系统的结构设计精妙，可以随着技术的进步而优化。

实时分析

人类从不缺少从技术进步中获益的点子。比如，与其在线筛选事件，不如实时还原探测器的全部信息，更加准确地判定哪些粒子与信号有关以及如何相关。这样，人们就能精准地掌握每个事件必须记录的信息：探测器不同部位的衰变产物、粒子及其属性（性质、能量、位置）、事件的整体属性（质子-质子碰撞的次数、总横向能量、粒子数量等）。这些信息可以将数据量减少 1 至 2 个数量级，但是需要基于探测器提供的所有数据进行事件还原。这种数据压缩方法被称为“实时分析”。为了完整地还原事件，同步和校准需要非常迅速，以确保研究人员可以基于尽可能准确的测量结果，作出与信息记录有关的决定。

大型强子对撞机底夸克实验是该领域的先驱性实验之一。对实验中产生的粲强子（包含一个粲夸克的强子）进行精确测量，能够体现实时分析与触发之间的区别。LHC 产生了大量粲强子：每秒有超过 60 万个粲强子生成和衰变。虽然这些衰变中的大部分没有意义，但是每秒仍有数十或者数百个衰变值得进行分析。这促使我们使用实时分析，仅记录与候选事件有关的事件。这样，实时获取的信号的纯洁性大大提高，并且由此开启了一个此前几乎没有涉足过的研究领域。

粒子物理探测器的性能越来越强，这既得益于经验的累积，也得益于技术的进步。最近几十年，每一代实验都表现出更强的性能和更好的稳定性，而且这种进步没有理由停止。

算法助手

图片识别、定向广告、机器翻译以及未来的自动驾驶汽车：人工智能正使我们的生活方式发生革命性的变化。如今，它进入粒子物理学已有一段时间，并在近期的一些发现中得到了广泛的运用。不过，我们还可以更进一步。

木隐于林

2012 年 7 月，CERN 的 ATLAS 和 CMS 两个大型通用实验宣布了希格斯玻色子的发现。此后，该粒子得到了细致的研究。这些研究的一个关键点在于筛选事件的能力，也就是说从碰撞的所有产物（“背景噪声”）中记录下可能包含希格斯玻色子（“信号”）的高能质子碰撞。然而，背景噪声的数量是信号数量的 10 亿倍。传统的做法是明确事件的具体指标（比如光子、电子或其他特定粒子的存在，能量，粒子间的角度等），从而使最终的样品中含有大量的希格斯玻色子，最后只需对其进行测量即可。

然而，运用人工智能进行研究的方法则有所不同。它主要是确定学习规则，从而通过对比模拟的信号事件和背景噪声，运用算法自动评判相关指标。21 世纪初以来，早在 LHC 投入使用之前，决策树算法及其大量变形形式就已经在太电子伏特正负质子回旋加速器（Tevatron）实验中得到应用。在这些算法中，每一次是 / 否的决策都是对一个新的指标进行评估，带来下一次是 / 否决策，并以此类推，直到达到“树叶”位置，相当于将事件归入了不同的类别。多个决策树可以组合使用，形成“森林”，目的是提高算法的性能。

根据希格斯玻色子的衰变种类使用决策树可以提高测量的精度，相当于使数据量“免费”增加 15% 至 125%。对像 LHC 这样独一无二且成本高昂的设施而言，此类技术的好处不可否认，特别是 20 世纪 80 年代以来，粒子物理学家在不知情的情况下开始了“大数据”的应用，使几代传统算法得到了优化。

图 5.17　迁移学习

激活神经元

2012 年以来，深度神经网络在一些任务中得到使用，比如图像识别。和决策树一样，该算法也是基于实例进行学习，不过二者的原理完全不同。图片的每个像素点相当于一个输入神经元。它基于输入的数值进行基本运算，根据下一层神经元获得的值进行结果运用，并以此类推，直至实现图像分类的输出层。

训练的目的是为某个确定的任务优化每个神经元的内部参数，比如要区分猫或狗的图片，就向算法展示大量猫或狗的照片。经过练习，第一层可以探测一些简单的元素，比如线或角，中间层可以探测一些较为复杂的元素，比如耳朵或口鼻，而最后一层则可以实现最终识别。

从神经元到感知器

20 世纪 50 年代，在关于神经网络的早期研究中，两位神经学家，麦卡洛克（Warren McCulloch）和皮茨（Walter Pitts），试图开发简化版的生物神经模型，称为“形式神经元”。该模型确认了输入值和输出值之间的转移函数。将输出值与某一阈值进行对比，从而赋予神经元 0 或 1 的值。每个输入值都有不同的“突触”权重，代表它的重要性。以识别猫或狗的图像为例：在突触权重上，相邻像素点的颜色远高于隔壁的隔壁的像素点的颜色。

在“感知器”模型中，学习规则可以确定突触权重。换句话说，系统可以自我学习。虽然明斯基（Marvin Lee Minsky）和派珀特（Seymour Papert）在 20 世纪 60 年代末指出，感知器网络只能解决“线性可分”问题（可以用一条线区分的颜色点），但是物理学家霍普菲尔德（John Hopfield）在 20 世纪 80 年代末建立的循环神经网络模型引起了研究大型正负电子对撞机的物理学家的兴趣。当时，一场新的革命正处于萌芽之中，那就是可以突破线性问题限制的

“多层感知器”。得益于计算机计算能力的提高，这场革命使神经网络取得了飞跃。

此后，物理学家试图使用此类技术分析探测器记录的事件。它可以令事件可视化并且稍加训练便可清晰地区分不同粒子的径迹。于是，第一层神经元探测能量集群，中间层探测光子或电子，最后一层识别希格斯玻色子。但是，相关的数据要比一张简单的照片复杂得多：照片只是这些古怪的设备产生的数据的展示。因此，物理学家起初只是用特定的神经网络完成基础步骤：识别不同种类的粒子，测量它们的特征，并对其进行分类。

不过，粒子物理学的一大优势在于拥有性能极强的模拟设备：首先根据理论预测抽取质子碰撞时可能发生的相互作用，然后在虚拟的探测器中模拟产生粒子的通过情况，从而获得与真实情况非常相似的事件。这样，所有与模拟事件有关的信息都处于可用状态，可以自动、准确地进行分类。由于“现实生活”中并不存在能够模拟猫狗图像或者行车记录仪拍摄图像的程序，所以在图片识别领域，大部分用于训练神经网络的数据都是事先经过人工处理的真实图像。

更智能？更迅速！

在某些情况下，即便人工智能做得没有传统算法好，但是它的速度快得多。以电子游戏中一位穿斗篷的主人公为例，飞舞的斗篷受到重力和风的影响，而且能够随着他的动作变换形状。即使一台超级计算器可以在几分钟的时间里运用有限元对这些动作进行完整的计算，也无法将其用于游戏控制器上的实时显示。解决办法：训练一个替代模型（神经网络），从而基于给定的输入参数，还原整个计算过程。人工智能就是这样在你的电脑游戏中得到了应用。

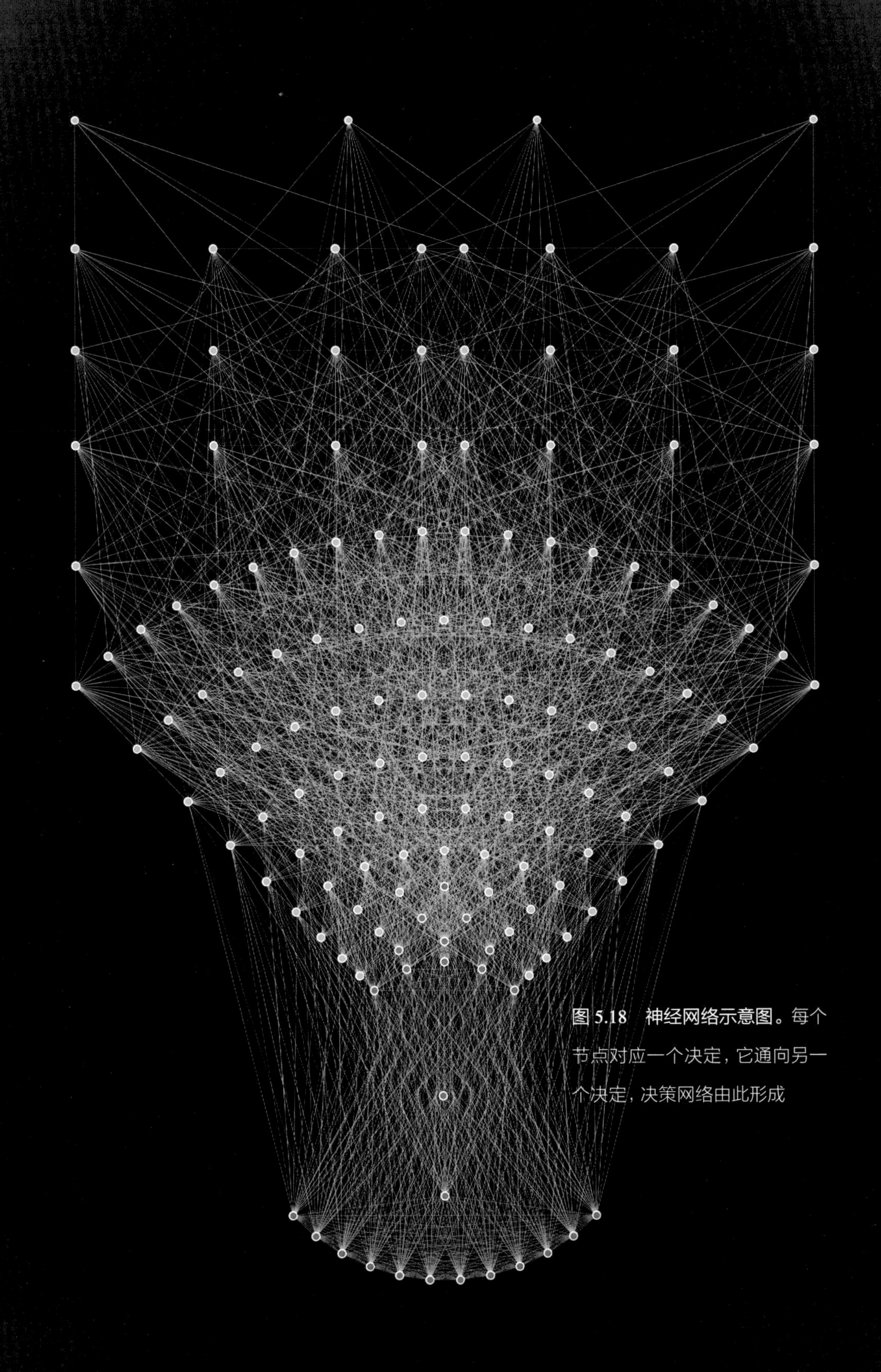

图 5.18　神经网络示意图。每个节点对应一个决定，它通向另一个决定，决策网络由此形成

事实上，一个所谓的“普适”定理指出，任何一个数学函数都可以用一个规模足够庞大的神经网络以期望的精度逼近。在性能没有那么强大的计算机上，运用神经网络进行计算简单得多，因此速度快得多，可以获得和完整计算一样逼真的视觉渲染效果。

该技术可以用于操控加速器：加速器由各类磁体组合而成，因此计算由它们引导的粒子束径迹较为复杂。负责操控机器的工程师应当能够评估机器调整或者意外故障可能带来的影响，而此时替代模型正好可以介入。

神经元之战

生成对抗神经网络（GAN）是比较新的神经网络，它能通过练习，生成并不存在的人的图像。它接受的练习非常特别。首先，存在两个神经网络：一个是生成器，试图产生照片；另一个是判别器，试图将生成的照片与真人照片进行对比。起初，生成器和判别器的能力都很弱。随着判别器的优化，生成器被迫产生更加真实的照片。经过练习，只有能够产生非常逼真的照片的生成器才可以留下，照片中头发的长度和颜色、脸上的笑容、动作等参数都可以进行调整。

那么，这和粒子物理学有何关系？当粒子与量能器发生相互作用时，它将随机衰变成一连串其他粒子，这一过程很难模拟。经过一台复杂模拟器的训练，GAN 可以在 1 微秒内模拟“接触量能器这一部分并带这一能量的电子”，而“传统”模拟器需要整整 1 秒才能完成这些操作，这样就节省了大量时间。

一定不确定

一篇物理论文常常以一个不确定的测量结果作为结论。比如，2015 年 ATLAS 和 CMS 合作项目发表了一篇关于希格斯玻色子质量测量结果的论文，这可能是世界上最复杂的测量结果：希格斯玻色子的质量（单位：吉电子伏特）= 125.09 + / − 0.21（静态不确定度）+ / − 0.11（系统不确定度）。静态不确定度反映了数据量的有限，而系统不确定度则反映了实验中的所有不确定之处：探测器的校准、先前的实验结果、近似值等。

对人工智能而言，系统不确定度带来了两大挑战。首先，必须能够在算法中规定系统不确定度的计算方式，让它能够考虑到这一点，从而降低整体的不确定度，否则人工智能算法通常只会努力降低静态不确定度。一个评估借款人清偿能力并试图降低人种和肤色造成的偏差的算法也面临同样的问题。对此，我们有许多技术可以使用。首先是迁移学习。先用模拟数据进行练习，再以极高的精度使该训练适用于真实的数据。其次是对抗训练。该训练将运用一个与 GAN 有些类似的结构，阻碍神经网络对人种、肤色或者系统不确定度的来源敏感。

另一个挑战在于同行评价：当一个团队撰写了一篇论文时，这篇文章一定会被他们的同行仔细阅读。双方将就此展开交流，直至达成共识。长达几百页的讨论并不罕见，特别是在系统不确定度和没有被考虑到的因素方面。因此，使用人工智能算法的物理学家不仅要被实验结果说服，还要说服所有同行自己并没有作出一个荒唐的决定并且局面仍然掌控在物理学家手中。

找到最佳方案！

将人工智能应用于粒子物理学是将两个非常复杂的研究领域交叉在一起，因此必须在物理学家和人工智能专家之间建立合作。大部分人工智能实验基于开放的算法库，但是经验和专业能力却没有这么容易获取。越来越多的粒子物理学实验将一部分数据公开，目的是促进这种合作。此外，在人工智能专家常用的一些平台，比如 Kaggle、Codalab，人们也会举办一些竞赛。他们为一些定义明确的数据设置可测量的目标，让顶尖团队开发的不同算法展开竞技。

一些成果令人惊喜：2014 年的希格斯机器学习挑战赛（HiggsML）是首个此类竞赛，参赛的 XGBoost（极致梯度提升）是性能非常强大的决策树算法，如今已成为相关研究的参考。2018 年至 2019 年举行的追踪挑战赛（TrackML）则表明可以将需要消耗大量计算时间的粒子信号筛选速度提高 1 个数量级；不过，胜出的算法（尚）未使用人工智能。将人工智能和传统算法的推荐技术组合使用，似乎很有前景。

从 20 世纪 90 年代战战兢兢地在粒子物理学研究中运用性能较弱的人工智能神经网络（首次出现使用神经网络的迹象可以追溯到 1988 年）到 21 世纪初决策树算法开始在美国 Tevatron 进行的实验中不断优化，再到深度学习在 LHC 中的大规模运用，人工智能主要用于筛选粒子或者事件。然而，人工智能在高能物理学中的应用正得到大幅扩展，甚至必将拓展到其他所有领域。

数据洪流

自粒子物理学开始使用电子探测器以来，大量数据从数据源中喷涌而出：1968 年，夏帕克及其团队研发了多丝正比室，每秒能够记录数百万条粒子径迹，而上一代探测器，比如气泡室，每秒只能记录 1 至 2 条粒子径迹。从此以后，粒子探测器中探测碰撞产生粒子通过情况的电路数量以及探测器单位时间可以实施的测量次数均不断提高。

首批液滴

实施一次测量，涉及电流或者电荷、位置以及间隔时间。必须尽快使之数字化，从而让测量结果可以为计算机所用。通常情况下，探测器产生的数据通量很大，必须迅速进行筛选：运用触发系统实现实时数据处理，通常能将数据量减少为原来的万分之一至十万分之一。要是没有这些筛选步骤，数字化的数据量将大大超过合理预算下可以实现的存储能力和计算能力。因此，粒子探测器是强大的数据来源，并且最尖端的基础物理研究往往需要使用最尖端的技术。

粒子和天体粒子物理学的数据处理必然紧跟信息技术进步的步伐。不过，在某些时期，数据处理甚至拉动了信息技术的发展。20 世纪 90 年代，CERN 的大型正负电子对撞机位于如今 LHC 所在的隧道内。信息技术“在线”读取探测器产生的数据并使其数字化，随后将其写入磁带。之后，人们以物理方式将这些磁带送往 CERN 的计算中心。当时的信息网络能力太弱，无法实现电子传输。

接着，在这些原始数据中，一部分将进行存档，另一部分将还原为根据它们的性质识别出的粒子径迹、能量和动量。随后，这些经过上述处理的数据，极少数情况下还有原始数据，将进行拷贝并以磁带的形式送往其他计算中心。

处理工厂

当时，计算机还是一个价格极其昂贵的庞然大物。然而，自 20 世纪 80 年代中期开始，CERN 和斯坦福直线加速器中心合作开发的小型机器能够以较低的成本复刻国际商业机器公司（IBM）大型计算机的处理器，从而以可接受的价格实现数据处理能力的大幅提升。以大型正负电子对撞机实验为例，首批基于精简指令集计算机（RISC）的工作站问世，使数据处理能力提升至原来的 10 倍。

不仅如此，这些工作站还标志着在实验室中使用分布式计算系统的开始，并且为 Unix（单路信息与计算系统）的强势发展提供了硬件支持。多台单体计算机的部署意味着运用庞大的单体系统处理粒子物理数据时代的终结，这为实现高吞吐量计算（HTC）开辟了道路。该技术向大量计算机分配相似的独立计算任务。此后，计算能力不断提升，同时提升的还有硬盘的存储能力。这或多或少遵循了摩尔定律，即在价格不变的情况下，计算能力或者存储能力大约每 18 个月翻一番。

开始织网

除了数据处理能力外，随着基于互联网的计算机网络的到来，数据流层面也发生了翻天覆地的变化。直到 20 世纪 90 年代末，通过计算机网络进行数据交换仍然只是传闻，它的主要功能是将远方的终端接入某个特定的计算中心。以德国汉堡的电子同步加速器实验为例，人们每年要多次运用卡车将存储数据的磁带运往位于里昂的计算中心。

1989 年，万维网在 CERN 诞生，蒂姆·伯纳斯·李（Tim Berners Lee）为一个通用知识媒介奠定了基础。与此同时，在他的推动下，网络传输能力的提升颠覆了人们对于数据处理方式的认知。从此以后，数据可以在世界各地的站点之间传输。数字经济诞生，带来了技术和社会的巨大变革。粒子物理学从这一革命中受益，在网络发展的同时，启动了新的实验项目。比如，在美国加利福尼亚进行的正反 B 介子实验以正反物质的不对称性为研究对象，它是最早将信息处理分配给多个远程站点并通过网络进行数据交换的实验之一。

网格上的数据

LHC 和它的 4 台探测器意外地掀起了另一场革命。起初，人们几乎没有考虑到数据处理的复杂性和高昂成本。因此，它们被严重低估。CERN 没有试图获得额外的资金支持来建造一个集中计算系统，毕竟从政治上来说这非常困难，而是建议基于当时刚刚兴起的“网格计算”模型，建立一个分布在全球的数据处理系统。

分配数据意味着让参与国分摊成本，而这些国家可以将投资保留在本国。此前，网格计算的概念已经存在于信息系统研究之中。一个想法是将单个计算机没有使用的计算周期（比如在晚上）收集起来；另一个想法是提供一个可以轻松获取计算资源的途径（计算网格），就像接入插座取电（电网）那样简单。显然，二者都没有被采用。

图 5.19　借助 LHC 的网格计算技术使数据在全世界传输。绿线代表世界各地计算中心之间的数据流：超过 25 万个批处理作业同时进行

简单的想法

为 LHC 开发的计算网格被称为全球大型强子对撞机计算网格（WLCG）。它的计算资源遍布世界各地的计算中心和实验室，可能是粒子物理学数据处理领域最复杂的工程。全球科研院所为此投入的人力资源成本是任何一家商业企业都无法承受的。

从概念上看，这一想法比较简单，但是要实施和运作它尤其是提升它的可靠性却非常困难。但是，CERN 接受了这一挑战，并在数个欧美项目的支持下，为此付出了巨大的努力。结果符合预期：WLCG 对数据的高效处理，促成了 2012 年希格斯玻色子的发现，使 ATLAS、CMS、大型离子对撞机实验和大型强子对撞机底夸克实验发表了近 3000 个研究成果。除了技术创新外，WLCG 还体现了全球合作与数据处理方式优化的精神。20 世纪 60 年代初，一些全国性的专用计算中心成立。从那时起，这种精神就成为社会的主流。

增加灌溉渠

之后发生的两个事件使局面发生了颠覆性的改变：摩尔定律的终结和从事计算机技术的大型互联网企业的操控。事实上，2005 年至 2010 年间，不可能无休止地在单个处理器内加装晶体管的事实逐渐明朗。因此，必须转变观念，让大量能力稍弱的处理单元分担处理计算能力。摩尔定律就此终结。

于是，人们摒弃了当时粒子物理学正在使用的模型，不再让数千台机器复制相同的大型数据处理作业。新的信息处理结构要求实现程序内的并行化，从而使处理器的计算能力得到充分利用。这种算法重写甚至重新设计技术性极强，如今仍在进行之中：即使经历了深度优化，粒子和天体粒子物理学的计算任务仍然只能利用处理器理论计算能力的十分之一左右。

大数据经济诞生

大型国际互联网企业将自己的经济模型建立在大规模运用收集到的数据使其创造经济价值之上。这就是“大数据经济”。这些企业的兴起为信息架构的开发带来了巨额投资。一些人对“云”寄予厚望，甚至将其视为计算网格的接替者。这些是“虚拟的”基础设施：使用者眼中的资源与它们的物质载体不再具有相关性，可以根据需要提供拓展服务。不过，它们只是基础，大型互联网企业基于它们形成了一整套内部所需的越来越尖端的服务。如今，粒子和天体粒子物理学用这些进步成果来管理自己的数据。

图 5.20 里昂 CC-IN2P3 数据存储库。它是 LHC 十大一级数据处理中心之一

流入湖泊

从数据本身来看，随着网络带宽持续提升，数据在远程站点之间的传输越来越容易，尤其是人们不再需要在产生数据的探测器附近设置计算单元。对使用者而言，计算模型越来越灵活、透明。“数据湖”的概念正在得到发展：一些实验让它们的数据流入“湖”中，供使用者取用。整个过程均在负责自动管理和复制数据的软件层的指引之下。

源源不断的数据

继 20 世纪 80 年代至 90 年代盛行高度集中的计算模型之后，21 世纪初出现了高度分散的网格模型。如今，计算模型的发展再次调转方向，趋势是建立少数几个能力极强且紧密联系的计算中心。事情的复杂之处由有形的基础设施转向高水平的应用程序。此外，作为信息技术领域“开源”模式的延续，“开放科学”运动的发展可能会在未来几年使数据、算法和处理软件完全开放，从而确保科研成果的可复制性，进而保证成果的质量。

就在不远的将来，高光度大型强子对撞机将于本世纪 20 年代末投入使用，令数据的传输速度和复杂性提升至原来的 10 倍。此外，欧几里得卫星和大口径全景巡天望远镜等大型巡天项目于 2024 年启动。这些都将成为人们面临的挑战。

更加庞大

自20世纪20年代考克饶夫（John Cockcroft）、沃尔顿（Ernest Walton）、范德格拉夫（Robert Van de Graaff）和维德勒（Rolf Wideröe）进行先导研究以来，科学界运用“地狱机器”产生高能粒子束，用于研究物质的内部结构：这就是粒子加速器。100年间，加速器取得了巨大的进步。劳伦斯（Ernest Lawrence）设计的第一台回旋加速器的轨道周长仅为30厘米，仅能将质子的能量提升至80千电子伏特。如今，CERN的LHC是世界上最著名的加速器，它可以在周长27千米的环形轨道内通过加速将质子的能量提升至7太电子伏特。

图5.21 LHC。这是目前世界上最大的对撞机，轨道周长27千米，撞击能量可达14太电子伏特。CERN在研的未来环形对撞机正在评估使用100千米周长轨道的可行性

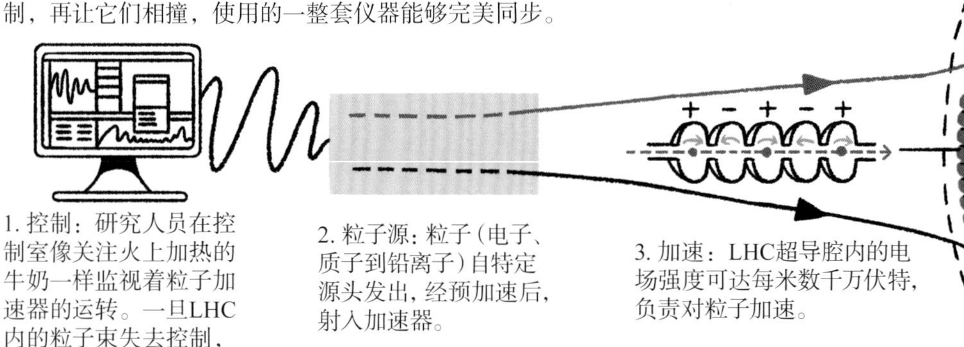

图 5.22　如何加速粒子

探测无穷

事实上，核物理和粒子物理领域的绝大部分发现都得益于加速器的巨大进步。要理解这一点，这里必须提两条原理：一条是著名的爱因斯坦方程 $E = mc^2$，即质量和能量可以相互转换；另一条是量子力学中的“波粒二象性”，即在量子尺度上，粒子也会表现出波动性。加速器向物质粒子提供能量并让其撞击另一个粒子，要么使人类可以探测到这个目标物质，要么使人类制造出新的奇异原子核或者新的极大质量基础粒子。

可以说，加速器犹如一台时空穿梭机，使我们可以研究宇宙不同发展阶段的运行机制，从大爆炸发生几皮秒后原初宇宙出现的电弱相变到目前我们的恒星核部正在进行的核合成。此外，它还是世界上性能最强大的显微镜。有

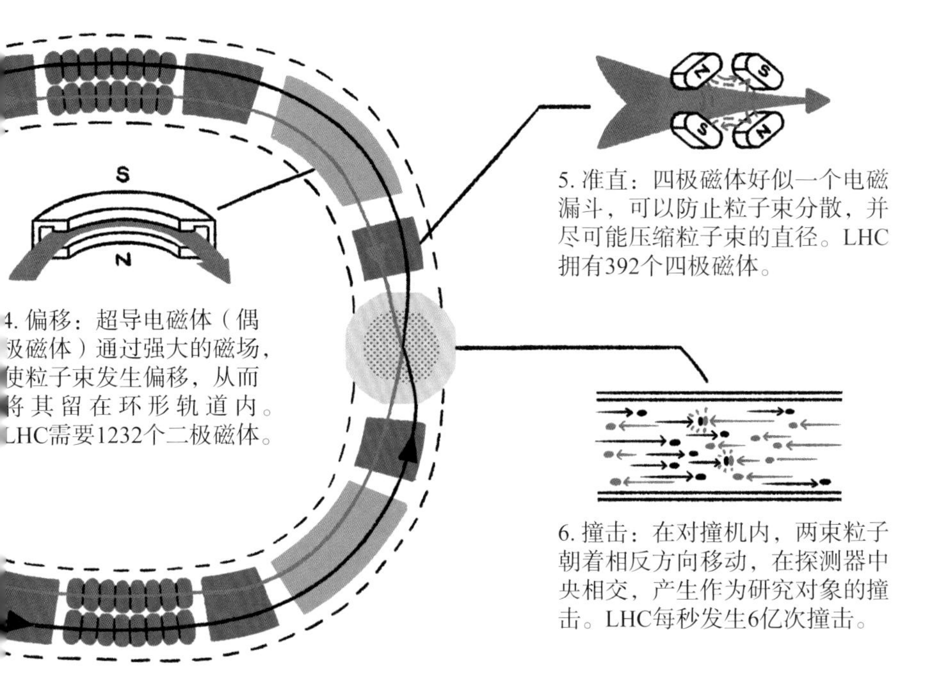

了它，我们可以观察物质的微小细节，无论对象是分子、原子还是它们的基本组成部分。

但是，加速器是如何做到这些的？让我们进一步聚焦这些高科技设备的运转细节。它们的基本原理可以在19世纪下半叶提出的麦克斯韦-洛伦兹方程组中找到源头。该方程组现在仍是所有电磁学理论的公设。

开端：粒子源

加速器的独特之处在于它能提供性质、强度和能量都得到完美控制的粒子束。粒子源是它的第一个组成部分，负责释放作为研究对象的目标粒子或者用作探测器的粒子。这些粒子应当是带电粒子，这样人们才能使其加速。为了生成离子，常用的粒子源好似超尖端的微波炉：人们向磁约束装置中注入气体，对其加热，并运用高频率的微波电磁波使其离子化，从而在装置中形成由离子和电子混合而成的等离子体。

接下来，将这些离子取出即可。采用的方法是向这些离子施加足够的极性电压，通常为几十千伏，从而使它们离开磁约束装置。

至于电子的生成，原理略微简单一些：它们通常从用导电材料制成的阴极释放，随后同样通过施加电压将它们取出。电子的发射过程可以由加热金属丝引发（热离子发射），20 世纪的显像管电视就是如此。要形成更加复杂的电子束，可以用激光照射阴极来引起电子发射（光电发射）。

为了顺应科学的发展，带电粒子源应当越来越复杂而且性能越来越强大。基础物理实验所需的粒子束越来越古怪，比如正电子束、μ 子束以及非常不稳定的放射性离子束等。于是，粒子源完全成为一个名副其实的复杂加速器，通过复杂的次级反应产生粒子束。

此外，如今的物理学家越来越热衷于研究极其稀有的事件。氮是元素周期表的第 118 个元素，于 2002 年在俄罗斯首次合成，是目前已知的最重元素。为发现该元素，研究人员在 4 个多月的时间里用钙-48 离子束轰击锎靶，束流时间 1080 小时，最终通过核聚变生成了氮元素的首个“超重”核。

同样，2008 年以来，两束质子在 LHC 内相撞，差不多每 10^{14} 次碰撞才产生 1 个希格斯玻色子。研究如此稀有的事件当然要付出代价：使用的粒子源应当能在单位时间内产生越来越多的带电粒子，也就是说产生的粒子束越来越强。强度越大，发生的相互作用就越多，从而缩短了实验时间，降低了实验成本。因此，粒子源产生强流粒子束的能力对目标实验的可行性而言非常关键，已成为加速器物理学研究的主要挑战之一。

控制粒子束

包括 LHC 在内，对撞机不仅要尽可能提高粒子束的强度，还要尽可能降低它们在相互作用点的体积，从而提升光度，也就是撞击效率。举个例子，日本的国际直线对撞机（ILC）项目计划让两束能量为 250 吉电子伏特的粒子加速移动 15 千米，随后在 1 个 800 纳米乘以 10 纳米的极小区域内相撞。这就相当于从地球瞄准月球上的 1 个针头。要做到这一点，需要先知道如何产生极高品质的正负电子团，随后对其加速并以极高的精度和稳定性将它们集中起来。

能量较低的机器同样需要追求极致的光度。以日本 SuperKEKB（高能加速器研究机构的超级 B 介子工厂）探测器为例，在正负电子对撞生成 B 介子 2 号实验中，研究人员将可观测物理量的高精度测量结果与标准模型的预测值进行对比，试图发现模型的缺陷。该实验的技术难度很大：调节这些探测器应当比调节瑞士钟表更加细致。

大型正负电子对撞机就是一个著名的例子。20 世纪 90 年代，这台对撞机位于如今 LHC 所在的隧道内。为了使粒子束能量的测量精度满足物理学家的要求，需要考虑月亮的位置以消除地球潮汐的影响；需要考虑莱芒湖的水位，因为它会影响加速器的尺寸；需要考虑巴黎和日内瓦之间高速列车的时刻表，因为列车每次通行产生的泄漏电流将会对电磁体造成干扰。

争夺能量

但是，为了进一步在无穷小的尺度上进行物质探测并探索标准模型的边界，应当持续提高加速器的能量。虽然做到这一点有难度，但是将粒子加速至高能状态的原理却相对简单：离开粒子源后，带电粒子在高强度电场的影响下提升了速度。于是，在多次受到该电场的影响后，粒子的能量提高，速度提升。以 LHC 为例，在环形轨道内转了数万圈后，粒子的速度达到光速的 99.9999991%。1 个能量为 7 太电子伏特的质子在撞击前，1 小时内在 LHC 内移动了 10 亿千米，相当于往返一次木星。

要做到这一点，带电粒子需要穿过名为“加速腔”的共振金属结构。射入其中的射频波经过调整，可以产生电场。这些电场的强度可以非常大，达到每米数千万伏特。将带电粒子分成一个个粒子团并让它们反复、同步受到这些电场的影响，就能一点点地提高它们的能量。为此，人们可以设置更多的加速结构（直线加速器原理），也可以让粒子反复进入同一个加速腔（环形加速器原理，比如同步加速器、回旋加速器等）。不过，后者需要使粒子束的径迹弯曲，从而让其中的粒子团每圈都在适当的时候进入同一个加速腔，为此，粒子束将受到电磁体产生的磁场的影响。

磁体的挑战

粒子的能量越高，粒子束就越“僵硬”且难以偏移，使粒子径迹弯曲的磁场强度就越大。以 LHC 为例，这台出色的高能同步加速器拥有 1232 个偏移磁体，产生的磁场强度高达 8.3 特斯拉，相当于地球磁场强度的近 20 万倍。

达到这一强度所需的技术需要使用超导线缆。因此，LHC 的磁体由铌钛合金（NbTi）制成，这种超导材料的临界温度大约为 10 开：要让粒子束达到所需的能量水平，需要用液氦在−271.3℃的环境中对 19 千米长的环形磁体进行降温。该温度接近绝对零度，甚至比外太空的温度还要低。可见，粒子加速的原理很简单，但是做起来很难。

图 5.23 烤箱中的加速腔。射频腔可以将电磁波的能量转移给粒子束，从而实现加速。铌制超导腔的性质在高温退火过程中得到优化。该过程通常在 600℃至 900℃的温度下进行，持续 3 至 8 小时

未来数年甚至数十年，随着加速器达到的能量越来越高，难度可能会继续提升。为了给 LHC 找继任者，研究人员的一个想法是建造一个更加庞大的环形加速器：周长大约为 100 千米，可以通过加速使质子的能量达到 50 太电子伏特。这就是未来环形对撞机（FCC）。

除了超级庞大的体积外，此类机器的可行性如今还受到超导磁体的技术限制。要使具有极高能量的粒子束的径迹弯曲，磁场强度应当达到 16 特斯拉，接近 LHC 磁场强度的 2 倍。目前，国际社会正投入巨大精力研发高场磁体。专家们认为，该技术还要再研发 20 年才能完成理论上的技术示范。

辐射的优势与劣势

环形加速器的另一个重要限制在于同步辐射。1947年，兰米尔（Robert Langmuir）和其同事率先阐明了这一现象。该辐射来自带电的相对论性粒子。受磁场影响，这些粒子的径迹弯曲。该辐射以光子的形式存在，推动了欧洲同步辐射光源（ESRF）和法国经过电磁辐射应用实验室优化的中能光源（SOLEIL）等光源的建成。这些设施运用该辐射进行探测，实现了亚纳米尺度上的样品成像，相当于原子层级别的成像。该辐射的波段覆盖红外线至X射线。可见，人类建造的最明亮的光源实际上也是粒子加速器进步的产物。

不过，同步辐射并非只有好处。它会让运行中的粒子束失去能量，特别是当粒子的能量较大或者径迹的曲率较大时：这降低了粒子的速度，背离了加速器的初衷。以LHC为例，能量为7太电子伏特的质子每一圈将失去近10千电子伏特的能量，即总能量的十亿分之一。不过，由于加速腔的存在，所以这种能量损失相对容易弥补。

但是，对未来环形对撞机而言，能量为50太电子伏特的质子每一圈将损耗约5兆电子伏特的能量，相当于总能量的百万分之一，这一占比已经非常大。然而，对质量较轻的粒子来说，该现象还要更加严重。比如，在未来环形对撞机中，能量为175吉电子伏特的电子每一圈要损失约8吉电子伏特的能量。事实上，该现象意味着未来环形对撞机无法产生能量超过数百吉电子伏特的电子或正电子。

圈和线

为了绕过同步加速器的固有限制，考虑到超高能正负电子撞击等粒子对撞的情况，需要放弃让粒子转弯的做法，让粒子沿直线加速即可。在这种情况下，粒子束在每个加速腔中只加速一次：目标能量越高，加速腔的数量就越多，直线加速器就越长。

对研究加速器的物理学家而言，主要挑战在于提升粒子的加速效率，从而尽可能压缩机器的尺寸并减少耗电量。过去，加速腔由铜制成，在室温下运行，如今，越来越多的加速腔由铌制成并在“低温模块”中运行。经过液氦降温后的铌是一种超导材料。这样，我们就可以考虑既以较高的能效生成庞大的加速场，比如国际直线对撞机的加速场强度超过每米 3000 万伏特，又保留加速极强流电子束的可能性。

经过数十年的研发，这些超导腔使人们有了生成强度前所未有的粒子束的想法。比如，正在瑞典建造的欧洲散裂中子源（ESS）项目计划产生强度为 2 吉电子伏特的质子束，功率达 5 兆瓦特，相当于近 7000 匹马不停奔跑或者 700 辆汽车产生的功率总和。至于坐落在卡昂的国家大型重离子加速器新搭载的直线加速器，即在线放射性离子产生系统 2 号加速器（Spiral2），不久前它刚刚运用超导低温模块产生了此类加速器所能产生的最强粒子束之一。

稳定性优势

大型加速器项目运用的粒子束强度越来越大、能量越来越高。因此，应当严格控制这些粒子束，从而避免一个微小的扰动对机器结构造成破坏。还是以 LHC 为例，每个在环形轨道中运动的质子，其携带的能量相当于一只飞行中的蚊子携带的能量，而整个质子束的能量则相当于一架波音 747 飞机起飞时的能量。

如果这样的粒子束不巧撞上加速腔或者磁体，后果可想而知。为了避免发生此类意外，应当安装一整套复杂的监控系统，从而在 100 多微秒内对微小的扰动作出反应。

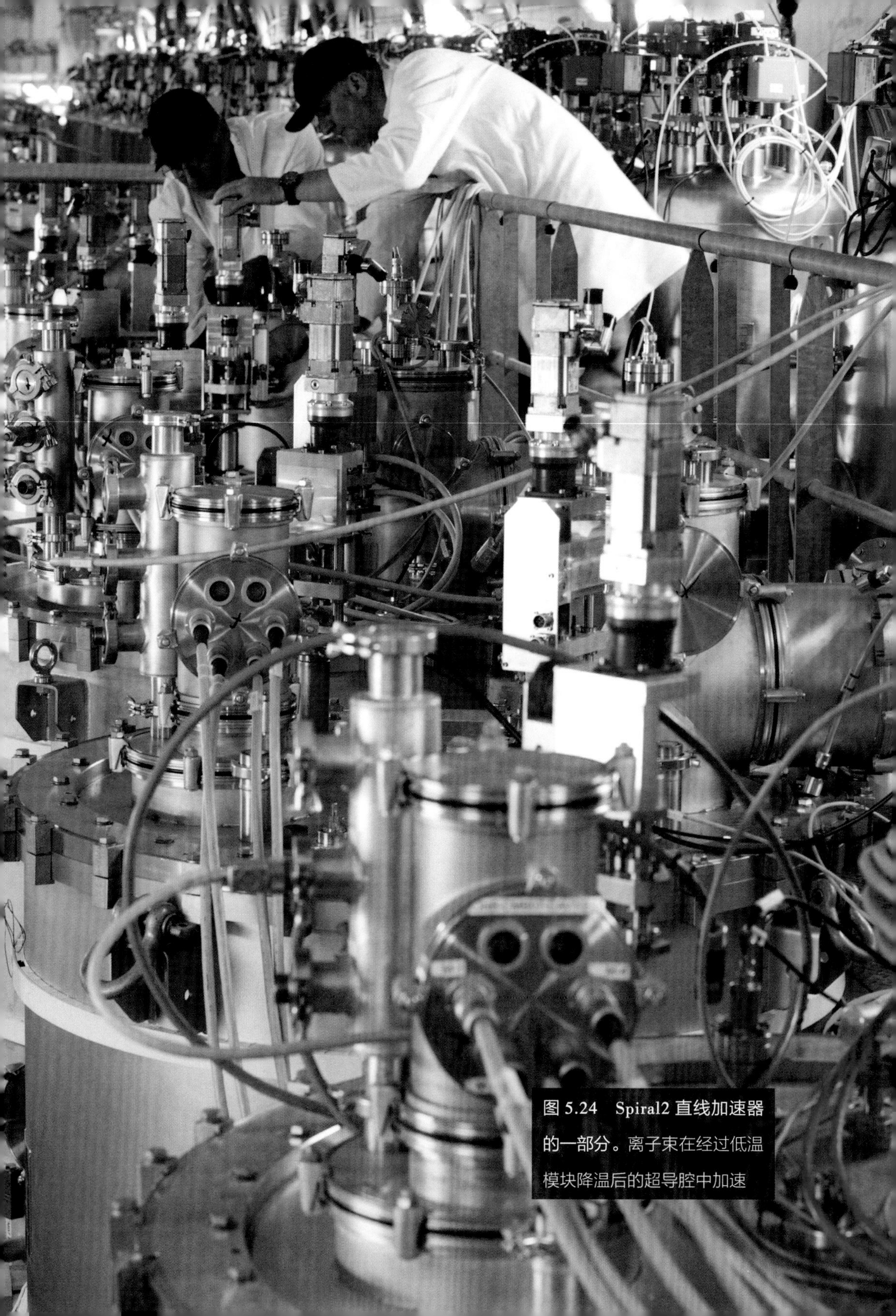

图 5.24 Spiral2 直线加速器的一部分。离子束在经过低温模块降温后的超导腔中加速

此外，由于粒子束受损最终会破坏它的稳定性，所以为了尽可能降低它的受损程度，需要让粒子束在超真空中移动，从而尽可能减少它与沿线气体分子的相互作用。于是，LHC 粒子束管内的压力降至 10^{-13} 毫巴，大致相当于大气压力的十万亿分之一，月球表面压力的十分之一。

不必说，让这些系统同时运转，必然会使它们的可靠性变得非常重要，这不仅是出于安全方面的考虑，也是为了确保使用者可以使用产生的粒子束。不仅如此，一些应用必须在极高的可靠性下才能实现，加速器驱动系统（ADS）就是一例。

该系统的目的是让核废料发生嬗变。它由一个次临界核反应堆构成，本身不发生链式反应，其中的核反应由加速器驱动。为此，一台大功率加速器产生粒子束，轰击反应堆中央的目标靶，从而产生驱动核反应的中子。由于与反应堆接触，所以加速器需要具有极高的可靠性，比现有的最新技术的可靠性还要高出几个数量级，以达到保护核燃料组件和保证设施充分可用的目的。由该应用开启的研究领域在确保加速器可靠性的基础上不断发展，并且特别致力于研发能够尽可能减少直线加速器故障的技术。

新的理念

不过，上述研究并没有告诉我们如何在不建造需要花费极高运转成本的巨型设施的情况下，使粒子束的能量超过现在或者国际直线对撞机、紧凑型直线对撞机（CLIC）以及未来环形对撞机计划达到的水平。一些研究项目正在探索各种前景广阔的研究路径。

其中，关于能量回收型直线加速器（ERL）的研究将把机器的运行能效提升到前所未有的高度，它用已经加速的电子团的能量来加速下一个电子团。另一个研究项目则与新的超导材料有关。这种材料的“临界场”（超过这一磁场强度，材料将失去超导状态）远高于铌的“临界场”，可以产生性能更强的加速电场。此外，人们还研究了其他更加奇异的粒子的加速方式。以 μ 子为例，由于它们比电子重，所以它们的撞击或许能够达到更高的能量水平。只不过，这种粒子不稳定，而且在计划建造 μ 子对撞机之前，还有许多技术难题需要攻克。

其他研究则致力于探索新的加速理念，比如等离子体尾流场加速技术：当超高强度的激光束射入气体环境时，激光束尾流区形成的等离子体内将产生一个加速场。随后，尾流场从等离子体中捕获电子并使之加速，场强可达传统用于加速粒子束的射频腔场强的 1 万倍。2019 年，一支来自伯克利的团队刷新了纪录。电子仅加速移动了 20 厘米，就获得了近 8 吉电子伏特的能量，加速梯度约为现有技术可以实现的加速梯度的 1000 倍。即便如此，我们可能仍与大自然在“耀变体”中创造的加速纪录相差甚远。耀变体是宇宙中最强大、最猛烈的天体。因此，激光-等离子体加速技术是一个极具吸引力的解决方案，不过它当前受到的限制包括效率、可复制性以及人们对加速器粒子束品质的期待。目前，大量研究正在进行之中，目的是让该技术更加可靠。

日常生活中的加速器

如果你认为粒子加速器在基础研究以外一无是处，那你就错了。事实上，全球拥有数千台小型粒子加速器，它们以各种方式发挥着作用。

比如，在重工业中，加速器被用作焊接机；在食品工业中，它被用于果蔬消毒；在安全领域，它被用于扫描可疑容器，以发现其中的核物质或爆炸物。此外，加速器还越来越多地被用于癌症治疗。人们用质子或其他重离子精确地轰击目标肿瘤。这种疗法的好处在于它对周围健康细胞造成的附带损害要比传统放射疗法（光子、电子）造成的附带损害小得多。

事实上，加速器的应用还有很多：比如材料或者生物学研究领域、能源领域、微电子领域、环境领域、遗产领域以及艺术品修复和葡萄酒年份推定等。

会不会有一天，加速器能帮助我们识别暗物质粒子？

salomon

6 意料之外的应用

◀

图 6.0 巴黎居里博物馆的参观者。玛丽·居里是核物理研究应用领域的先锋，她将核物理研究运用于健康和抗癌之中

宇宙尘埃

宇宙尘埃穿过我们目之所及的广袤恒星际空间，从宇宙深处而来。星际空间的物质主要由气体组成，宇宙尘埃只占星际物质的百分之一，却在恒星的摇篮即分子云的演化过程中发挥了重要作用，负责运输前几代恒星产生的原子。

尘埃行星

巨型气体尘埃云坍缩，形成恒星。在新生的恒星周围，物质汇聚，形成原行星盘。灰尘在盘中聚集成致密的实体，越来越大，可达数十千米。这些“微行星”先构成原行星，再形成行星。

盘中的初始尘埃几乎全部（超过99%）都在我们的恒星即太阳中结束了生命，剩下的则组成行星。如今，只有很小一部分初始尘埃从这些演化过程中存活下来。它们存在于彗星（来自柯伊伯带或者太阳系边缘奥尔特云的冰冷天体）或者火星和木星之间的小行星之中。来自这些天体的尘埃将告诉我们太阳诞生时的天体物理环境。通过对比来自小行星和彗星的尘埃，我们可以获得与新生太阳周围的原行星盘的构成和动力机制有关的宝贵信息。

恒星尘埃

恒星犹如宇宙中的一口锅，一代又一代原子核从中形成，而且越来越重。

在演化过程的不同阶段，恒星和它们的恒星风向恒星际空间注入了大量尘埃。这些大小不足数微米的颗粒在恒星际空间遨游。早在太阳诞生以前，形成于特定恒星周围的太阳前颗粒就带有其母星特有的核合成标志。它们的矿物、化学和同位素特征直接向我们提供了与恒星核合成过程有关的信息以及它们形成之地的物理化学条件。如今，人们可以从掉落在地球上的陨石、微陨石等地外物质中识别这些颗粒。虽然它们只占所在陨石或微陨石的很小一部分，但是它们的同位素构成与周围物质的同位素构成完全不同，因此可以被识别。

恒星际空间的尘埃

人类通过地球上的天文观测台和空间发射任务跟踪尘埃在恒星际空间的长途旅行。这些尘埃的生命周期从其形成和进入恒星环境开始，经过在弥漫星际介质中的旅行，进入寒冷、致密的星际云，最后成为恒星、微行星、行星、彗星或小行星的组成部分。

其间，尘埃受极端过程影响，发生变形。这些极端过程包括：气体尘埃团在速度和密度上的巨大差异引发的撞击、与气体碰撞产生的物理化学过程、恒星高能辐射或构成银河宇宙辐射的高能加速粒子引发的变形等。这些过程改变了尘埃的构成、结构和粒径分布，有时甚至会将其完全摧毁。这些星际尘埃主要由硅酸盐或含碳物质构成，它们会在进入致密分子云的寒冷环境时吸积冰幔。

此外，尘埃自身的尺寸也在变大。起初，在弥漫星际介质中，它们只有几纳米至几微米。随后，它们在原行星盘中长到毫米的级别。现有的望远镜已经可以在许多新生恒星周围观测到这些由气体和尘埃构成的原行星盘，帮助人们全面了解它们的组成部分和动态演化。

图 6.1 南极的微陨石。这是一张用电子显微镜拍摄的微陨石图像。这颗微陨石来自从南极冰穹 C 区域的积雪中获得的康宏藏品

小行星和彗星尘埃

太阳系的行星和大质量天体失去了关于原始尘埃的记忆。与微行星碰撞产生的能量以及它们内部的放射性使它们的温度超过 1500 开，导致矿物相熔化和新生行星的分化，出现星核、星幔和星壳。

小行星和彗星的体积较小，它们中的大部分并未经历完整的分化过程，仍然留有自大约 46 亿年前在原行星盘中形成以来就几乎没有发生过变化的固体物质。美国国家航空航天局（NASA）的星尘号（Stardust）和日本宇宙航空研究开发机构（JAXA）的隼鸟（Hayabusa）1 号、2 号飞船使人类首次在实验室中研究了从维尔特 2 号（81P/Wild 2）彗星和丝川（Itokawa）、龙宫（Ryugu）两

颗小行星带回的尘埃，而欧洲空间局（ESA）的罗塞塔号（Rosetta）探测器则在67P/丘留莫夫－格拉西缅科（67P/GC）彗星上研究了彗核与气体的结构和组成。

从行星际空间到实验室

地外尘埃持续坠落在地球上，平均每年每平方米落下的尘埃颗粒达到几十个，也就是说每年坠落到地球表面的宇宙尘埃总量大约为5000吨。这些微陨石的通量差不多是直径超过数厘米的陨石通量的1000倍。

这些微陨石四处散落。它们到达地球时速度极快，其中大部分会在进入大气时完全熔化，以宇宙球粒的形式落在地球上。少量微陨石能够穿过大气层：它们是研究人员最感兴趣的分析对象，同时也是寻找难度最大的微陨石。几十年来，人们针对这些尘埃实施了多个研究项目，主要是在南极洲。大片海洋将南极洲与地球尘埃隔开，在地外物质研究方面赋予该大陆独一无二的优势。

在法国保罗－埃米尔·维克托极地研究所（IPEV）的帮助下，一个研究项目于法国和意大利在冰穹C区域（75°S，123°E）联合设立的康宏站（Concordia）展开。在南极中心区域，数千米厚的冰层将表面雪层与岩床隔开，加之风向常年由内向外，形成了一个巨大的天然区域。近20年的收集工作形成了世界上独一无二的“康宏藏品”，包含数千个完全未受地球风化影响的宇宙尘埃颗粒。

彗星颗粒

陨石世界呈现出丰富的多样性，这是因为它们来自不同的母体，比如岩石小行星、碳质小行星、分化或未分化的小行星、月球、火星等。陨石和微陨石宇宙尘埃记录了它们从在恒星包层中形成到在原行星盘中演化之间经历的不同过程。它们是科学家研究以下对象时需要分析的物质资料：

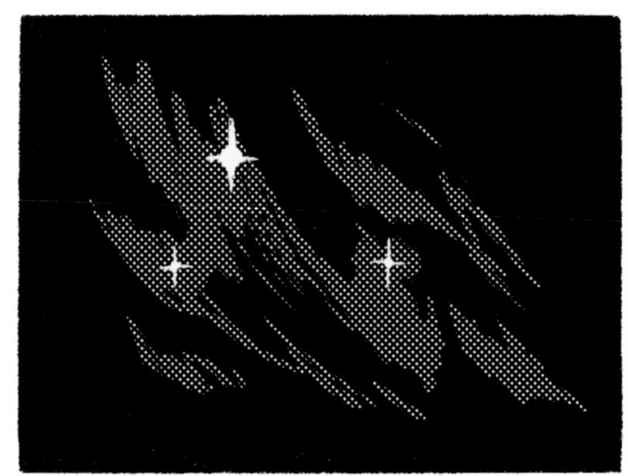

星际分子云和正在形成的恒星

太空探测任务从彗星羽流或小行星表面收集的样本

可以用于研究介于小行星物质和彗星物质之间的连续体。至于灰尘世界，这是一个庞大的族群，其中大部分颗粒的构成与碳质球粒陨石的构成类似。碳质球粒陨石十分罕见，约占陨石总数的3%。它的含碳量高于其他陨石的含碳量，碳在总质量中的占比可达几个百分点。

不过，有些地外尘埃的含碳量远高于这一标准。它们是碳含量超高的微陨石，即超高碳质南极微陨石（UCAMMs），存在于法国（康宏站）和日本（富士冰穹）的南极藏品中。这些尘埃颗粒的含碳量极高，碳在总质量中的占比可达数十个百分点。UCAMMs的碳成分即有机成分表现出的化学和同位素特征与碳质球粒陨石的化学和同位素特征有所不同。UCAMMs极有可能来自冰冷的彗星表面。由于彗星的初始轨道非常遥远，所以大量含氮（N_2，NH_3，……）或者碳氢化合物的冰体凝结在彗星表面。这些特殊的颗粒提供了与坐落于海王星轨道外侧的冰冷天体有关的信息。NASA的新视野号（New Horizon）探测器不久前刚刚探索了太阳系内这片遥远的寒冷之地。

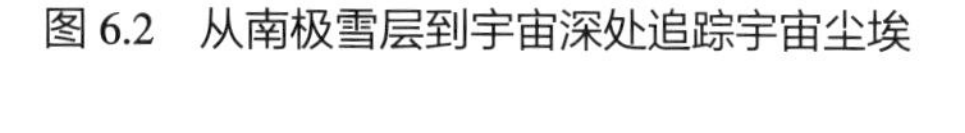

图 6.2 从南极雪层到宇宙深处追踪宇宙尘埃

在炎热或寒冷的沙漠中发现的来自小行星、月球或火星的陨石

在南极洲收集的行星际尘埃（微陨石）

地外有机物

太阳系的星体表面常年受到银河宇宙辐射的轰击。辐射粒子与星体表面的冰体发生相互作用，引发辐解，产生复杂有机分子的前体。于是，在最易挥发的冰体升华（物质直接从固态变为气态）的过程中，最耐高温的分子最难分解，它们可以在彗星表面与自由基结合，形成含碳彗星壳。

法国大型重离子加速器等大型重离子加速器可以通过实验模拟这些过程。最近，研究人员用射线照射彗星表面的水冰混合物，获得了多种耐高温的残留物。分析结果表明，这些残留物的特征与 UCAMMs 的特征一致。因此，一部分被新生地球吸积的有机物可能是银河宇宙辐射的高能离子与彗星冰体通过相互作用形成的复杂有机分子前体的遗留物。

尚未解决的问题

关于地外尘埃的研究需要收集并运用尖端技术分析这些尘埃，从而在几十纳米的尺度上获得它们的化学构成和同位素构成。随后，这些测量结果将与天文观测结果和实验室模拟结果进行对比。为此，人们运用法国大型重离子加速器、伊雷娜·约里奥-居里实验室（IJClab）等多个实验室的加速器，对矿物或冰体进行辐照模拟实验，从而查明这些尘埃及其组成部分在从恒星际空间到小行星和彗星表面的整个生命周期内的演化情况。

陨石和微陨石包含一些含碳分子。这些有机分子是构成生物体的基础。了解行星际有机物的不同组成部分是现代宇宙化学和天体物理学的重大挑战之一。未来几年，人们将对隼鸟 2 号探测器和 OSIRIS-REx（源光谱释义资源

图 6.3　采集微陨石。2002 年，研究人员在南极中央的冰穹 C 区域收集微陨石。他们为法国保罗-埃米尔·维克托极地研究所和法国国家科学研究中心的迪普拉（J. Duprat）负责的 MicroMet@Concordia（康宏站微陨石）项目采集雪样

安全风化层辨认探测器）分别从龙宫和贝努（Bennu）两颗碳质小行星带回的样品展开研究。这些样品的分析结果将使人类知晓存在于这些原始天体表面的有机物的构成，从而更好地掌握新生行星在形成过程中吸积的有机物质的来源及其转化机制。

不过，许多关键问题仍然存在。被摧毁的或结构和化学成分被大幅改变的颗粒在恒星际空间中占比几何？如何将在这些尘埃中发现的元素的同位素构成与银河系的化学演化联系起来？是否有可能确定太阳前颗粒的形成时间并基于不同恒星核合成过程形成的原子核识别这些颗粒的来源？但是，有一点是确定的：我们都是恒星的尘埃。

地心旅行

在瓜德罗普岛，大部分地震活动悄无声息。尽管地震学家一直在探测这些地震活动，但是它们并不会影响人们的日常生活。比如，自 2021 年 3 月 4 日起，人们在 4 天内观测到 466 次地震，震源位于拉·苏弗里耶尔火山穹顶之下，深度不足 2.5 千米。这引起了人们的疑问：这位“老妇人”是否准备苏醒？

拉·苏弗里耶尔火山上次喷发是在 1976 年。在此前的两年间，地震强度增强，很可能激活了一系列被过去的物质堵塞的断层：1976 年 7 月 8 日，火山灰和气体喷射而出，使圣克洛德市被黑暗笼罩了 20 多分钟。承压含水层犹如一口巨型高压锅，在深层岩浆排出气体的加热下，内部累积的压力骤然下降。1976 年 8 月 16 日，一场大爆炸引发岩石喷射和泥石流，并导致酸性气体和水蒸气喷出。这次“射气”喷发虽然非常壮观，但是并未造成严重损害，不过还是导致 7.3 万人在 3 个月的时间里背井离乡。

用于探测地球的宇宙雨

2010 年，人们在拉·苏弗里耶尔火山的山坡上放置了几台新型探测器，目的是用宇宙 μ 子断层成像这一新技术来探测火山的内部。该技术和 X 射线医学成像一样，也以粒子穿过物质时的吸收或偏移情况为基础。粒子的吸收和偏移取决于被穿过物质的密度和化学成分：μ 子可以形成与 X 光片类似的密度对比图。

可观测物理量为“不透明度”。通过对比入射 μ 子和出射 μ 子的通量，可以获得关于被粒子穿过的物质的密度信息。因此，运用合理放置的探测器，可以测量被大量 μ 子穿过的障碍物的投影图。

宇宙线大量产生实验所需的 μ 子。在与地球大气中的氧核和氮核发生相互作用的过程中，宇宙线产生粒子簇射。粒子流持续不断，在地球表面表现出各向同性。一些粒子很快被吸收，有时甚至在到达地表前就已经被吸收。另一些粒子则具有很强的穿透力，比如 μ 子和中微子。能量最高的 μ 子在被吸收前，可以在标准岩石中穿行数千米！

图 6.4　拉·苏弗里耶尔的 μ 子成像仪。6 台 μ 子望远镜被置于瓜德罗普岛的拉·苏弗里耶尔火山周围。它们绘制一张图像需要两周的时间

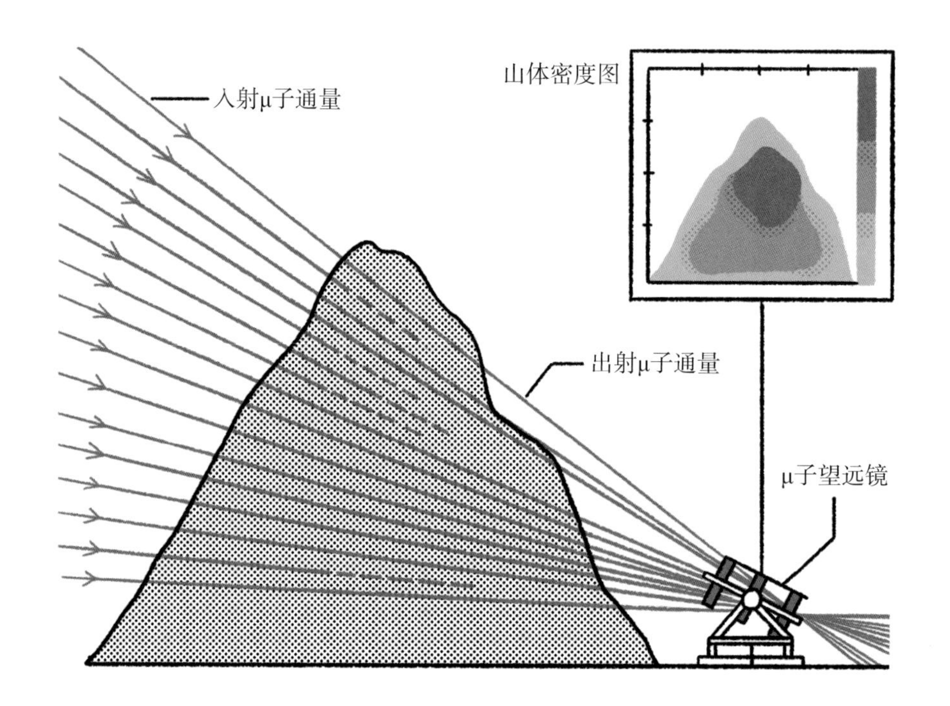

图 6.5　在山的另一侧观察。 μ 子类似于体积较大的大质量电子，它们从各个方向射入大气，速度和能量已知。因此，将一台 μ 子探测器置于山后，就可以观察这座山对入射 μ 子通量的影响，并据此推断出山体结构的二维密度分布图

在 μ 子的阴影下

在海平面，每分钟每平方厘米可以捕捉 1 个 μ 子，约占持续轰击地球表面的电离辐射的 15%。人们通过模拟还原了粒子在大气簇射中的相互作用链和衰变链，从而可以预测 μ 子流的属性，特别是它的能谱和在地面的角度分布。

由于 μ 子是带电粒子，所以 μ 子成像技术的原理基础是当 μ 子穿过探测器的工作区域时提取少量能量，然后将能量转化为可测量的信号。使用的探测器不同，这些信号的形式也不同：若使用闪烁探测器，则信号为光信号；

若被 μ 子穿过的探测器含有被 μ 子电离的气体，则信号为电信号；若 μ 子穿过探测器的行为被感光乳剂捕捉，则信号为原子信号，此时乳剂中的银离子还原为银原子，最后发展成“颗粒”。

μ 子成像的想法来自澳大利亚：1955 年，英国物理学家乔治（Eric George）建议通过测量大雪山中一个水电项目隧道内部和上方的 μ 子通量，估算该隧道上方的冰层厚度。此后，探测器的技术进步带来了更加精确的真实图像。Diaphane 和 MEGaMU 是法国为观测拉·苏弗里耶尔火山启动的两个 μ 子成像先锋项目。它们采用的是塑料闪烁体平面径迹探测器，而探测奥弗涅火山的火山 μ 子层析成像（Tomuvol）项目则使用了气体探测器。为了能在远离电力线路的偏远火山上使用，探测器应当可以通过太阳能、风能或燃料电池供电。无线网络连接（比如移动电话、卫星等）可以确保实现远程控制。

对火山进行摄片检查

为了探测火山的结构，将 μ 子探测器置于山坡，测量各个可能方向上的 μ 子通量。通过对比测量值和基于入射 μ 子通量在无障碍物情况下模拟的理论通量值，可以得出被研究结构的不透明度。

基于 μ 子吸收情况形成的图像绕不开解释方面的问题。如果只拍摄 1 张图像，那么该测量结果理论上可以有多种解释。鉴于不透明度的测量值是密度和长度共同作用的结果，它可以对应多个事实：小密度环境中的长径迹和大密度环境中的短径迹可以得出相同的结果。要解决这些问题，需要在目标附近多拍摄几张图像，或者将 μ 子层析成像与其他地质技术结合使用。

因此，“重力测定法”基于重力加速场的测量结果，绘制了局部质量分布图。鉴于它和 μ 子成像法一样对物质的密度比较敏感，可以综合运用两种测量方法，从信息互补中获益。此外，μ 子成像法还可以与其他能够提供结构内部质量差异信息的地球物理方法一起使用，比如关于地震波传播或者电场线的研究等。将这些不同的分析方法结合起来，可以得出火山结构的准确图像，并形成密度分布图。

获取活跃火山穹顶内部的质量分布情况，一方面可以识别出可能会在受压情况下被液体填满的火山腔，另一方面可以绘制可能导致潜在不稳定的脆弱区域的分布图，或者标出被多种液体填满或未填满的火山腔的位置。考虑到一些热带火山受到严重侵蚀，断裂或破碎的区域和饱和的火山腔分布图在构建潜水喷发机制模型方面发挥了重要作用。鉴于此，Diaphane 项目运用 μ 子成像技术，通过增设周围数据采集点和增加综合分析（μ 子-地震、μ 子-重力测定）次数的方式，建立了拉·苏弗里耶尔火山穹顶的首批二维和三维图像。

从火山到金字塔

但是，宇宙辐射并非只能用于研究火山：在地球物理领域，该方法常常用于描述地层特征，以应对核废料的掩埋和长期存储问题；此外，它还可以用于热液系统的动力学研究。举个例子，一个项目描述了大巴黎地铁线内的城市地下特征。

另一些应用则出于工业目的，它们能以非侵入、非破坏的方式控制高炉、核电站等工业设施。因此，μ 子成像技术最重要的应用之一便是确定受损的福岛核电站内核燃料的位置：2015 年 2 月至 6 月，两台 20 吨重的抗辐射探测器对核电站进行了扫描，发现核燃料位于核电站的底部且已经熔化。

1970 年，诺贝尔奖得主阿尔瓦雷茨（Luis Alvarez）在哈夫拉金字塔的贝尔佐尼墓室内放置了一台探测器，拍摄了第一张用 μ 子形成的图像。通过对比拍摄的图像和模拟的图像，他确认金字塔中不存在任何隐藏房间。2015年，扫描金字塔（ScanPyramids）项目团队以同样的方式研究了胡夫金字塔，获得了更多的发现：这是19世纪以来人类首次发现1个大约30米的未知空间！

如今，μ子成像技术的精度使人类可以研究规模较小的古代建筑，比如希腊古墓，目的是查明建筑内部情况。人类还可以用该技术研究历史建筑的结构。

洛斯阿拉莫斯国家实验室开发的μ子层析成像技术则基于μ子的偏移情况，而非它们的吸收情况。他们拍摄了第一张吉普车的μ子扫描图：研究的目的在于开发一种无须借助X射线源就能在货车装载的货物中找到核物质的方法。

注意，方向已变！

μ子成像技术的主要优势在于能够追踪火山热液系统等随时间的演化情况，并与火山顶部观测到的喷气现象建立关联。测量不同时间的μ子通量可以记录不同时刻的射线照片，并直接跟踪密度的变化。为了确认该方法的有效性，人们对距离里昂40千米的一个名为蒂尼厄-雅梅齐厄的小城镇的水塔进行了细致的研究：他们运用μ子成像术对水塔内的水位进行了一个多月的跟踪，从而在μ子成像测量结果与运用传统方法测量出的水塔水位之间建立起关联，并对太阳或大气活动造成的一些地磁效应进行了研究。若想研究通过其他方式无法观测的火山水囊，清楚掌握这些效应必不可少。

因此，μ子成像技术特别适用于监测可能发生潜水喷发的火山，这是因为穹丘内水的密度突然下降意味着水出现了蒸发。

这种结构监测能力应用广泛。比如，在地质领域，它可以用于研究地热或者水文地质学，目的是查明热液系统的动力机制等。在工业领域，μ子动态成像技术可以用于跟踪无法进入的管道的排泄或者装填情况，分析液体的流动情况，监测物质的注入或者更替情况等。

用中微子探测地球深处

若想探测地球的最深处，应当使用穿透能力更强的粒子：中微子。它们是唯一能够横穿地球的粒子。中微子的这一属性为地球物理学家提供了另一种研究地球深处的方法。不过，穿透能力强意味着探测难度大：中微子较少与物质发生相互作用，也就是说它们较少与探测器发生相互作用，这给粒子物理学家带来了难题。所以，直到现在，凭借冰立方、立方千米中微子望远镜等大型中微子望远镜，人们才能考虑运用中微子进行地球物理研究。

在地心

目前，关于地球结构的认知主要来自地震波研究。基于地震波在地球内部结构中的传播、反射和折射方式，可以识别密度和物理属性在大尺度上的变化。地球物理学家将这些信息与大地测量（关于地球形状的研究）和重力测量（关于重力场的研究）结合起来，重建状似“洋葱皮”的地球径向密度分布图：每一层的密度逐渐增大，重元素向内部（地核）聚集，轻元素则向地表（地幔、地壳）移动。

然而，仅凭地球物理学的可观测量不足以确定地球的化学成分，尤其是地幔、地核等地球深处的化学成分。为此，应当补充与地球形成过程有关的信息，特别是通过研究陨石或者在实验室的极端温度和压力条件下通过实验获得的信息。

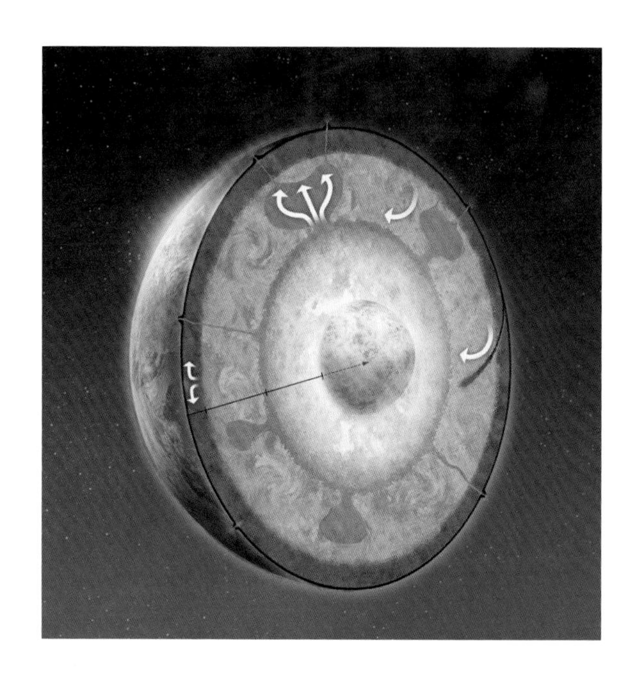

图 6.6　解剖地球。从地心到地表，依次是固态的内核（或称种核）、液态的外核、下地幔、上地幔。地核主要由铁镍合金构成，少量轻元素主要位于外核。与地核相比，地幔的密度较小，似乎存在大片的不均一区域，包括向地表升起的地幔柱和构造板块钻入的俯冲区域

综合上述观测结果，人们假设，地核由铁镍合金构成，而硅、氧、硫、碳、氢等较轻元素在地核中的占比仅为几个百分点，它们存在于密度略低的外核。不过，人们对这些元素的具体丰度仍知之甚少，因为多种轻元素组合均符合地震观测结果。

实际情况更加复杂。地震波研究指出，下地幔存在大面积的非均一区域，它们的性质、化学组成及形成原因仍存在争议。与周围的地幔相比，这些“超级地幔柱”的密度更大、温度更高，可能是原始地幔的残留物，也可能是地表物质冲入地球深处后经过循环逐渐形成的产物。这两种情况将给我们对地球动力机制的认识带来截然不同的影响。

不幸的是，地球物理学家永远没有机会亲自探索地球深处，通过直接测

量判断这两种情况的真实性。不过，中微子可以做到这一点。运用这些穿透力极强的粒子拍摄地球扫描图像，将为我们研究和查明地球结构开辟新的途径。

用中微子穿越地球

根据采用的机制（吸收或振荡）和研究的能量范围，中微子层析成像具有两种形式。大气中微子对层析成像尤为有用，这是因为它们在地球周围的产生具有各向同性，而且能谱跨度大，从百兆电子伏特到拍电子伏特级别。大气中微子流主要由电中微子和 μ 中微子（及它们的反粒子）构成，而且比例已知。

在高能段，即能量超过 10 太电子伏特的能段，通过吸收中微子形成的层析成像图像利用了中微子相互作用的可能性逐渐提高的特点。由于中微子被吸收的可能性增大，所以中微子的通量降低，特别是当中微子经过的路程较长且穿越的区域密度较大时。这样，置于地表的探测器基于观测到的中微子的能量和来源方向分布情况，可以提供与被穿越物质有关的信息。当中微子的能量达到拍电子伏特级别时，它们将被地球完全阻挡。2018 年，该方法首次用于研究真实的数据样本，它们是约 2 万个被南极“冰立方”中微子望远镜记录的 μ 中微子。尽管可用的数据量有限，但是结果振奋人心。获得的数值与采用地球物理方法得出的结果一致，但是它的精度仍然远没有达到替代初步参考地球模型（PREM）的程度。新一代立方千米中微子望远镜/深渊宇宙学天体粒子研究（KM3NeT/ARCA）的到来将进一步推动该技术的发展。探测器积累的更加庞大的数据集对细致研究地球密度分布来说至关重要。

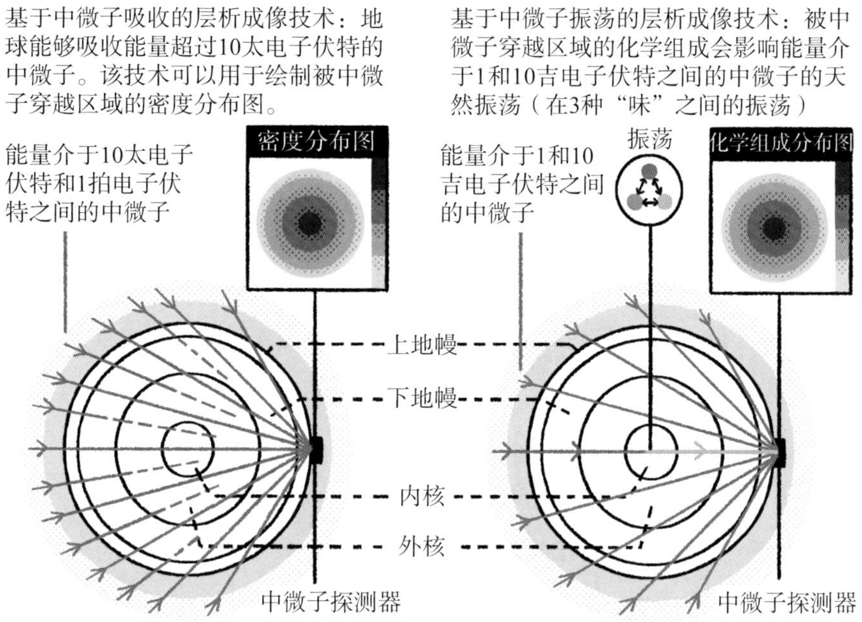

基于中微子吸收的层析成像技术：地球能够吸收能量超过10太电子伏特的中微子。该技术可以用于绘制被中微子穿越区域的密度分布图。

基于中微子振荡的层析成像技术：被中微子穿越区域的化学组成会影响能量介于1和10吉电子伏特之间的中微子的天然振荡（在3种"味"之间的振荡）

能量介于10太电子伏特和1拍电子伏特之间的中微子

密度分布图

能量介于1和10吉电子伏特之间的中微子

振荡

化学组成分布图

上地幔

下地幔

内核

外核

中微子探测器

中微子探测器

图 6.7 看见地心。大气中产生的中微子能够横穿地球。两项技术利用中微子的径迹，推断出与地核和地幔的密度及化学组成有关的信息，它们是基于中微子吸收的层析成像技术和基于中微子振荡的层析成像技术

掌握化学组成

处于低能段的大气中微子数量最多。在这里，另一种现象影响了中微子的传播方式，那就是基于中微子振荡的层析成像。这些发生在中微子不同"味"之间的振荡对被中微子穿越的环境中的物质成分较为敏感，对电子的密度尤为敏感。

对中微子能量和电子密度的某些有利组合而言，振荡效应的共振增强改变了在地球上产生且在地表被探测到的不同"味"中微子的占比。对地幔和地核中常见的密度而言，该效应将影响能量介于 1 和 10 吉电子伏特之间的中微

子，准确来说就是被顶级神冈探测器和立方千米中微子望远镜 / 深渊宇宙学振荡研究（KM3NeT/ORCA）探测器大量收集的中微子。在这里，物质的影响仍然体现在中微子的能量及来源方向分布上，主要是电中微子和 μ 中微子。

此外，基于中微子振荡的层析成像技术还使人们能够推断被中微子穿越的地层的化学组成。事实上，电子密度与物质密度成正比。同时，它也与原子序数（Z）和相对原子质量（A）的比值（Z/A）成正比。Z/A 取决于被穿越地层的化学组成和同位素组成。以 PREM 的物质密度分布图为例，地球深处不同层位估算的 Z/A 值约束了它们的化学组成。该方法对获取外核中的轻元素性质和丰度尤为有效，可以作为传统地球物理方法测量结果的补充。

可见，两种中微子层析成像技术（基于吸收和基于振荡）互为补充。进一步发展该技术，需要大量收集不同“味”的大气中微子数据，包括它们的能量以及穿越地球的移动方向。该技术的科学潜力只能在运用下一代中微子探测器的情况下才能充分释放。新一代探测器的靶材更大，而且还原中微子特征（能量、方向、味）的能力更强。

中微子研究和地球层析成像（NuSET）项目下的一些研究及其他初步研究表明，经过 10 年的数据采集，ORCA 探测器得出的地核与地幔的化学组成，精度或许可以达到几个百分点。此外，凭借 ARCA 和 ORCA 两个探测器，KM3NeT 或许是首个能够同时基于吸收和振荡实现地球层析成像的中微子望远镜。为了让研究更进一步，其他探测器也在研发之中，比如密度是 ORCA 密度 10 倍的超级 ORCA（Super-ORCA）探测器以及顶级神冈探测器等。毫无疑问，未来几十年，这个刚刚兴起的跨学科研究领域将取得许多进展。

小物质，大能量

你能想象一块遥控器电池大小的铀-235包含的能量足以满足一个法国人一生的用电需求吗？然而，事实就是如此。要利用该能量，需要引起原子核层面的反应，而不是像化石燃料燃烧那样，引起电子层面的反应。中子、质子等原子核组成部分结合在一起，产生了高度集中的能量。因此，核反应堆内，1吨裂变物质产生的电量相当于200万吨煤燃烧产生的电量。然而，运用该能量一点也不简单，它需要庞大的设施，而且即使所需的燃料明显减少，但是当前的发电成本还是与化石燃料的发电成本相同。

图6.8 卡特农核电站（位于原洛林大区）的核心部位。贮存燃料元素的燃料棒浸泡在反应堆的水中。图中的蓝色光源于切伦科夫效应

释放核能

原子核的核子通过核力结合在一起，这种力由强相互作用、弱相互作用和电磁相互作用叠加而成。核力导致同位素景观图谱的形成，因此成为人们的研究对象。它直接导致原子核的产生，并对原子核的质量具有重要影响。原子核的质量小于组成部分的质量之和：根据爱因斯坦质能方程，这个差值对应原子核的结合能。因此，对每个原子核来说，它的质量与组成部分质量之和的差值与核子（或组成部分）的数量有关，代表结合能的水平。差值越大，结合能越强。

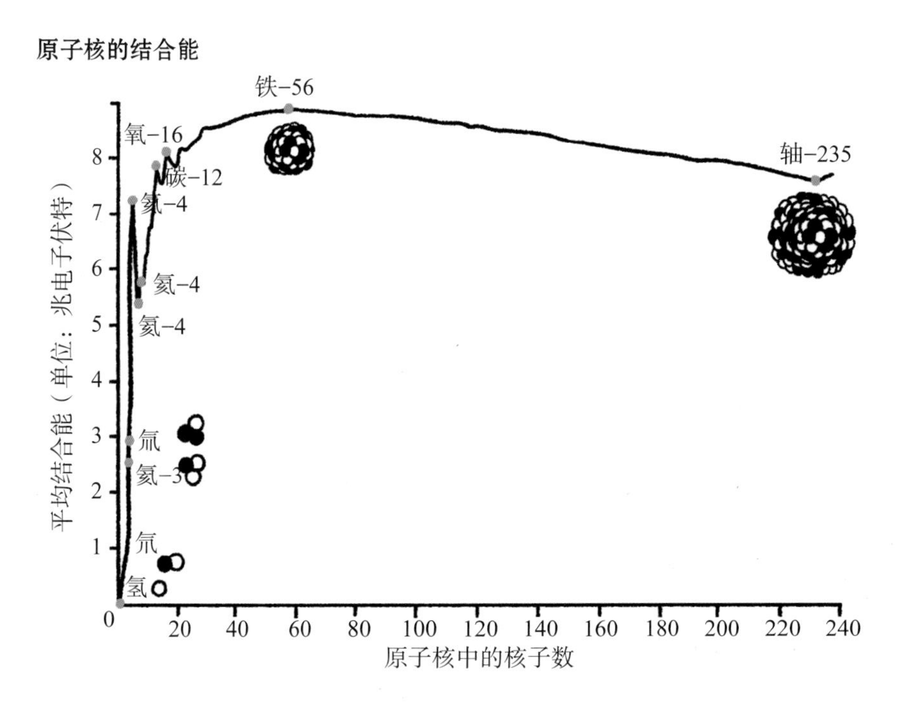

图 6.9　原子核的结合能。铁核的平均结合能高于其他原子核的平均结合能。因此，如果我们想从中取出 1 个质子或 1 个中子，需要施加巨大的能量。相比之下，从铀核中取出 1 个核子，所需的能量约低 1 兆电子伏特。在裂变反应中，铀核分裂成两个结合得更加紧密（平均结合能更大）但是质量较小的原子核。核电站释放和利用的正是这部分缺失的质量

若终核的平均结合能大于初核的平均结合能，则说明核反应释放了能量。在核素图中，从轻元素到重元素，平均结合能先是逐渐增大：因此，由 1 个质子和 1 个中子组成的氘核的平均结合能为 1 兆电子伏特，约为结合得最牢固的镍核或稳定铁核的平均结合能的 1/9。随后，在重核区域，平均结合能又缓慢下降，比如铀核的平均结合能约为 7.5 兆电子伏特。

要释放结合能，有两种核反应可以考虑：一种是聚变，即两个轻核聚合成一个重核，不过重核的质量轻于初始原子核的质量之和；另一种是裂变，即一个重核分裂成两个结合得较为牢固的轻核。要使用这种能量，诱发反应消耗的能量必须小于反应释放的能量。接下来，使用者需要将该能量转化为可用的形式，比如电能，以便分发给消费者。

从太阳到反应堆

核聚变的目的是用氢的同位素（氘、氚）生成氦。反应的第一步是提供能量，拉近两个带正电的原子核的距离，令它们发生聚变。举个例子，1 个氘核（^{2}H）与 1 个氚核（^{3}H）发生聚变，生成 1 个氦核（^{4}He）和 1 个中子。此类反应在太阳和其他恒星上发生时，温度条件和压力条件与地球上的情况完全不同。该反应虽然可以在加速器中进行，但是它消耗的能量比产生的能量大得多。

位于卡达拉舍的国际热核聚变实验堆（ITER）是目前规模最大的在建国际科研项目。为了建成可行的热核反应堆，该项目将使用温度极高的氘氚等离子体，使反应所处的环境接近能够发生自持聚变反应的恒星燃烧。因此，ITER 应当展示人类扭转能量平衡的能力，使其在工业化前水平上表现为正平衡，并为新的脱碳能源开辟道路。

核裂变

目前，只有裂变反应能够产生可利用的能量。继弗雷德里克·约里奥和伊雷娜·居里于 1934 年发现人工放射性之后，1938 年 12 月，哈恩和施特拉斯曼基于莉泽·迈特纳的关键研究成果，宣布用中子引发了核裂变。消息很快传遍了科学界。1939 年 1 月，费米提出核裂变产生中子的假设。弗雷德里克·约里奥带领团队指出了链式反应的可能性，并于 1939 年和哈尔班（Hans Halban）、科瓦尔斯基（Lew Kowarski）一起向法国科学院申请了 3 项专利：前两项与能量的产生有关，第三项则是“炸药的改良”。

中子是一种中性粒子，它既不会在原子核内受到电斥力的影响，也不会与物质的电子发生相互作用，所以很容易引发核反应。原子核吸入中子后，先形成新的原子核，总结合能上升（因为增加了中子）。增加的结合能以激发能的形式存在，而且存在时间极短（大约为 10^{-15} 秒）。对某些锕系元素来说，以铀-235 为例，1 个中子带来的激发能足以令由此产生的铀-236 分裂成两部分，一旦这两个部分彼此分离，便会释放能量和 2 至 3 个中子，从而引起下一次裂变。铀-235 达到“临界质量”后，将开启自持链式反应。

受控链式反应

20 世纪 40 年代，全球处于战争之中，军事用途成为首要用途。尽管如此，民用产能技术的开发仍然迅速兴起。1942 年，费米的团队在芝加哥一号堆中收获了首个受控链式反应。这个核反应堆是首个人工核反应堆，位于芝加哥大学的一个废弃壁球场内。事实上，天然铀主要由铀-238（原子序数为 92）构成。虽然该同位素不可裂变，但是可以吸收中子（变成铀-239），接着连续释放 2 个电子，变为钚-239（原子序数为 94）。

为了促进铀-235 发生裂变，防止中子被铀-238 吸收，必须有效降低中子的速度：事实上，当中子通过裂变反应产生时，它们的能量大约为2兆电子伏特。在此能级上，中子更倾向于被铀-238捕捉而不是让铀-235发生裂变。但是，当热能仅为电子伏特级别时，中子使铀-235发生裂变的可能性是它被铀-238捕捉的可能性的250倍。于是，即使铀-235的浓度较低，优先发生的仍然是裂变反应，而且可以形成链式反应。因此，为了产生“核能”，必须将燃料铀和中子减速剂混合使用，并加入载热体，目的是将裂变产生的热量排出并送往涡轮，从而转化为电能。可以使用的技术很多，但是几年后，其中一种技术占据了统治地位：水反应堆。水含有大量的氢元素，是一种良好的载热体，而且减缓中子速度的能力极强。

目前，正在运行中的水反应堆约有450个，其中300多个是“压水”反应堆（REP），100多个是“沸水”反应堆（REB）。这两种反应堆均使用浓缩铀，

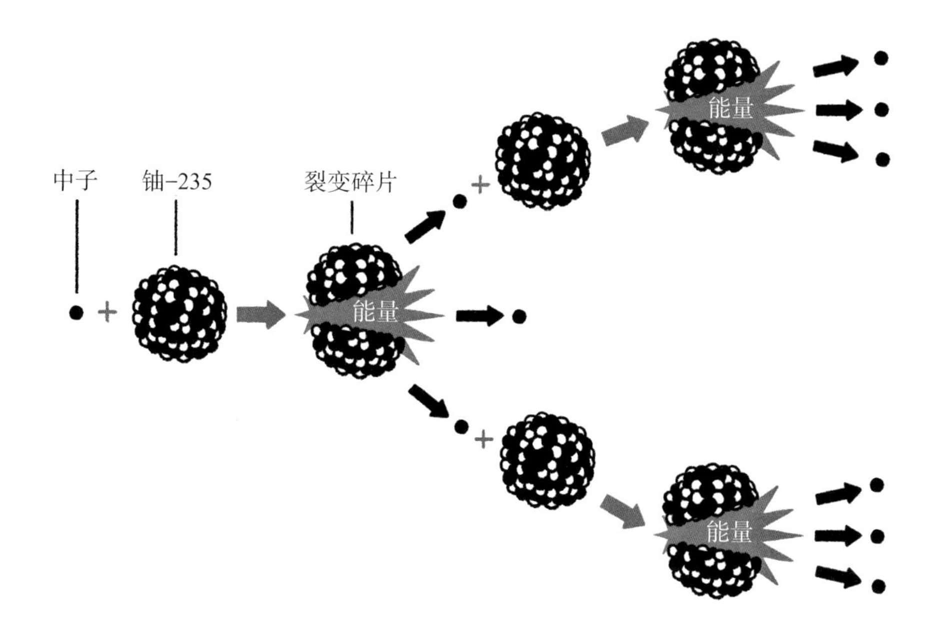

图6.10　铀-235的裂变。没有铀-235，就没有核能产业。事实上，铀-235是地球上唯一能够天然地通过吸收低能中子发生裂变的原子核。它一分为二，释放能量，同时释放2至3个中子。之后，这些中子将继续引发裂变反应：核反应可以自我维持

其中可裂变的铀-235 同位素含量由 0.7% 提升至 3.5%。铀浓缩需要在专门的工厂内进行，4 大工厂几乎瓜分了全球的市场份额，其中 1 个位于法国，那就是特里卡斯丹的乔治·贝斯 2 号（George-Besse-Ⅱ）工厂。

裂变后的问题

原子核一分为二后，裂变碎片的未来既影响人类将核能用于工业用途，又支配着大部分与其有关的风险。

首先，即便核裂变释放了一些中子，但是形成的裂变碎片仍然包含“过多”的中子，因而具有放射性。它们连续发生 β 衰变，将自己的 1 个中子转化为质子，并释放 1 个电子和 1 个反中微子。在裂变后的数秒或者数分钟内，有些裂变碎片会在 β 衰变中释放 1 个中子。该现象虽然非常稀有，但是很重要。由于中子的释放晚于裂变，所以操作人员有时间介入系统，控制链式反应的发生。如果没有足够比例的缓发中子，系统将会过于“紧张”，链式反应将会无法控制。因此，裂变碎片衰变的第一阶段使人类可以控制核能。

然而，第二阶段问题更大。裂变碎片的衰变链延续下去，衰变期长达几小时甚至几天。这意味着，即使裂变链式反应停止，系统仍然产生能量。如果不将这些残余的能量排出，燃料将继续受热并熔化。三英里岛事件和福岛事件就是由此导致的。

最后，在 10% 的情况下，处于衰变链末端的放射性原子核的寿命可达数年甚至数百万年。因此，用了几年的核燃料离开反应堆时，这些放射性原子核仍然存在，它们是高活性、长寿命的终极核废料的主要组成部分。在法国，这些核废料将制成特殊的玻璃体，埋入地下深处的黏土层，从而保护社会和环境不受其放射性毒性的影响。如今，人们正在研究运用专门的核反应堆“焚化”核废料的可能性：由此引发的嬗变反应既可以产生能量又可以消耗会造成巨大问题的原子核，不过它当前面临的技术困难较大而且实际效率有限。

再生！

在反应堆运转期间，同样存在于燃料中的铀-238几乎不发生裂变反应，不过它会捕捉中子并生成可裂变的钚-239原子核。于是，人们很快萌生了一个想法，那就是设计一个以钚为裂变材料的反应堆：当钚-239原子核在裂变反应中被消耗时，铀-238将捕捉一个中子形成新的钚-239原子核。这样，整个铀矿石都可以得到利用，而不是像现在的反应堆那样，可利用的铀-235仅占其中的0.7%。这样，已经非常高的铀的能量潜力可以再提高100多倍，相当于几万年的能源需求。"再生"的理念就此诞生。

不过，物理学家很快意识到，要实现钚的生产量和消耗量的平衡，必须彻底改变所用的技术。事实上，为了防止出现"寄生"中子捕获并促进钚-239发生裂变，不应放慢中子的速度，也就是说必须开发快中子反应堆。由于水是一种中子减速剂，所以不能再用它作载热体。然而，合适的载热体非常有限：液态钠、气态二氧化碳、铅铋合金等。

虽然在使用上存在技术难题，但是钠冷快中子反应堆迅速成为运用再生理念的核反应堆的模板。20世纪80年代以来，多台原型机问世，十多个工业用钠反应堆曾在全球投入使用。但是，回想一下我们在化学课上学到的知识：钠迅速燃烧，遇水爆炸，而且极具腐蚀性。核电站内发生的多场火灾让钠反应堆难以被社会接受：有的反应堆建成后从未投入使用。目前只有4个钠反应堆仍在运转，另外4个正在建造之中。然而，没有1个在欧洲。鉴于铀-235的资源量加上全球范围内普遍较低的核能利用率，人们在短期内不需要使用一种成本更高的技术，即使它能将燃料消耗量降低至目前燃料消耗量的百分之一。不过，未来几十年，随着对脱碳能源的需求，局面或许会有所改变。

核能现状

核能在世界各国的发展状况差异很大。作为一种能源，它产生的碳排放极少，有利于对抗气候异常。但是，核能也备受争议，主要是因为它有可能引发严重的事故，而且核废料的放射性将持续数千年。德国等国早在十几年前就决定放弃核能，而中国、英国等国则决定开发核能。

至于法国，它希望继续使用核能，以减少电力领域的二氧化碳排放，但这需要付出巨大的努力。存在争议的问题主要有，延长现有反应堆的服役期使之超过最初设计的40年，决定是否将最终的核废料存储在地下500米的地方，以及建造新的反应堆以替换应当在几年或者几十年内停止工作的反应堆。

未来的核能？

核能的运用是把双刃剑：一方面，调节反应堆以跟踪电力消耗情况，可以使核能与可再生能源互为补充；另一方面，它也可能引起严重的事故灾难。一些新型反应堆或许可以为该领域面临的大量挑战提供具有创新性的解决方案：比如，熔盐液体燃料反应堆理论上在材料管理、降低资源消耗、安全可靠等方面具有优势。不过，要实现这些优势，需要消除一些科技上的障碍，以展示该反应堆的工业可行性。当事故发生时，液体燃料将提供一些全新的处理手段，比如将燃料“铺开”，增大热交换的面积，从而通过自然对流促进残余能量的排出。

另一种极具创新性的系统使用了“次临界”堆芯，也就是说它的链式反应不是自持的，而是需要使用外部中子源，由高强度的粒子加速器提供中子。这种系统可以使用特种燃料，出于可靠性的考量，这些燃料无法在临界反应堆中使用，原因在于临界反应堆中的链式反应能够使核反应自我维持。这些由加速器驱动的次临界反应堆的首次运用或许能够使某些类型的核废料发生嬗变，比如镅或者稀有锕系元素。它们所在的小型机组集群产生的能量约为发电集群产能总量的10%。

基础原理

以上就是研究的全部吗？事实上，与核裂变能有关的科学问题还有许多，这就好比我们知道如何让飞机起飞，但是这并不意味着我们能够准确地解开支配升力现象的纳维-斯托克斯方程。

年复一年，对物理学的认知以及对整个核燃料循环过程中发生的复杂现象进行建模的能力均有所提升。奇怪的是，考虑到中子散射的各向异性以及存在于可能发生的中子-原子核相互作用中的上千次共振吸收反应，对现有的慢中子反应堆进行三维建模仍然非常困难。比如，进化动力反应堆（EPR）的庞大体积要求进一步优化中子退耦模型以及存在于裂变堆芯与中子反射器接触面的异质性效应模型。

还有核反应的基础测量结果：这些数据仍然是优化建模的关键。人们不仅要以极高的精度测量在量子力学（共振）严格支配下发生相互作用的可能性（有效截面），还要测量裂变碎片的分布情况。这些碎片在释放缓发中子、形成残余能量或核废料中发挥了关键作用。

另一个问题与材料研究有关。中子或裂变碎片造成的辐照损伤是反应堆可靠性的关键，决定了设施和设备的寿命。进一步掌握相关机制，可以优化它们的结构演化模型，更好地预测它们的性能，并且设计出更能抵御堆芯受到的多种限制或者应对意外情况的新型材料。

此外，燃料的循环利用策略也是一个重要的社会问题，需要进一步改进燃料在堆芯内演化以及堆芯外冷却期间演化所涉物理现象的建模。即使在冷却期间，放射性仍然使物质进行演化。循环策略不止一种，比如循环利用钚元素，循环利用（嬗变）稀有锕系元素从而减少此类核废料，或者在全球可用铀储量快速减少的情况下，产生更多的钚原子核，以启动基于再生概念的核反应堆。

至于核废料的终极管理，放射性核素在地质黏土层中的行为仍然是人们研究的主题。虽然它们的整体行为特别是迁移速度已经得到了详细的记录，但是人们仍需持续增进对其中发生的各种过程的理解，比如几个世纪甚至几千年来，放射性释放的气体发挥的作用等。

图 6.11　驱动核电站的加速器。“次临界”核电站是一个新提出的概念。它需要使用粒子束，从而在反应堆中产生裂变反应。这种核反应堆或可“焚化”寿命极长的核废料。图中这节注入器长 4 米，是位于比利时的高科技应用多用途混合研究反应堆（MYRRHA）的一部分。它的挑战在于：提供极其稳定且可靠的粒子束

最后，还有一个社会影响极大的重要问题，那就是放射性核素在地表生态系统中的行为。这个科学问题涉及多个学科，比如放射化学、水文学、生态学和植物、微生物、动物生物学等。这些研究还适用于存在大量天然放射性的区

域（花岗岩区、矿源等）、“废弃”的老旧铀矿，以及切尔诺贝利、福岛等被事故污染的区域。

与核有关的时间都很长：比如，核反应堆的寿命可达60年，核废料存储地至少需要监测300年等。因此，社会应当积极且稳定地参与其中，以确保过程的完整性。高水平技术人员、工程师和医生的培训需求居高不下，研究在培训中发挥着重要作用。出于可靠性的限制，人们难以将希望寄托在需要巨额投资和技术突破的新概念上。然而，想要更好地了解、预测和运用核能，持续提升知识水平和技术水平、启动具有长远影响的大型工业项目必不可少。

我们身边的放射性

1946年，法国多姆山省罗芬流域，一位姓塔夫（Thave）的先生以2000万法郎的价格出售了自己的特许资格，允许他人开采铀矿，以满足法国的核野心。这是法国的第一座铀矿，人们在其地下进行了开采。1948年，“洗矿场”成立。矿石在那里接受机械处理，随后被送往专门的工厂。1957年，矿场关闭，3万吨废料一直存储在那里，逐渐被植物覆盖。这算是恢复“自然”状态了吗？

法国最后一个铀矿于2001年关停，此后，近250个废弃矿山得到了保护、整治和监测，成为研究放射性对环境影响的首选场所。

环境中的放射性

自地球诞生起，放射性就存在于地球上。天然的放射性核素是它的主要来源，随着生物地球化学循环（水、碳、氮、氧等）转移和传播。生命的出现加速了这种循环。这些核素无处不在：空气、岩石、土壤、水以及包括人类在内的生物体都是它们的栖身之所。随着技术的进步，20世纪以来，除天

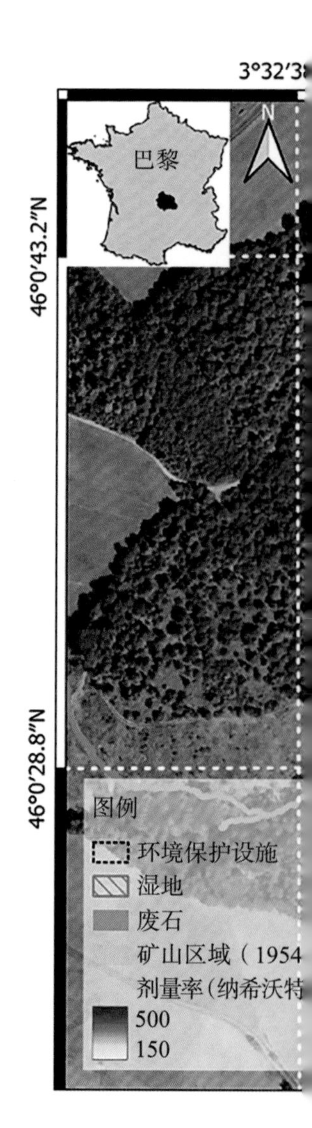

图6.12　含铀地区。这是一张罗芬流域（多姆山省）的航拍图（2016年），它标出了老铀矿和废石存储地的位置

然放射性外，还出现了人工放射性。

放射性核素与水、矿物、生物之间的大量相互作用将放射性核素转移至环境中。天然有机物和处于生物世界和非生物世界交界处的微生物对生态系统的生物化学循环和放射性核素的未来非常重要。然而，有机物、微生物和放射性核素之间的相互作用纷繁复杂，造成了许多问题。

有机物和微生物如何影响放射性核素的转移？被转移的放射性核素或者

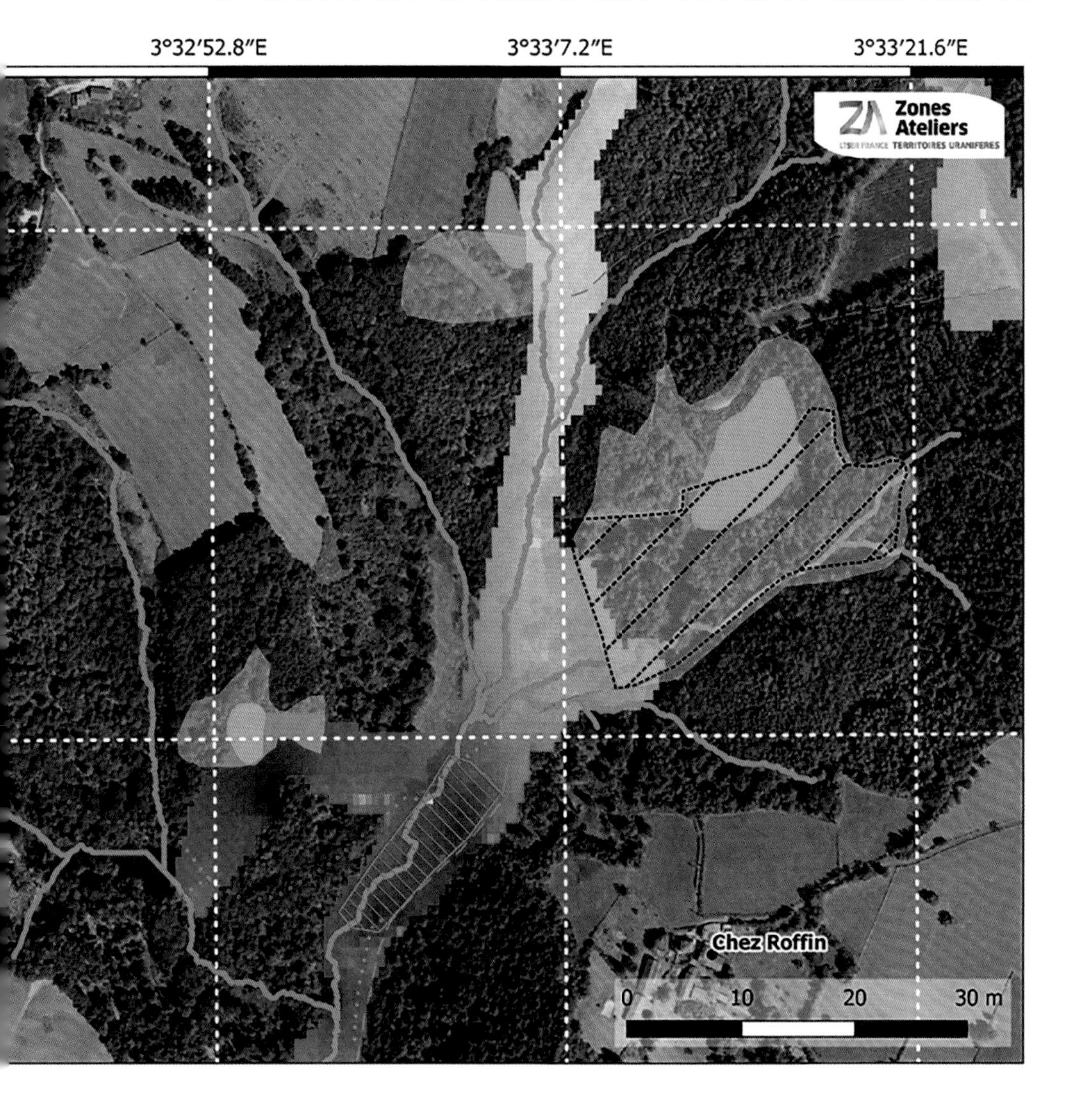

放射剂量较小的放射性核素是否会对微生物甚至生态系统的生物化学循环造成影响？此外，由于生物体自出现起就一直处于演化之中，那么环境中的放射性是否在其中发挥了作用？

回答这些问题或许有助于更好地预测天然和人工放射性核素的未来以及它们对生态系统的影响，这是因为人们必然要在人类活动影响环境的背景下预测未来可能产生的影响。更广泛地说，人类需要探索和发现环境中的放射性、群落生境演化和地球生物三者之间的关系。

放射性核素混合物

环境中的放射性主要是天然放射性。这些放射性核素可能来自宇宙，也就是说它们由宇宙辐射在高层大气中生成（比如氚、碳-14、钠-22、氪-85）。它们也可能来自地球，比如地壳中的原始放射性核素。它们的寿命极长，因此直到现在它们仍然存在（比如钾-40、钍-232、铀-238、铀-235）。这些核素拥有一群具有放射性的后代，比如钋（Po）、镭（Ra）等。和稳定元素一样，这些放射性核素在环境中移动，而且丰度不定。

19 世纪末，放射性的发现开辟了放射性核素的多种用途：科学研究、生物或医疗应用、核能发电、军事用途等。此后，人类成功制备出放射性核素，比如超铀元素（原子序数大于铀的原子序数：镎、钚、镅等）。请注意，这些核素同时还以痕量的形式天然地存在于环境之中，也就是说它们的量极少。除了这些非常重的元素外，在法国探测到的人工来源放射性核素主要还有锶-90、铯-137 和碘-131。

此外，一些工业过程（采矿、煤炭发电、耐火陶瓷制作等）的副产品也会集中和传播天然放射性。它们引起的放射性核素的排放与分散可能受控也可能不受控。可见，环境中的放射性多种多样，有天然形成的，有被人类行为强化的，也有人工产生的。

放射性核素的迁移

在20世纪下半叶遭到开采的法国废弃矿山遗址反映出放射性核素的复杂处境。这些不同来源的放射性核素因为人类活动而聚集在一起。于是，那里既有未经利用的天然放射性核素，也有矿石加工的残留物和“无开采价值的”废石。“无开采价值”意味着矿石的品位很低，开采利用无法盈利。此外，和其他地方一样，这些废弃矿山也保留着核武器空中试验和重大核事故遗留的（超）痕量核素。

在矿山开采过程中，大量深埋地下的放射性物质回到地表。事实证明，与原始状态相比，这些碎块在空气和水中表现出更强的放射性。于是，维持数千年的地球化学平衡和放射性平衡被打破。尽管治理工程可以将这些放射性物质封存和控制起来，但是它们向一个新的稳定状态的演化相当复杂，而且考虑到放射性核素的半衰期以及生物地球化学循环的周期，这一过程应当从长计议。想要更好地认识放射性核素，必须深入放射化学过程的核心。

从生态系统维度到分子维度

以含铀地区的生态系统为例。来自地球的放射性核素被释放，进入水体，进而腐蚀岩石。一部分放射性核素则被“困”于数万年间形成的土壤之中。然而，土壤也是物质交换和生物生活的地方：它的功能之一便是实现元素的循环并使它们回到食物链的前端即微生物和植物之中。于是，土壤中的放射性核素向“水圈”和“生物圈”移动，而充斥于生物圈的（生物）化学反应又决定了放射性核素的未来。

那么，这些放射性核素以何种化学形式转移呢？回答这一问题对在掌握底层过程的基础上建立机械模型和预测放射性核素的未来及影响非常重要。大量放射生态学分析结果虽然表明生态系统的土壤、水体和生物体中存在各种各样的放射性核素混合物，但并未给出解释。

为了查明放射性核素的转移过程，必须深入分子维度开展研究。同一个放射性核素可能形成不同种类的化学键和分子，产生截然不同的影响。这种“化学形态”控制着某种元素在土壤中的留存度，在水体中的迁移能力以及被生物利用的可能性。因此，二氧化铀（四价铀）在水中的溶解度很低，四价铀在环境中很少移动，而铀酰离子（UO_2^{2+}，由 1 个六价铀原子和 2 个氧原子组成的分子，缺失 2 个电子）则正好相反。这解释了为何铀能够长期封存于（加蓬）班哥贝至奥克洛之间的天然核反应堆上方的土壤内。因此，在铀矿等天然放射性有所增强的生态系统中，人类活动会改变土壤中放射性核素的化学形态，并增加它们转移的次数。

放射性核素的化学形态取决于它的化学属性，取决于它与水环境、矿物环境以及生物环境的组成部分组合形成分子的能力，也取决于在这些环境中处于支配地位的物理化学条件。可以想象，一个放射性核素在一个生态系统中可以拥有多种化学形态！在复杂的系统中研究以（超）痕量形式存在的放射性核素的化学形态，是环境放射化学研究的核心。

用于复杂化学研究的尖端技术

方法之一是运用尖端技术在实验室中展开研究，以识别未知核素的化学形态：X 光吸收光谱有助于确定物质结构；X 射线显微镜可以拍摄极小物体或者生物样本的图像，比如纳米颗粒、病毒、微细菌等；电喷雾电离质谱则能描述分子的特征。

人们已经掌握了与放射性核素在水圈发生的相互作用有关的数据，而且越来越多的研究对与放射性核素在岩石圈发生的相互作用有关的分子机制进行了描述，但是，生物圈要复杂得多：生态系统内挤满了（微）生物，它们在此生活、成长、参与生物体的死后分解并形成有机物。然而，在富含腐殖土的土壤、湿地及其他富含有机物的环境中，存在大量的天然放射性核素。

事实上，这些有机物属于超分子聚合物，组成它们的数千个分子具有极强的多样性。此外，当这些聚合物固定在矿物表面时，它们会按照自己的化学属性分解。一些放射化学家从分子角度对这种化学分解现象作出了初步解释，并指出了该现象对放射性核素形态的影响。于是，一个问题就此形成：这种分解是否也控制着放射性核素的化学形态及其未来？

至于那些微生物，它们捕捉了放射性核素，通过多种机制控制着核素的形态，并通过自身在有机物分解中的作用间接对核素施加影响。然而，越来越多的研究表明，一些细菌群落适应了被放射性核素污染的生态系统并在其中存活下来。举个例子，T-22号坑是切尔诺贝利的研究点位之一，封存着由木头、材料和受污染的土壤组成的低等或中等活性放射性废弃物。然而，人们在受污染的土壤中观察到多种多样的细菌。

目前，我们看到的只是放射性核素与环境之间相互作用的冰山一角：放射性核素的转移和小剂量放射现象是否会对微生物造成影响？是否会对有机物和群落生境的整个生物化学循环造成影响？

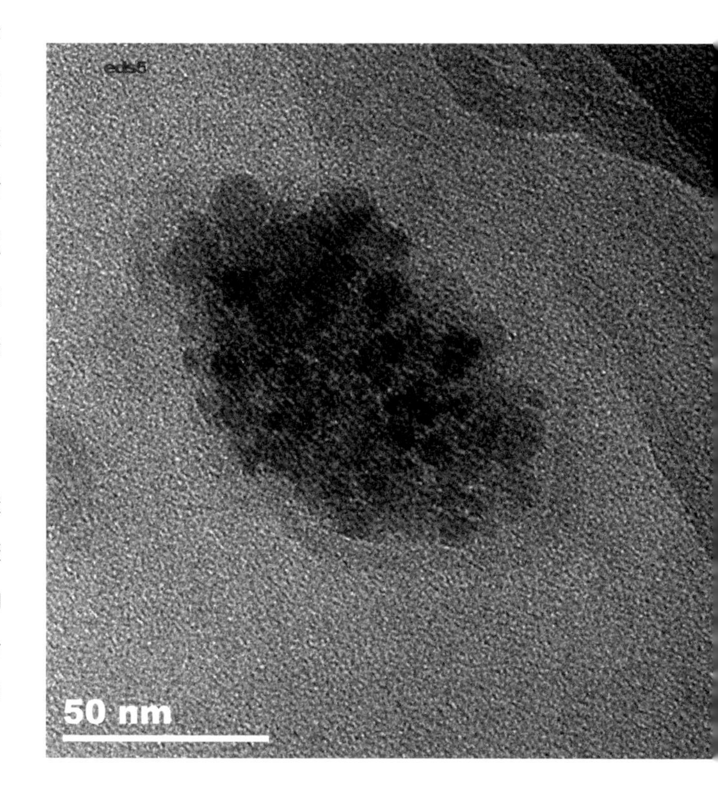

图6.13 有机物迁移。这是透射电子显微镜（MET）拍摄的胶体矿物（氧化铁）照片。这个纳米大小的胶体矿物被富含六价铀的有机物裹在里面，进入了罗芬流域（多姆山省）的水体之中

露天实验室

现在，让我们回到罗芬的老矿山中。要想掌握放射性核素-微生物-有机物之间错综复杂的相互作用，这些“含有核物质的”生态系统是真正的露天实验室。

图 6.14　研究含铀地区的生态系统。研究人员在受 20 世纪 50 年代铀矿开采影响的罗芬流域（多姆山省）采集水土样本

矿山关闭后，矿场被植被覆盖，这改变了当地放射性核素（铀、钋、镭）的形态。越来越多的放射性核素通过湿地等累积点转移至微生物体内，进入食物链。

人们想要阐明微生物和有机物对放射性核素形态的影响以及这种形态与放射性核素进入食物链之间的关系。土壤中放射性核素的浓度变化能够帮助我们认识到放射性核素混合物可能对微生物多样性甚至群落生境生物化学循环产生的反馈。生态系统的复杂性要求人们采用多学科的研究方法，从而最终查明环境中放射性和地球群落生境从过去到现在的演化之间究竟存在怎样的关系。

生命之源……

核事故和核武器爆炸证明了放射性对人类和生态系统的危险性。由于它具有致癌风险，可能诱发突变或者导致畸形，所以令人担忧。然而，自生物出现起，放射性就陪伴其左右。

人们在澳大利亚的热液喷口中发现了最早的生命迹象。这些热液喷口可以追溯到35亿年前，那时的原始放射性核素比现在的放射性核素更加活跃，这是因为它们的活性会随着时间的推移而减退。作为一种维持生命的必备元素，钾拥有一种天然的放射性同位素，钾-40。和稳定的同位素一样，钾-40也会被生物体吸收：人体每秒约发生5000次钾-40衰变。可见，放射性并非只存在于生物体外，它同样存在于生物体内。

另一个值得注意的地方是：人们通常认为多细胞生物大约出现在6亿年前。然而，人们在加蓬奥克洛天然核反应堆附近发现了距今21亿年的化石，而这个反应堆也已经运转了近20亿年。可以说，生命的诞生、成长和演化都在放射性的见证之下。

此外，虽然大剂量放射性已经被证实有害，但是人们对低强度放射性产生的影响仍抱有诸多疑问。环境中的放射性是否在生命的诞生中发挥了作用？它是否促进了生命的演化？如果没有放射性，将会发生什么？生物与放射性核素之间存在哪些相互作用？如何区分放射影响和放射性核素的化学影响？是否存在“混合”影响？

一个可行的方法是研究我们所处环境中的不同配置。在一些环境比如放射性矿源中，存在一些长期稳定的隔离生态系统，它们的矿物成分和放射性核素在每个矿源中都不相同。这些生态系统可以告诉人们长期暴露在不同强度的小剂量放射性中会造成哪些长远影响。至于废弃的铀矿，它们可以用于研究环境中放射性的近期改变对生物体的影响。基于这两类环境，可以建立起生物体的演化和适应过程。

近期启动的一个重要研究项目以生物体和自然环境中的放射性之间的相互作用为研究课题。鉴于问题的复杂性，需要组建包含物理学家、地球化学家、生物学家、化学家在内的多学科研究团队。几年后，他们将取得研究成果。

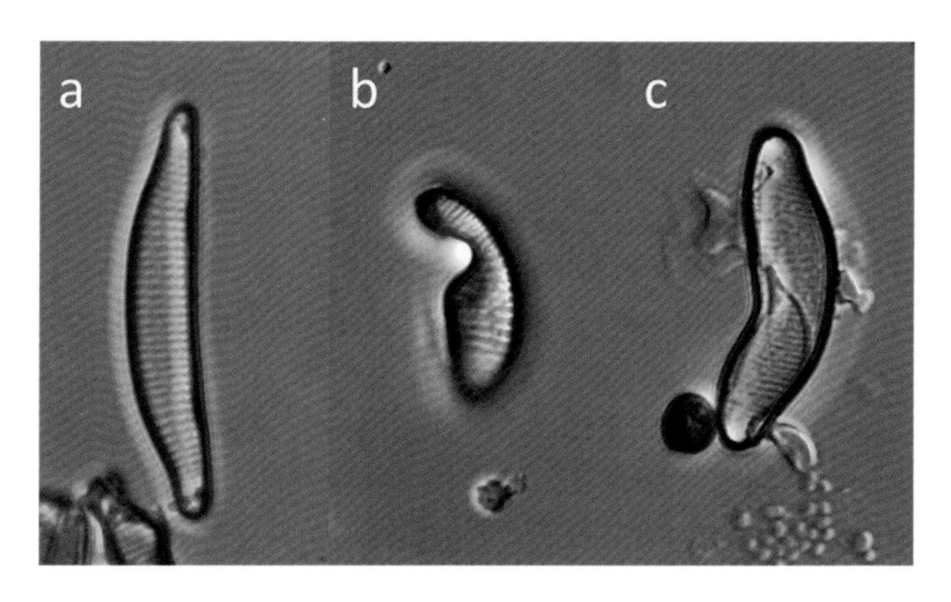

图 6.15　微生物的不同形态。来自放射性矿源的也兰短缝藻（*Eunotia Minor*）具有几种不同的形态：分别是正常形态（图 a）和异常形态（图 b 和图 c）

放射疗法

“7点，旺代省沙朗市，出租车到了，我得马上走。行程安排得很紧。8点，我将在南特市接受一次正电子发射体层成像（PET）检查。医生向我说明了情况：我们即将使用的产品将直观展示疾病的状态、它的准确位置以及演化方式。这些信息将为医疗团队提供指导。该产品具有放射性，即所谓的“放射疗法”。那时，我不知道这种疗法的存在。于是，诊疗一结束，我立刻上网查找相关信息。

我意识到，医学领域早就开始使用放射性或者说放射性原子变化时发出的辐射，而且核物理和粒子物理的进步总是很快就能运用在医学领域。”

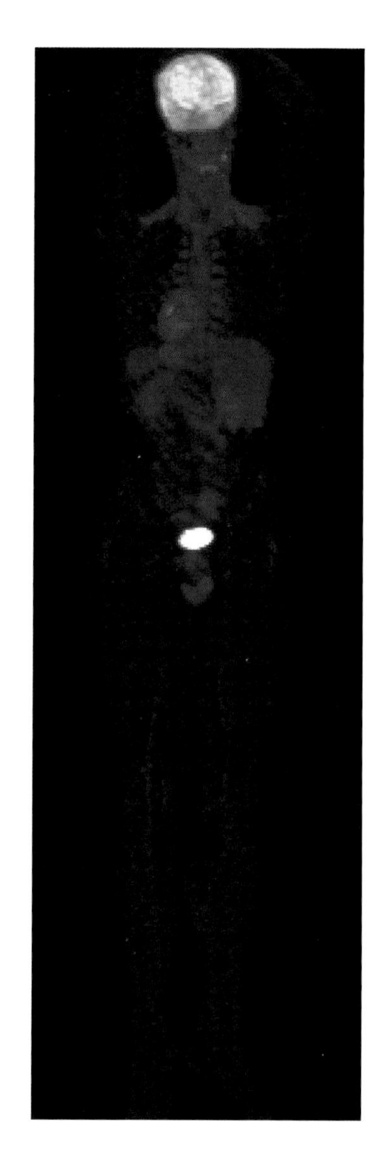

图6.16　正电子发射体层成像。这是一张运用氟代脱氧葡萄糖放射性示踪剂形成的健康就诊者的全身正电子发射体层成像图。该图展示了放射性示踪剂（葡萄糖类似物）如何根据葡萄糖消耗量“固定”在不同器官。人们发现，在大量消耗葡萄糖的脑部、心脏（由于该图系从背后拍摄，所以心脏在左侧）和用尿液将示踪剂排出的膀胱处，示踪剂的浓度特别高

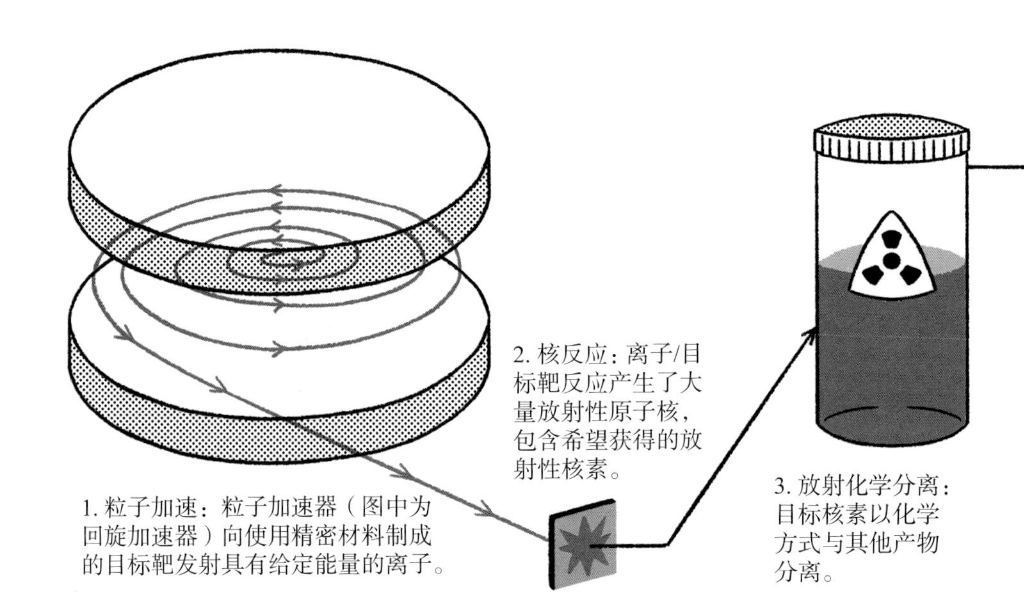

图 6.17　核物理揭示人体内部结构。正电子发射体层成像过程运用了核物理研究技术：离子加速、核反应、放射化学、粒子探测和图像重建

玛丽·居里率先将镭用于癌症治疗。她将放射源放置在肿瘤上。人工放射性的发现提高了人们对放射性核的认知和控制水平，加快了该疗法的发展速度。20 世纪 40 年代，放射性碘元素开始用于治疗甲状腺疾病。核反应堆和粒子加速器的发明使人类可以大量制造放射性原子。这两种生产模式互为补充：PET 成像所用的放射性核素主要来自加速器，治疗所用的放射性核素则主要来自核反应堆。在法国，20 多台加速器和 2 个研究用核反应堆负责生产医用放射性核素。

用于医疗的放射性核素应当拥有适中的半衰期，既不能太短，也不能太长，而且这些放射性核素不能产生杂散辐射。为了产生这些放射性核素，人们用高能发射物撞击目标，引发不同的核反应。每种核反应对应一定的撞击概

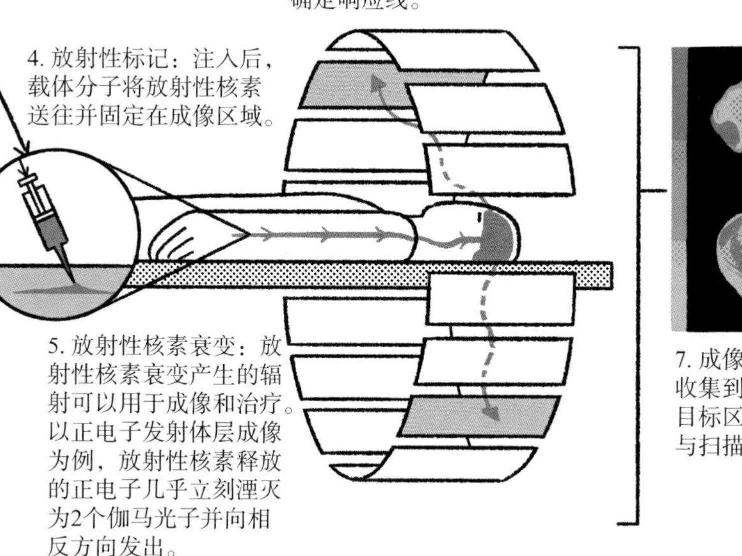

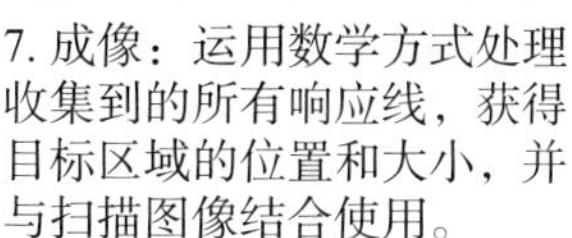

率，表现为有效截面，这是核物理实验的重要数据。辐照条件、发射物（种类、动能）和目标靶（性质、厚度）均有规定，目的是在存在副反应的情况下使目标反应最优化。辐照阶段结束后，将进入放射化学阶段。它能从靶材组成元素和辐照过程产生的污染物中提取和纯化目标元素。在法国，20 多台加速器和 2 个研究用核反应堆负责生产医用放射性核素。

使用放射性核素的医学专业被称为核医学，它包括诊断和治疗两个方面，在许多医疗领域都有应用，比如癌症学、心脏病学、神经病学等。2016 年，全球约进行了 3500 万次核医学诊断或治疗。

“今天，我将接受一次核医学检查。例行体检结果表明，我的前列腺特异性抗原（PSA）值超标。医生怀疑我得了前列腺癌。于是，我来医院接受胆碱 PET 影像检查，该技术可以进行肿瘤分期。”

上文出现了许多行业术语。比如，PET是指正电子发射体层成像，这是核医学领域的一种显像技术。在核医学领域，所有显像技术均使用放射性原子作为示踪剂。除了天然地偏向聚集于甲状腺的碘元素和自发地取代钙元素聚集于骨骼中的镭元素等少数几种元素外，其他元素通常需要借助分子来运输放射性原子核。这些分子的作用是瞄准目标细胞，我们称之为放射性示踪物。有了它们，放射性便会集中在我们希望它们集中的地方，而且有害影响有限。如果它们集中在目标区域，那么图像的对比度更好。治疗时，健康组织将得到更好的保护。

这些作为载体的分子可以是肽、抗体、抗体碎片等。放射性核素并非随意选择。在影像检查中，使用的放射性核素将发出伽马光子（闪烁照相术或者单光子发射计算机断层成像术）或者正电子（PET），这是因为它们能够离开人体，被置于患者周围的摄像机发现。

若运用放射性核素发出的光子进行检查，则需在探测器前放置一台准直

图 6.18　医用放射性核素的生产。这是南特－大西洋放射化学与肿瘤学研究加速器（ARRONAX）的一角。这台粒子加速器既用于生产核医学所需的放射性核素，也用于实施涉及物理学家、（放射）化学家、生物学家和医学家的大量跨学科研究

仪，精准决定光子的到达方向并重建图像。所用光子的能量介于 100 和 300 千电子伏特之间。这种显像技术最常使用的放射性核素为锝-99（^{99m}Tc），全球近 90% 的核医学检查使用这种放射性核素。

在使用正电子进行检查的情况下，正电子将与周围环境中的电子发生相互作用，湮灭并发出 2 个方向相反的光子，能量为 511 千电子伏特。同时探测这对光子，可以获得一条响应线。运用数学方法使这些响应线相交，实现图像重建。PET 最常使用的放射性核素为氟-18（^{18}F），它以氟代脱氧葡萄糖（^{18}F-FDG）的形式存在，是癌症诊断的标准做法。

> “我刚刚抵达南特。10 分钟后，人们将为我注入包含氟-18 的氟-胆碱。我在想，它们将会在我的体内做什么么。”

氟-胆碱分子特别喜爱前列腺细胞。有了它，我们可以观察这些细胞的运转和活动。因此，核显像技术又被称为功能显像技术或者分子显像技术：关注被标记分子涉及的生物机制。这种显像技术可以作为包括 X 光扫描和核磁共振在内的解剖显像的补充。

PET 或单光子发射计算机断层成像（SPECT）摄像机探测器使用的闪烁体能将伽马光子留下的能量转化为光能。它们是核物理和粒子物理研究的产物。此外，一些用液氙来探测暗物质的新技术也被尝试用于医学成像。理论研究和医学显像产业之间交流不断，在探测器研发、相关电子设备开发以及新型放射性核素的识别和生产上都有体现。

> “检查迅速且高效。注入很顺利，没有遇到问题。之后，我休息了半小时，让示踪物有时间找到自己的目标。接着，我来到正电子发射计算机体层成像-计算机体层成像（PET-CT）的镜头下，同时形成 CT 解剖图像。15 分钟后，检查结束，我回了家。检查结果将寄给

我的肿瘤医生。下周，我将与他会面，讨论我的治疗方案。”

放射疗法包括体外放疗和体内放疗两种。体外放疗是指在患者体外用放射线照射肿瘤。一般情况下，治疗所用的光子是紧凑型直线加速器产生的电子束与重元素靶材通过“制动”机制发生相互作用的产物。根据核安全管理局（ASN）的统计结果，2016 年全法共有 476 台紧凑型直线加速器。

1990 年以来，法国开始使用质子疗法，即用质子作为发射物。目前，3 个中心采用这一治疗方法。该技术的运用可以更好地保护危及器官，这是因为质子束在肿瘤中释放的能量大于其在健康组织中释放的能量。该疗法尤其适用于治疗某些眼部癌症、脑部癌症和儿童癌症。为了增强治疗效果，研究人员对疗法进行了改进，使用碳质子束进行治疗。这正是坐落于卡昂的欧洲强子治疗先进资源中心（ARCHADE）项目的目标所在。体外放疗对治疗局部肿瘤非常有效。

如果肿瘤已经扩散，就必须改变治疗手段。体内放疗使用的放射性原子表现出极弱的辐射穿透力而且需要载体帮助它们识别目标肿瘤细胞。以前列腺癌为例，所用载体应当可以识别前列腺细胞膜的特有标志物，即前列腺特异性膜抗原（PSMA）。为了达到摧毁癌细胞的目的，人们试图让损伤最大化且仅限于让癌细胞受到损伤。所用放射性核素可以释放 β 粒子（电子）、α 粒子（氦核）或者能量释放距离不足 1 毫米的俄歇电子。

“我很幸运，癌症诊断及时并被一种基于核物理的医疗手段治愈。对此，我还不是完全了解。不过，那些机器给我留下了深刻的印象。好在医护人员一直陪着我，为我进行了说明。”

核医学的发展仍在继续。在显像技术方面，视场更加开阔（全身）且 / 或工作速度达到皮秒级的摄像机正在研发之中，从而减少显像所需的放射量。

在体外放疗方面，人们对粒子的发射方式存有疑问，于是着手研究超高剂量率的闪射（FLASH）疗法和/或运用微粒子束进行的空间分割放疗。最后，一个新的研究领域已经出现：那就是集显像、诊断、治疗于一体并能为患者提供个性化服务的治疗诊断学。这得益于合适的新型放射性核素对的出现，比如镓-68（^{68}Ga）和镥-177（^{177}Lu）核素对。不过，这是另一个故事了，而且它才刚刚开始。

图片版权说明

1　宇宙曾是一片真空

图 1.0　Nasa/WMap Science Team/Art by Dana Berry，modified by Richard Bruce Baxter Cherkash

图 1.4　ESA/Planck Collaboration

图 1.5　2008 Cern Atlas Experiment

图 1.9　1998-2022 Cern/Jean-Luc Caron

图 1.11　The Virgo Collaboration

图 1.12　The Virgo Collaboration/NRS

图 1.14　Volker Springel *et al*. 2005

图 1.15　Xenon Collaboration

图 1.16　ESO/L. Calçada

图 1.20　Nasa/Esa/S. Perlmutter *et al*.

图 1.21　E. M. Huff，SDSS-Ⅲ，South Pole Telescope，Z. Rostomian

2　但是，我们在那里！

图 2.0　2010 The Regents of the University of California，Lawrence Berkeley National Laboratory

图 2.2　Kamioka Observatory，ICRR，The University of Tokyo

图 2.3　2008-2022 Peter Ginter/Cern

图 2.5　2021-2022 Cern/Brice Maximilien，Julien Ordan

图 2.7 The T2K International Collaboration

图 2.9 2018–2022 Cern Maximilien Brice，Julien Marius Ordan

图 2.11 Jgmoxness

图 2.14 Pierre Cladé/Laboratoire Kastler Brossel（CNRS）

图 2.15 Institut Paul Scherrer/Photothèque IN2P3

3 摇篮中的大灾难

图 3.0 X-ray：Nasa/CXC/SAO；optical：Rolf Olsen；infrared：Nasa/JPL-Caltech；radio：NRAO/AUI/NSF/Univ.Hertfordshire/M.Hardcastle

图 3.2 2000 Cern/Henning Weber

图 3.3 Alice experiment Cern

图 3.4 ESA-NASA SOHO-EIT

图 3.5 Esa/Hubble & Nasa

图 3.9 A. Chantelauze，S. Staffi，L. Bret

图 3.10 Nasa/DOE/Fermi LAT Collaboration

图 3.11 Sabine Gloaguen

图 3.12 IceCube collaboration

图 3.13 ESA/XMM-Newton/A. De Luca（INAF-IASF）

图 3.14 Nasa/CXC/Univ. of Toronto/M. Durant *et al.*

图 3.16 E. Troja *et al.*

图 3.17 Collage by Nina McCurdy，including Nick Risinger's Artist's Conception of the Milky Way Galaxy

图 3.18 Daniel Pomarède，Irfu，CEA

图 3.19 H. Courtois *et al.*

4 强力帝国

图 4.0 Science Photo Library/Arscimed

图 4.1 Universidad de Murcia

图 4.3 R. Dupré，M. Guidal，M. Vanderhaegen

图 4.4 Jefferson Laboratory

图 4.5 2022 IN2P3 Antoine Lemasson

图 4.6 2022 IN2P3 Antoine Lemasson

图 4.7 2022 IN2P3 Antoine Lemasson

图 4.8 Patrice Gangnant/Ganil

图 4.11 P. Jerabek *et al.*，American Physical Society

图 4.12 JINR

图 4.13 B. Schuetrumpf *et al.*，American Physical Society

图 4.15 Ganil

5 非常问题，非常手段

图 5.0 Serge Dailler/1999–2022 Cern

图 5.1 Maximilien Brice/2005–2022 Cern

图 5.3 Michael Hoch，Maximilien Brice/2008 Cern CMS Collaboration

图 5.4 Eric Vigeolas/CPPM – Photothèque IN2P3

图 5.5 Gérard Dromby/CNRS Photothèque

图 5.6 CMS Experiment/Cern

图 5.7 LSM/Photothèque IN2P3

图 5.9 Mathis Koroglu/Photothèque IN2P3

图 5.10 SuperNemo Collaboration

图 5.11 Mathilde Destelle/Photothèque IN2P3 CNRS

图 5.12 Camille Moirenc/CPPM Photothèque IN2P3

图 5.13　KM3NeT

图 5.14　OMEGA/Photothèque IN2P3

图 5.15　Katarina Antony/Atlas Experiment 2018 Cern

图 5.16　Cern/CMS

图 5.17　Lison Bernet thedatafrog.com

图 5.18　Funny Drew

图 5.19　Cern WLCG/Google

图 5.20　Virginie Delebarre Dutruel/CC-IN2P3/CNRS/Photothèque IN2P3

图 5.21　2009-2022 Maximilien Brice/Cern

图 5.23　IJLab/IN2P3

图 5.24　P. Stroppa/CEA/CNRS Photothèque

6　意料之外的应用

图 6.0　Musée Curie

图 6.1　Cécile Engrand/Jean Duprat/CNRS Photothèque

图 6.3　Emmanuel Dartois/CNRS Photothèque

图 6.4　D. Gibert/Géosciences Rennes/IN2P3 Photothèque

图 6.6　Antoine Dagan/Le journal du CNRS/CNRS Photothèque

图 6.8　Pierre Heckler

图 6.11　LPSC/IN2P3

图 6.12　Zone Atelier Territoires Uranifères

图 6.13　S. Meyer-Georg（IPHC，Strasbourg）et plate-forme de microscopie électronique（IPCMS，Strasbourg）

图 6.14　Zone Atelier Territoires Uranifères

图 6.15　Aude Beauger，université Clermont-Auvergne

图 6.16　Irène Buvat/Simon State/IMNC UMR 8165/CNRS Photothèque

图 6.18　C. Huet，GIP Arronax

图书在版编目（CIP）数据

迷人的无穷 /（法）厄休拉·巴斯莱著；王隽译 . 上海：上海科技教育出版社，2024. 12. --（迷人的科学丛书）. --ISBN 978-7-5428-8320-9

Ⅰ. 0141-49

中国国家版本馆 CIP 数据核字第 20242FB209 号

责任编辑 殷晓岚

版式设计 杨 静

封面设计 赤 徉

MIREN DE WUQIONG

迷人的无穷

［法］厄休拉·巴斯莱 主编

王 隽 译

出版发行 上海科技教育出版社有限公司

（上海市闵行区号景路 159 弄 A 座 8 楼 邮政编码 201101）

网 址 www.sste.com www.ewen.co

经 销 各地新华书店

印 刷 上海颛辉印刷厂有限公司

开 本 720 × 1000 1/16

印 张 20.5

版 次 2024 年 12 月第 1 版

印 次 2024 年 12 月第 1 次印刷

书 号 ISBN 978-7-5428-8320-9/N·1247

图 字 09-2023-0077 号

定 价 128.00 元

Étonnants Infinis

directed by

Ursula Bassler